"十二五"国家重点图书出版规划项目

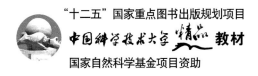

中国科学技术大学 精品 教材

国家自然科学基金项目资助

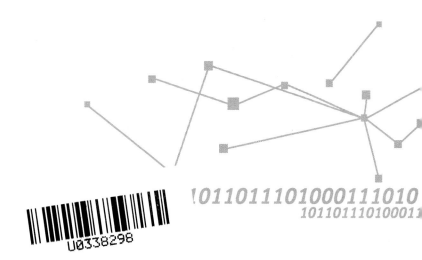

杨 圣 张韶宇 蒋依秦 蔡莎莎 / 编著

Advanced Sensing Technology

先进传感技术

中国科学技术大学出版社

内 容 简 介

本书的主要内容包括:国内外先进传感技术现状及发展趋势,先进传感材料,微传感器制造技术,传感器建模新方法,传感器设计、仿真及其工具软件等新概念、新思想和新知识,以及国内外典型先进传感器的材料特性、结构特点、原理分析和设计方法。本书讲述先进传感技术,具体体现在新原理、新材料、微型化、集成化、多功能化、智能化、网络化和融合化。书中还引入了"外化"、"体外进化"和"师法自然"等哲学概念,目的是揭示传感技术发展的内在规律,寻求创新的有效途径。

本书适合于精密仪器与机械、机械电子工程、测试计量技术及仪器等专业的研究生学习,也可作为相关科技工作者的参考书。

图书在版编目(CIP)数据

先进传感技术/杨圣等编著. —合肥:中国科学技术大学出版社,2014.1
(中国科学技术大学精品教材)
"十二五"国家重点图书出版规划项目
ISBN 978-7-312-03403-9

Ⅰ. 先⋯　Ⅱ. 杨⋯　Ⅲ. 传感器　Ⅳ. TP212

中国版本图书馆 CIP 数据核字(2014)第 014141 号

中国科学技术大学出版社出版发行
安徽省合肥市金寨路 96 号,230026
http://press.ustc.edu.cn
安徽省瑞隆印务有限公司印刷
全国新华书店经销

开本:710 mm×960 mm　1/16　印张:22.75　插页:2　字数:432 千
2014 年 1 月第 1 版　2014 年 1 月第 1 次印刷
定价:41.00 元

总　　序

　　2008年，为庆祝中国科学技术大学建校五十周年，反映建校以来的办学理念和特色，集中展示教材建设的成果，学校决定组织编写出版代表中国科学技术大学教学水平的精品教材系列。在各方的共同努力下，共组织选题281种，经过多轮、严格的评审，最后确定50种入选精品教材系列。

　　五十周年校庆精品教材系列于2008年9月纪念建校五十周年之际陆续出版，共出书50种，在学生、教师、校友以及高校同行中引起了很好的反响，并整体进入国家新闻出版总署的"十一五"国家重点图书出版规划。为继续鼓励教师积极开展教学研究与教学建设，结合自己的教学与科研积累编写高水平的教材，学校决定，将精品教材出版作为常规工作，以《中国科学技术大学精品教材》系列的形式长期出版，并设立专项基金给予支持。国家新闻出版总署也将该精品教材系列继续列入"十二五"国家重点图书出版规划。

　　1958年学校成立之时，教员大部分来自中国科学院的各个研究所。作为各个研究所的科研人员，他们到学校后保持了教学的同时又作研究的传统。同时，根据"全院办校，所系结合"的原则，科学院各个研究所在科研第一线工作的杰出科学家也参与学校的教学，为本科生授课，将最新的科研成果融入到教学中。虽然现在外界环境和内在条件都发生了很大变化，但学校以教学为主、教学与科研相结合的方针没有变。正因为坚持了科学与技术相结合、理论与实践相结合、教学与科研相结合的方针，并形成了优良的传统，才培养出了一批又一批高质量的人才。

　　学校非常重视基础课和专业基础课教学的传统，也是她特别成功的原因之一。当今社会，科技发展突飞猛进、科技成果日新月异，没有扎实的基础知识，很难在科学技术研究中作出重大贡献。建校之初，华罗庚、吴有训、严济慈等老一辈科学家、教育家就身体力行，亲自为本科生讲授基础课。他们以渊博的学识、精湛的讲课艺术、高尚的师德，带出一批又一批杰出的年轻教员，培养了一届又一届优秀学生。入选精品教材系列的绝大部分是基础课或专业基础课的教材,其作者大多直接或间接受到过这些老一辈科学家、教育家的教诲和影响,因此在教材中也贯穿着这些先辈的教育教学理念与科学探索精神。

改革开放之初,学校最先选派青年骨干教师赴西方国家交流、学习,他们在带回先进科学技术的同时,也把西方先进的教育理念、教学方法、教学内容等带回到中国科学技术大学,并以极大的热情进行教学实践,使"科学与技术相结合、理论与实践相结合、教学与科研相结合"的方针得到进一步深化,取得了非常好的效果,培养的学生得到全社会的认可。这些教学改革影响深远,直到今天仍然受到学生的欢迎,并辐射到其他高校。在入选的精品教材中,这种理念与尝试也都有充分的体现。

中国科学技术大学自建校以来就形成的又一传统是根据学生的特点,用创新的精神编写教材。进入我校学习的都是基础扎实、学业优秀、求知欲强、勇于探索和追求的学生,针对他们的具体情况编写教材,才能更加有利于培养他们的创新精神。教师们坚持教学与科研的结合,根据自己的科研体会,借鉴目前国外相关专业有关课程的经验,注意理论与实际应用的结合,基础知识与最新发展的结合,课堂教学与课外实践的结合,精心组织材料、认真编写教材,使学生在掌握扎实的理论基础的同时,了解最新的研究方法,掌握实际应用的技术。

入选的这些精品教材,既是教学一线教师长期教学积累的成果,也是学校教学传统的体现,反映了中国科学技术大学的教学理念、教学特色和教学改革成果。希望该精品教材系列的出版,能对我们继续探索科教紧密结合培养拔尖创新人才,进一步提高教育教学质量有所帮助,为高等教育事业作出我们的贡献。

侯建国

中国科学技术大学校长
中国科学院院士
第三世界科学院院士

前　　言

传感器是自动化-信息化-智能化系统与设备的关键部件。我们正处在信息时代,几乎所有的行业都在用自动化-信息化-智能化的设备与系统取代老式设备与系统。目前,敏感元器件与传感器在工业部门的应用普及率已被国际社会作为衡量一个国家智能化、数字化、网络化程度的重要标志,正如国外有的专家认为:谁支配了传感器,谁就支配了目前的新时代。

传感技术涉及的学科广泛,不仅工程技术类学科离不开它,即使是数学、物理学、化学、地球科学、生物学、天文学这些基础学科也与之相互融合。举例来说,传统上数学是传感技术的基础之一,但传感器对数学的贡献却很少,出人意料的是近年来"压缩传感技术"成了很多数学家的研究课题。在作者的教学实践中,经常会有一些学基础科学的同学不解地问:"传感技术对基础科学研究真的很重要吗?"回答是肯定的。买来的仪器基本上都不是你所独有的,世界上那么多人用此仪器都没有观察到的现象,被你观察到的概率也会非常小。如果你能自己研制或改进传感器,那就大不一样了,你可以看到别人看不到的现象,进而发现别人发现不了的规律。客观地说,很少有一门技术能像传感技术这样来源于如此多的学科,而又反过来服务于这些学科。

本书选取的内容侧重于先进传感技术。所谓先进传感技术,就是代表传感技术发展方向的传感技术,主要体现在以下几个方面:新原理、新材料、微型化、集成化、多功能化、智能化、网络化和融合化。除此之外,先进传感技术必然要拥有先进的分析、仿真和设计手段,离不开最新软件工具的支持。由于先进传感技术涉及光、机、电等多个领域,需要掌握的软件工具也就随之增多,以至于一个人要花大量的时间才能够熟悉这些软件工具。限于篇幅,本书只能对这些软件工具作简要介绍,无法深入展开。

本书首次将哲学上的"外化"与"体外进化"概念引入到先进传感技术领域。作者相信,这两个概念的引入有助于我们更好地理解传感技术的本质,把握传感技术发展的脉络,看清传感技术的美好未来。另外,本书对"师法自然"思想给予了很高的评价。回顾科学技术发展的历史,大自然的启迪功不可没。众所周知,无论是中文书中介绍的传感技术,还是外文书中介绍的传感技术,都是别人已经解决的传感技术;然而,从大自然这本无字天书中得到的传感技术一定是原创的。需要指出的是,要读懂大自然这本无字天书可不是一件容易的事,得下一辈子的苦功夫。还有"智能传感器"这个概念,目前学术界使用比较混乱,本书尝试对此概念作出定义。

本书是在国家自然科学基金项目(批准号:61172036)科研工作基础上完成的,在此对国家自然科学基金委信息一处给予的支持表示衷心的感谢!

杨 圣

2013 年 12 月

目　　次

第1章 传感器概论

在人工传感器产生之前，人是通过五感（视、听、嗅、味、触）来获取信息的，因此，人的感官就是天然的传感器。动物也有类似的感官，并且具有一些人类望尘莫及的"特异功能"，如老虎的夜视、蝙蝠的超声定位等。另外，一些植物的感官也相继被发现，如向日葵、含羞草和食虫花等。还有一些无机和有机材料也被发现有传感功能，如形状记忆合金、电致伸缩材料和磁致伸缩材料等。

除了上述这些大自然制造的传感器外，人类自己制造原始传感器也有悠久的历史，如一些捕鼠、捕鸟、捕兽工具的触发机关，司南和地动仪等。当然，现代意义的传感器是伴随着非电量电测和自动化控制技术的形成而诞生的。

从20世纪80年代起，发达国家逐步掀起了"传感器热"。美国国防部将传感技术列为2000年20项关键技术之一；日本把它与计算机、通信、激光、半导体和超导等技术并列为六大核心技术；英、法、德、俄等对传感技术的投入和开发均逐年升级。目前，世界上从事传感器研制的单位主要集中在美、欧、俄及日本，不少是世界著名厂商，如美国的福克斯波罗（Foxboro）公司、霍尼威尔（Honeywell）公司、德国的西门子、荷兰的飞利浦等。

2009年诺贝尔物理学奖的颁发引起了传感器行业的强烈反响，获奖人是英国华裔科学家高锟以及美国科学家威拉德·博伊尔和乔治·史密斯，其中博伊尔和史密斯发明了半导体成像器件——电荷耦合器件（CCD）图像传感器。

我国早在20世纪60年代就开始涉足传感器制造业。我国在1972年组建成立了第一批压阻传感器研制生产单位；1974年，第一个实用压阻式压力传感器研制成功；1978年，第一个固态压阻加速度传感器诞生；1982年，国内最早开始进行硅微机械系统（MEMS）加工技术和SOI（绝缘体上硅）技术的研究。进入90年代，硅微机械加工技术的绝对压力传感器、微压传感器、呼吸机压传感器、多晶硅压力传感器、低成本TO-8封装压力传感器等相继问世并实现生产。

改革开放30多年来，我国传感器技术及其产业取得了长足进步，主要表现在：

建立了传感技术国家重点实验室、微米/纳米国家重点实验室、国家传感技术工程中心等研究开发基地;MEMS,MOEMS(微光机电系统)等研究项目列入了国家高新技术发展重点;在"九五"国家重点科技攻关项目中,传感器技术研究取得了 51 个品种、86 个规格新产品的成绩,初步建立了敏感元件与传感器产业;2007 年传感器业总产量达到 20.93 亿只,品种规格已有近 6 000 种,并已在国民经济各部门和国防建设中得到了一定应用。经过"八五"、"九五"和"十五"的攻关和产业化建设,目前全国已有 2 000 多家企事业单位从事传感器的研制、生产和应用。

中国传感器的市场近几年一直持续增长,增长速度超过 15%,2003 年销售额为 186 亿元,同比增长 32.9%;而世界非军用传感器市场 1998 年为 325 亿美元,平均增长率为 9%,当时预计 2008 年将增加到 506 亿美元。2009 年中国传感器应用四大领域为工业电子产品、汽车电子产品、通信电子产品和消费电子产品专用设备,其中工业电子产品和汽车电子产品占市场份额的 42.5%,当时市场规模有望达到 138.9 亿元,传感器整个市场有望突破 327 亿元。

2009 年 8 月 7 日,温家宝总理在无锡高新微纳传感网工程技术研发中心考察时,提出要在无锡建立中国的传感信息中心——"感知中国"中心。传感器行业在未来的几十年将无可置疑地处于一个快速发展的时期,这就对我国当前传感器行业的发展带来了新的机遇,也带来了新的挑战。

现代信息技术的三大基础是信息的采集、传输和处理技术,即传感技术、通信技术和计算机技术。它们分别构成了信息技术系统的"感官"、"神经"和"大脑"。信息采集系统的首要部件是传感器,且置于系统的最前端,它是人类探知自然界信息的触觉,为人们认识和控制相应的对象提供条件和依据,是世界各国在高新技术发展方面争夺的一个重要领域。从信息的产生和传输角度看,传感器的作用有点像翻译,它在不同系统的信息交换过程中起着桥梁作用。传感技术则可以使这种作用更有成效。传感技术以信息的获取和变换为核心,是拓展信息资源的源头,具有将计算机、通信、自动控制技术联结为一体的关键功能。

传感技术的发展涉及科研体系、电子工业、机电能源、航空航天、邮电通信、生物医学、交通运输、新材料等部门,因此,传感技术的发展关系到信息产业的全局,并且它们互相作用。伴随着信息技术的发展,信息传递的速度越来越快,信息处理的能力日益增强,人们需要获取的信息种类和数量飞速增长,而传感技术却有点跟不上前进的步伐。

1.1　人体感官与传感器

人体是一个远离平衡点的耗散结构系统,需要与环境不断进行能量和信息交流才能维持下去。很多自动化系统、智能化系统也是耗散结构的,也需要与其他系统进行能量和信息交流才能维持系统的正常运转。

在人类文明史的历次产业革命中,感受、处理外部信息的传感技术一直扮演着一个重要角色。在 18 世纪产业革命以前,信息的获取都是由人的感官实现的:人观天象而仕农耕,察火色以冶铜铁,中医的望、闻、问、切等。从 18 世纪产业革命以来,特别是在 20 世纪信息革命中,信息的获取越来越多地由人造感官——工程传感器来实现。

1.1.1　人的外化

人既然是作为大自然的"自我意识"而出现的,也就是说,他是大自然的精神,那么大自然是他的肌体。不过,他并不能直接指挥和运用这个无比庞大且滞重的身躯,而是通过他肉身的放大,通过他创造的工具体系这一"物化的智力",即"人的自然肌体"来实现其主宰作用的。

人是万物的主宰,是地球的主人。人为什么能有如此的地位呢? 是靠智慧和智能,也就是对自然环境和社会环境的复杂变化做出正确反应的能力。人本身(包括他的肉体)只是大自然的灵魂,他的身躯便是将其本质力量外化出去之后所建立起来的工具、技术体系(图 1.1)。工具是人化自然的一个主要部分,是人造的自然。它既是人认识自然、改造自然的手段,也是衡量人智能物化的标尺。人本身既无尖牙利爪,亦无坚甲鳞羽,但他利用这个外化出去的躯体战胜了一切,而且只有利用这个外部体系才能战胜一切,统治世界。这种外化现象,在人类的起点上便已初露端倪:他投掷石块击毙野兽,用外物延长了他的手臂;他制造石刀砍伐树木,用外物增添了他本不曾具有的能力。这时,飞出去的石块和挥舞着的刀斧也就成了他延伸的拳脚,而且说明人既然可以衍生出体外的肢体并能使之变得无比地坚硬或锋利,那么自然万物中再也找不到他的对手了。

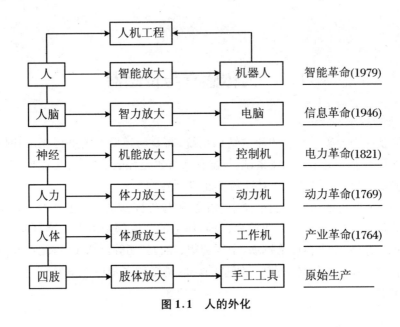

图 1.1　人的外化

1.1.2　人的体外进化

有意识的生命活动把人同动物的生命活动直接区别开来。人不是一般的生命存在,而是一个有意识的生命存在。人具有精神属性,具有思维能力。人的进化需要从有序的环境中获取信息,而无序和混沌的环境是无法提供人进化所需信息的。

人作为大自然的产物,是很难摆脱大自然的进化节律和进化法则的,但工具系统是人的产物、知识的产物,是作为"物化的智力"、"在机器上实现了的科学"(马克思语)而出现的,所以它远远超脱了缓慢的一般进化机制,以 $Q_t = Q_0 e^{t/\lambda}$ 这一知识发展的指数速度向前发展。

"形态愈高,发展愈速"的原则使那些最为聪慧的生灵选择了最为卓越的进步方式,而那些怠惰迟钝者却不懂得做出这一选择。美国传播学者蒂奇纳(P. Tichenor)、多诺霍(G. Donohue)和奥里恩(C. Olien)在 1970 年发表的《大众传播流动和知识差别的增长》一文中提出了"知识沟假设"(knowledge-gap hypothesis),认为随着大众传媒向社会传播的信息日益增多,处于不同社会经济地位的人获得媒介知识的速度是不同的,社会经济地位较高的人将比社会经济地位较低的人以更快的速度获取这类信息。因此,这两类人之间的知识差距将呈扩大而非缩小之势。

在人类历史上,工具的形成和发展大体分为这样几个阶段:远古时代,以木石机具为代表的原始工具;古代,以金属机械为代表的简单工具;近代,以蒸汽机为代表的复杂工具;现代,以电机、控制器为代表的自动化工具;当代,以计算机、机器人为代表的智能工具。不同时期工具的形成和演变,不仅反映了自然智能化的量变,而且标志着质的飞跃。从古代到现代,工具沿着体力型→文化型→科技型→信息型的轨迹,由低级向高级发展。尤其是19世纪40年代以后,人工智能技术的崛起和发展,使工具又发生了一次新的飞跃,把工具由科技、信息型推向了智能型。工具由放大人的体力,发展到放大人的智力,由储存、传递人的智能,变为发展、创造人的智能,使人化自然中人的智能因素更为凸出,智能化趋势更加明显。

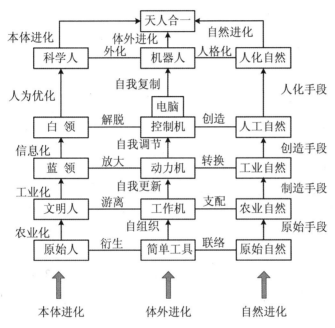

图1.2 人的体外进化

1.1.3 人体感官的外化与体外进化

人类是如何拥有了今天的智慧的呢?是由于感官的帮助。了解环境及其变化是基础,如果你对环境不了解,也就很难做出正确的反应。人类在进化过程中得到了视觉、听觉、触觉、味觉、嗅觉等感官功能。1967年特瑞东拉(Treychler)提供以下研究结论:人的认识与人的器官的关系是:味觉占1%、触觉占1.5%、嗅觉占3.5%、听觉占11%、视觉占83%。听觉和视觉共占94%。传感器是人体感官外化和体外进化的产物。传感器的功能与人类五大感觉器官功能的对应关系如下:光敏传感器—视觉,声敏传感器—听觉,气敏传感器—嗅觉,化学传感器—味觉,压敏、温敏、流体传感器—触觉。

每种感官都有自己的特点。例如,耳朵可以容纳四面八方的声音,眼睛却不能;平时人们可以闭上眼睛,却无法关闭耳朵;而且人的听觉比视觉要敏锐,分辨率高,听觉可以分辨出间隔 125 ms 的声音,而视觉对于间隔 500 ms 的信息才能分辨得出。

人的视力与年龄有关,以 20 岁人平均视力为 100,则 40 岁人约为 90,60 岁人约为 74。因此,考虑照明度时,对 20 岁人的照明条件为 100,则对 40 岁人应为 140,60 岁人应为 200。

人眼的视野在垂直面内水平视线以下 30° 和水平面内零线左右两侧各 15° 的范围内获得的物像最清晰,此范围为最佳视野范围。在垂直面内水平视线以上 25°、以下 35°,在水平面内零线左右各 35° 的视野范围为有效视野范围。人观察目标的视距通常在 560 mm 处最为适宜,小于 380 mm 会引起目眩,超过 760 mm 则看不清细节。此外,观察时头部转动角度左右均不宜超过 45°,上下均不宜超过 30°。当视线转移时,约 97% 时间的视觉是不真实的,所以应避免在转移视线中进行观察。

视觉适应有暗适应和明适应两种。暗适应过程的时间较长,最初 5 min,适应的速度很快,以后逐渐减慢。获得 80% 的暗适应约需 25 min,完全适应则需 1 h 之久。人在暗环境中可以看到大的物体、运动物体,但不能看清细节,也不能辨别颜色。明适应在最初 30 s 内进行得很快,然后变慢,1~2 min 即可完全适应。人在明亮的环境中,不仅可以辨别很小的细节,而且可以辨别颜色。

低于 16 Hz 的次声波和高于 20 000 Hz 的超声波都不能引起人的听觉。对于 1 000~4 000 Hz 频率的声波,人的感受性最高。声波的三个物理性质——频率、振幅、波形,通过听觉系统引起人对声音的不同的主观感觉,即不同的频率给人以不同的音调感觉;不同的振幅给人以不同的响度感觉;而不同的波形则给人以不同的音色感觉。人对频率的感觉很灵敏,如在 500~4 000 Hz,频率差达到 1% 时,即可分辨出来。人对由振幅大小所决定的声音强弱的分辨能力不如对频率灵敏,一种声音只有当比另一声音的声强增加 26%,或声压增加 12% 时,才能被人分辨,而且人主观感觉的响度与声音强度的对数成正比,所以当声强增加 10 倍时,主观感觉的响度才增加 1 倍,而当声强增加 100 倍时,主观感觉的响度也才增加 2 倍。人能根据声波到达两耳的强度和时间差判断声源方位,对声源距离的判断主要靠人的主观经验,其中对于高频声主要根据声波强度差,而对于低频声可主要根据时间差判断。

人体全身各部位的皮肤对触觉的敏感性差别很大,越是活动部位感应越强。

如以背部中线的最小感应性为 1,则身体其他部位的对比感应性是:腹部中线 1.06,胸部中线 1.30,肩部上表面 3.01,脚背表面 3.38,桡腕关节区 3.80,上眼皮 7.16。触觉的敏感性可用皮肤感受到两刺激点的最小距离值准确地测定出来,例如,舌尖约 1.1 mm,指间约 2 mm,唇约 4 mm,手掌约 9 mm,足底约 20 mm,下臂约 40 mm;背部则达 67 mm。人在疲劳、饮酒后或睡眠不足时,两点阈值加大。触觉的感应性因环境而异。皮肤变热时感受性很高,反之则下降。触觉与其他感觉一样,在刺激持续作用下,感受性会下降。这种现象称为适应。如经过 3 s,触压觉就可下降到原水平的 1/4。适应时间与刺激强度成正比,与刺激作用的面积成反比。当机械刺激强化到某一强度时就会同时出现痛觉。

对温度的感应即温度觉分冷觉和热觉。温度觉的强度取决于温度刺激强度和被刺激部位。身体各部位温度觉不一样,面部皮肤具有最大的温度感受性,但因经常裸露在外,所以其适应性也最强。身体上经常被遮盖的部分对冷的感受性最强。下肢的皮肤感受性最差。

人体有自己的感官,为什么还要发展传感器呢? 因为人的感官有很大的局限性,随着现代技术的发展,人们创造了多种多样的工程传感器,在许多方面它的性能在人的感官之上:

首先,工程传感器可以轻而易举地测量人体所无法感知的量,如紫外线、红外线、超声波、磁场等。从这个意义上讲,工程传感器具有人类所梦寐以求的特异功能,如千里眼、顺风耳等。工程传感器可以把人所不能看到的物体通过数据处理变为视觉图像。CT 技术就是一个例子,它把人体的内部形貌用断层图像显示出来。其他的例子还有遥感技术。

其次,有些量虽然人的感官和工程传感器都能检测,但工程传感器测量得更快、更精确。例如,虽然人眼和光传感器都能检测可见光,进行物体识别与测距,但是人眼的视觉残留约为 0.1 s,而光晶体管的响应时间可短到 1 ns 以下;人眼的角分辨率为 $1'$,而光栅测距的精确度可达 $1''$;激光定位的精度在月球距离(38×10^4 km)范围内可达 10 cm 以下。

最后,人体感官升级换代速度慢(需长时间进化),改进有限,工程传感器则快得多。

但是人的感官也在许多方面优于现有的工程传感器,主要体现在以下几个方面。

(1) 工程传感器的零维探测与人体感官的多维感知。

当我们进入某个房间时,一瞬间就可以判断出房间的大小、天花板的高低。这就是说,在某一特定时刻人的感知在空间上是多维的。如果用测距型工程传感器来检测同一个房间,则某一特定时刻只能判断某一指定点到传感器的距离,是点到点间的零维检测。如果我们要测一面墙的各点到传感器的距离,只有采用扫描的办法。

(2) 工程传感器的单功能与人体感官的多功能。

当我们进入这个房间后,除了大小等几何尺寸外,还能感受到墙壁的颜色、房间的冷热、空气流通情况、人多人少等多种信息,即人的感官是多功能的;而工程传感器,例如温度传感器,只能测出房间某一点的温度,所以说工程传感器是单功能的。

(3) 积分型的工程传感器与微分型的人体感官。

设想上述房间内温度始终保持在 20 ℃。显然用工程型温度传感器检测的话,温度指示是一个常数。然而人从户外进入这个房间时,对这个房间冷热的感觉则并非一定:在严冬觉得温暖,而在盛夏又觉得凉爽。这个现象说明人所感受的量往往不单取决于某一时刻量的绝对值,而与前一时刻的比较关系密切。用数学的概念,这意味着工程传感器测量的是积分型变量,而人的感官感知的是微分型变量。

(4) 非智能型的工程传感器与智能型的人体感官。

工程传感器是非智能型的,而人的感官是智能型的。这一点可以用以下几个效应来形象地说明:

① 宴会效应——选择功能。当我们出席一个嘈杂的宴会时,对于周围人的高谈阔论可能充耳不闻,可是如果大会主席讲到你的名字,你会异常敏锐地捕捉到这个声音。也就是说,人在背景噪声很高的情况下能有选择性地提高对于特定信号的接受灵敏度。工程传感器则没有这个能力,它对所有信号不加区分地以同样的灵敏度接受。这是人的感官具有的一个智能:选择功能。

② 咖啡桌效应——学习功能。当你已知桌子上摆了一杯咖啡,并且发现在它的旁边放有一个装着白色粉末的盘子时,你会立刻判断出那是白糖。这是因为人能够根据经验判断出咖啡旁边的白色粉末应当是白糖,不可能是食盐,更不可能是其他化学药品。而用工程传感器来判断盘子中的白色粉末是何物时,它并不理会周围的环境条件,它得老老实实地判断出粉末的化学成分后才能得到是白糖的结论。这个例子说明了人的感官所具有的另一个智能——学习功能。

③ 高桥效应——联想功能。设想我们在地上放一块 20 cm 宽、十几米长的木板。不用说谁都可以毫不胆怯地从上面走过去。可是如果我们把同样的木板架在几百米的深渊之上,构成一个高桥,则恐怕绝大多数人不敢走过桥去。同样的木板由放置高度不同导致如此不同的结果,是因为人在观察到木板的几何形状、质地等外在特性的同时,还注意到木板桥架设的高度,进而预测到万一从木板上掉下去的

后果,最后决定是否过桥。如果让装备有工程传感器的机器人来过桥的话,则机器人将无视桥下是平地还是深渊,都将按着一定的方向走过去。这说明人既有瞬时多元观测的能力,又有联想与预见能力。这种联想功能是人的感官智能化的又一个标志。工程传感器缺乏洞察危险的能力也并不完全是坏事,我们可以把危险的、环境恶劣的工作交给工程传感器控制的机器人去老老实实地完成。

④ 模糊效应——模糊量识别。人所感受的许多量是模糊量,如房间的舒适、环境的整洁、心情的愉快、饮食的美味等等。而用工程传感器研究这些问题时,它只能对某个量值,如房间的面积、照度、灰尘量等加以判断。从这个意义上讲,工程传感器是数字量的检测,而人的感官是模糊量的识别。

⑤ 森林效应——全局与部分。只见树木、不见森林,可以说正是工程传感器的写照。也就是说,工程传感器研究个体性质。人可以通过获取的部分信息加上以前积累的经验,对整体进行推测。但是这种能力极端的增强使得人的感觉在某些情况下是不可信的,人也会受到欺骗,比如大家熟知的视觉欺骗、魔术等就是如此。

另外,人体感官是由生物体材料构成的,它有环境适应、自修复、自诊断、自增殖等功能,是智能材料;而工程传感器使用的工程材料尚不具备上述智能。

1.1.4 师法自然与仿生传感器

师法自然是中国古代有名的哲学思想,而今科学技术的发展更证明了这一点。人类的认识水平远未达到洞悉自然界之神奇的能力。生物器官结构之巧妙、能量之节省和工作性能之优越,是人造机器无法相比的。生物体结构经过 20 亿年的物竞天择的优化,几乎是完美无缺的。这表明由选择进化磨合积累的功能,最符合大自然的和谐原则与优化原则。

我国古代杰出的木匠鲁班,在一次上山砍树时,不小心在山坡上滑了一跤,情急中他用手抓住身旁的茅草。人是站稳了,可手指却被划了一道口子,血直往外流。他感到非常奇怪,什么东西这么锋利?于是,他重新拾起被他抓过的茅草,发现茅草边缘长满了许多小"牙齿"。正在思索怎样尽快断木的鲁班高兴极了,忘记了手指的疼痛,飞跑回家。就这样,在茅草的启发下,他终于发明了锯子,成为我国最早的仿生大师。

1960 年,美国科学家斯蒂尔(T. Steele)自 1960 年经过长时间的观察研究,创立了仿生学(bionics)。仿生技术通常指模仿或利用生物体结构、生化功能和生化过程的技术。仿生学研究的目的,一是仿照生物的构造来研制设备;二是用人工制造的设备来替代人的器官。从此,生物体的精巧结构成了工程学有意模仿的对象,工程师们向生物学习,创造出众多高性能的器件。

蝙蝠在飞行时一边号叫着发出超声波来"看"四周环境,一边用大而灵敏的耳朵捕捉回声、分辨目标,敏捷地跟踪猎捕物,其成功率之高,令当代航空航天专家羡慕不已。有人曾进行这样的试验:在大房间里张起密密的铁线网,然后放出几只失去视力的蝙蝠,结果这些盲蝙蝠在房间内飞来飞去,丝毫不触及铁丝网。后来,人们将蝙蝠的耳朵封住,再让它们飞行,不料蝙蝠完全分辨不出铁丝网,甚至在光亮的房间里也四处碰壁。根据对蝙蝠超声定位的研究,声呐和雷达相继问世了。

响尾蛇是一种毒性很强的蛇,它有一种能探测周围环境中温度变化的红外线感受器,长在眼睛与鼻孔之间的颊窝里。由于响尾蛇具备了这种红外线感受器,在黑暗中也能准确无误地捕获猎物。当科学家搞清楚了响尾蛇的颊窝结构后,就对响尾蛇做了这样的试验:把蛇的感觉器官都封闭起来,只留有两侧的颊窝,然后对黑纸包着的灯泡通电,只见蛇突然转向发热的灯泡并予以攻击。通过此试验可知,响尾蛇的红外感官是多么灵敏。研究表明,响尾蛇能感觉 0.001 ℃ 的温度变化,它能感觉到半米以外的手温或小动物的体温。那么响尾蛇的热定位器的精度有多高呢?试验中发现,将蛇的眼睛蒙住的话,它对发热体的定位精度在 5° 的角度范围内,田鼠等小动物自然是在劫难逃。美国的海军武器研究中心,利用这一原理研制出一种空对空导弹的敏感器件,能够探测来自目标的红外辐射,从而紧紧盯住目标不放,直至把目标摧毁。这种导弹命名为"响尾蛇导弹"。

苍蝇的复眼包含 4 000 个可独立成像的单眼,能看清几乎 360° 范围内的物体。在蝇眼的启示下,人们制成了由 1 329 块小透镜组成的一次可拍 1 329 张高分辨率照片的蝇眼照相机,在军事、医学、航空、航天上被广泛应用。

苍蝇的嗅觉特别灵敏,并能对数十种气味进行快速分析且可立即做出反应。科学家根据苍蝇嗅觉器官的结构,把各种化学反应转变成电脉冲的方式,制成了十分灵敏的小型气体分析仪,目前已广泛应用于宇宙飞船、潜艇和矿井等场所来检测气体成分,使科研、生产的安全系数更为准确、可靠。

苍蝇的后翅退化成一对平衡棒。当它飞行时,平衡棒以一定的频率进行机械振动,可以调节翅膀的运动方向,是保持苍蝇身体平衡的导航仪。科学家据此原理研制成一代新型导航仪——振动陀螺仪,大大改进了飞机的飞行性能,可使飞机自动停止危险的滚翻飞行,在机体强烈倾斜时还能自动恢复平衡,即使是飞机在最复杂的急转弯时也万无一失。

传统的助听器主要完成声音的放大作用,只能帮助听力部分损失的患者恢复听觉,而对于全聋患者毫无作用。医学上把听阈在 90 dB 以上的患者统称为全聋,医学界对全聋患者一直无能为力,直到科学家发现用电流直接刺激听神经可以使患者产生听觉。在最初的实验中,患者听到的是模糊的、不可理解的声音。随着研究的不断深入、技术的不断改进,患者听到的声音已经越来越接近自然的声音了。现在在临床上通过外科手术把一种叫电子耳的装置(澳大利亚科利耳(Cochlear)公司生产)植入到患者的内耳,已经能恢复全聋患者的部分听力了。某些患者可以不用唇读,甚至可以通过电话和正常人交流。

对于全聋患者来说,由于把声音的机械振动转换成神经的电脉冲的生物机制已被破坏,恢复听力的唯一方法是直接用电脉冲刺激听觉神经。电子耳就是帮助传感性耳聋患者恢复听觉的一种电子装置,它能根据外部的声音,直接产生听神经需要的电刺激,将这种刺激传入中枢神经,人工制造出听觉。图 1.3 是歌乐(Clarion)公司的电子耳产品,它包含五大部分:

(1) 话筒,用来拾取声音;

(2) 声音处理器,用来将声音转换成适当的电信号;

(3) 传输系统,用来将电信号从体外传送到体内;

(4) 刺激电路,用来处理体外传入的电信号和产生刺激听神经的电信号;

(5) 电极组,用来直接刺激听觉神经。

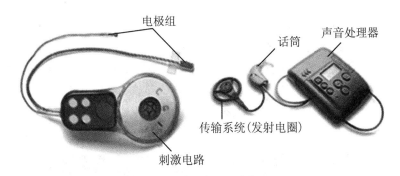

图 1.3　歌乐电子耳实物图

(http://images.search.yahoo.com/images/view)

话筒挂在耳上,将声音转换成电信号送入声音处理器,再输出到体外的发射线圈。接受/刺激器和电极组将通过外科手术植入到患者体内,电极组将插入到耳蜗内,接受/刺激器将固定在耳后上方的颅骨上,如图 1.4 所示。在接受/刺激器和发射线圈上各有一个磁铁,因此发射线圈可以依靠磁力吸附在接受/刺激器附近。声音处理器可以放在衣服口袋内,由导线和发射天线相连。

多通道电极组是电子耳的关键部件,它由 4～22 根极细的白金丝电极组成,每根电极的头部有一个触点。这些白金丝电极之间用特氟纶涂层绝缘,然后用特种硅橡胶包裹起来。为了提高接触性能和防止电极组在耳蜗内滑动,在硅橡胶的表面还要做一些凹坑,把电极的触点安置在这些凹坑内。电极组非常细,直径一般都小于1 mm,电极触点的直径更小于0.3 mm,制作工艺要求很高。

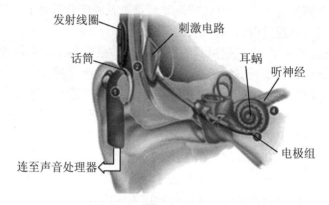

图1.4 电子耳植入示意图

(http://www.istis.sh.cn/list/list.aspx? id=6343)

2008年,英国伦敦穆尔菲尔德(Muirfield)眼科医院成功实行了一项先锋性的"仿生眼"移植手术,两名接受手术的盲人患者已经恢复视力,可以大致看清物体的轮廓,分辨物体移动方向,并能感知光线强弱。这是一种名为"阿格斯Ⅱ型"的"仿生眼",它由一个微型摄像机和一片植入盲人患者眼球底部的人造视网膜组成,如图1.5所示。微型摄像机安装在失明患者佩戴的眼镜上方。它的工作原理是:首先通过患者眼镜上的摄像机捕捉外部景象,然后图像经无线发射器传送到患者眼球表面的人造视网膜上,并转换为电脉冲信号;接着,人造视网膜上的电极会刺激

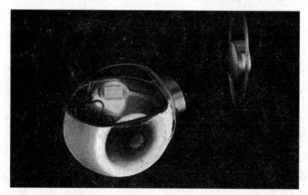

图1.5 帮盲人复明的"仿生眼"

(http://www.jmrb.com/c/2008/04/23/16/c-5755541.shtml)

视网膜上的视觉神经,继续将信号沿视神经传送到大脑。这些脉冲信号可以"欺骗大脑",让大脑以为患者的眼睛仍然在正常地工作。最终,患者能和常人一样"看到"外部世界,并区分光明和黑暗,从而恢复视力。

1.2　传感器的分类、构成与发展动向

GB 7665—87 国家标准中规定,传感器(transducer/sensor)的定义为:能感受规定的被测量并按照一定的规律转换成可用输出信号的器件或装置,通常由敏感元件和转换元件组成,其中敏感元件是指传感器中能直接感受和响应被测量的部分,转换元件是指传感器中能将敏感元件感受或响应的被测量转换成适于传输和测量的电信号部分。被测量是什么? 一般理解为非电量或理解为物理量、化学量、生物量等。可用输出信号是什么? 一般也理解为电信号,即模拟的电压、电流信号(连续量)和离散量的电平变换的开关信号、脉冲信号。现代按照信息理论理解,被测量的输出信号应包括多种信息,除上述信号外,还包括声音、图像、味觉、触觉、空间位置等;按照控制理论理解,传感器的功能应包括检测以外的识别、检索、侦察、寻找、跟踪、选择拾取、判断等。

国际电工委员会(International Electrotechnical Committee,IEC)对传感器的定义为:传感器是测量系统中的一种前置部件,它将输入变量转换成可供测量的信号。传感器最关键的部分是敏感元件和转换元件。敏感元件是能够灵敏地感受被测量并做出响应的元件。为了获取被测量的精确数值,不仅要求敏感元件对所测量的响应足够灵敏,还希望它不受或少受环境因素的影响。转换元件是指传感器中能将敏感元件感受或响应的被测量转换成适于传输和测量的电信号部分。

变送器是从传感器发展而来的,凡能输出标准信号的传感器就称为变送器。标准信号是物理量的形式和数值范围都符合国际标准的信号。输出为非标准信号的传感器,必须和特定的仪器或装置配套,才能实现检测或调节功能。为了加强通用性和灵活性,某些传感器的输出可以靠转换器将输出的非标准信号变成标准信号,使之与带有标准信号输入电路或接口的仪表配套,从而实现检测或调节功能。

传感器的基本工作特性一般用静态特性、动态特性和环境特性来描述:① 传感器的静态特性,衡量传感器的静态特性指标有线性度、灵敏度、迟滞、重复性、分辨率和漂移等。② 传感器的动态特性,是指传感器在输入变化时的输出特性。在

实际工作中,传感器的动态特性常用它对某些标准输入信号的响应来表示。这是因为传感器对标准输入信号的响应容易用实验方法求得,并且它对标准输入信号的响应与它对任意输入信号的响应之间存在一定的关系,往往知道了前者就能推定后者。最常用的标准输入信号有阶跃信号和正弦信号两种,所以传感器的动态特性也常用阶跃响应和频率响应来表示。③ 传感器的环境特性,是指其工作的外部条件,如温度、振动和冲击等。大部分传感器的工作范围都在 $-20\sim70\,℃$,在军用系统中要求工作温度在 $-40\sim85\,℃$,汽车、锅炉等场合对传感器的温度要求更高,而航天飞机和空间机器人甚至要求温度在 $-80\,℃$ 以下,$200\,℃$ 以上。

1.2.1 传感器的分类

传感器的检测对象非常多,主要有数量、长度、面积、体积、位置、含量、线性变位、旋转变位、畸变、压力、转矩、流量、流速、加速度、振动、成分配比、水分、离子浓度、浑浊度、粒状体、密度、伤痕、湿度、热量、温度、火灾、烟、有害气体、气味等。

检测的基本手段主要有射线($γ$ 射线、X 射线等)、紫外线、可见光、红外线、微波、激光、电、磁、声波等。

关于传感器的分类方法很多,而且互相交叉,主要方法如下:

1. 按有源或无源

可将传感器分为无源传感器和有源传感器。无源传感器只是被动地接收来自被测物体的信息;有源传感器则可以有意识地向被测物体施加某种能量,并将来自被测物体的信息变换为便于检测的能量后再进行检测。

2. 按待测量

可将传感器分为电传感器、磁传感器、位移传感器、压力传感器、振动传感器、声传感器、速度传感器、加速度传感器、流量传感器、流速传感器、真空度传感器、温度传感器、湿度传感器、光传感器、射线传感器、分析传感器、仿生传感器、气体传感器和离子传感器等。

3. 按使用材料

可将传感器分为陶瓷传感器、半导体传感器、复合材料传感器、金属材料传感器、高分子材料传感器等。

4. 按技术特点

可将传感器分为电传送、气传送或光传送、位式作用和连续作用、有触点和无触点、模拟式或数字式、常规式或智能式、接触式或非接触式、普通型、隔爆型或本安型(本质安全型)。

传感器应用市场(表1.1)除军用外,还可分为工业与汽车电子产品、通信电子产品、消费电子产品、专用设备四大类。

表1.1　传感器应用市场综合调查统计表

应用领域		所需传感器种类	应用目标
工业测量与控制	机械工业	温度、位移、振动、转速、压力、质量、湿度	自动化、安全生产、节能、提高工效、防止公害
	电力工业	大电流、高电压、振动、位移、温度、湿度、气体、流量、磁性、质量	
	化学工业	气体、湿度、流量、液位、温度、转速振动、pH 值、浊度	
	汽车工业	温度、压力、位移、转速、转矩、流量、振动、车速、方向、气体	
	仪表工业	温度、湿度、压力、流量、液位、气体、振动、位移、磁性、电量	
民用设备		温度、湿度、光、磁性、气体、液位、流量、质量、压力、振动、环保、含氧量、红外线	安全、节能、方便舒适
防灾防盗		气体、火焰、温度、地震、漏水、非法闯入报警、红外线、振动、超声波	安全、防灾防盗
健康、医疗		温度、超声波、光、辐射线、磁性、红外线、激光、光纤、血压、血流、血栓检查、心电、脑电、体重	诊断、治疗、保健管理
农林、水产		温度、湿度、气体、日照、照度、霜露、pH 值、成分、质量、超声波、红外线、声呐	改善农林保护设施、提高生产能力
海洋、气象		温度、湿度、风向、气压、雨量、盐分、潮位、日照、浊度	提高自动检测能力
资源		磁性、光、红外线、重力、超声波、地震波、辐射线	资源探测、能源利用
环境保护		空气、水和海水检测、噪声、有害物质泄漏检测	空气、水源保护,生态保护

1.2.2 传感器的构成

传感器的主体是把输入量变成为与其不同的物理量的器件。构成传感器时，还应尽可能得到容易处理的电量(电压、电流、频率等)或力学量(压力等)作为输出量的信号。图1.6是传感器构成方式的分类表示。

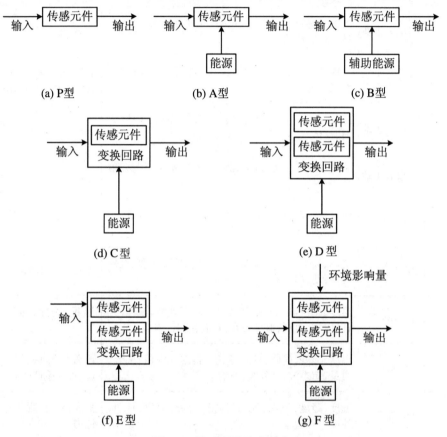

图 1.6 传感器的构成方式

图1.6(a)是传感器最基本的构成，是仅有传感器元件的最简单的一种，称作P型传感器。图1.6(b)是使用电源等动力源对传感器进行激励，从而得到输出信号，这种形式称作A型传感器。也有利用磁铁来代替动力源的，这时不把磁铁看作动力源，而看作辅助能源，这种形式称作B型传感器。在图1.6(c)图中，传感元件随输入信号而改变本身的阻抗特性，不加以改造是得不到输出信号的，必须设计

包括传感元件在内的变换回路,并由动力源提供能源才能得到输出信号,这种形式称作 C 型传感器。在大多数情况下,传感器特性受周围环境的影响,在这些影响不能忽略时,必须采取某些措施,图 1.6(d),(e),(f)是消除这些影响的比较有效的构成方式。在图 1.6(d)图中,使用两个原理和特性完全一样的传感元件,其中一个接受输入信号,另一个不接受输入信号,两个传感元件对环境条件的特性变化是相同的。虚设一个传感元件的目的在于抵消环境条件对接受输入信号传感元件的影响,这种形式称作 D 型传感器,大都需要动力源。在图 1.6(e)图中,采用比 D 型传感器更为巧妙的方法运用传感元件:把输入信号都加在原理和特性完全一样的两个传感元件上,但是,在变换回路中,使传感元件的参数对输入信号进行反向变换,对环境条件变化进行同向变化,从而抵消环境变化带来的影响,这种形式称作 E 型传感器;在图 1.6(f)图中,也使用两个传感元件,对其中一个传感元件加上输入信号,并预先了解环境条件对它的影响,对另一个传感元件则加上能抵消环境对前者影响的补偿信号,这种形式称作 F 型传感器。

1.2.3 传感器的发展动向

近年来,传感器正处于传统型向新型传感器转型的发展阶段,新型传感器的特点是新原理、新材料、微型化、集成化、多功能化、智能化、网络化和融合化,它将不仅促进系统产业的改造,而且可导致建立新型工业和军事变革,是 21 世纪新的经济增长点。

1. 发现和应用新现象

利用物理现象、化学反应和生物效应设计制作各种用途的传感器,这是传感器技术的重要基础工作。因此,发现和应用新现象,其意义极为深远。

今后需要开发的传感器功能主要包括三种——代替人的嗅觉和味觉功能、人体感官不能识别的功能(如能检测微小的、微量的功能)、超越人的五感的功能即取代第六感(心理)的传感器功能。

2. 开发新材料

传感器材料是传感器技术的重要基础,传统的做法都是根据各种功能材料来制作种种传感器,这往往限制了传感器性能的进一步提高。1982 年,日本东京工业大学高桥清教授提出"利用分子束外延和有机化学蒸镀特制敏感功能材料",也就是说,可以人工合成各种特定的敏感功能材料。

3. 微型化和集成化

微传感器(microsensor)是基于 MEMS 技术的新型传感器,其敏感元件的尺寸为 $0.1 \sim 100 \, \mu m$。微传感器不是传统传感器按比例缩小的产物,其理论基础、结构工艺、设计方法等有许多自身的特殊现象和规律。

微机械技术的对象主要包括微驱动器、微执行器和微传感器(图1.7)。当今的重点是开发传感器,今天90%以上的微机械结构都属于传感器范围,可见对微传感器需求的急切。微传感器是技术密集型的研究领域,它涉及物理、化学、数学等基础学科及材料、工艺、电子、机械、计算机、信息处理等众多学科(图1.8),是一个国家高新技术综合水平的体现。

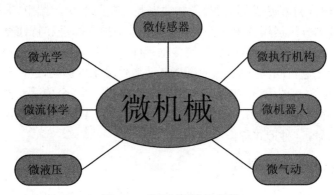

图1.7 微机械的发展领域

传感器的集成化一般具有两方面的含义:第一,把一些相同的或不同的多个传感器集成在同一芯片上构成阵列式传感器;第二,将过去安放于传感器后级的信号处理电路与传感器集成在同一芯片上构成集成传感器。半导体技术中的加工方法有氧化、光刻、扩散、沉积、平面电子工艺、各向异性腐蚀以及蒸镀、溅射薄膜等,这些都已引进到传感器制造。

MEMS传感器的主要加工技术沿用半导体制造工艺,它的基底材料除了常用的硅材料外,还有石英、GaAs、聚合物和金属材料等。更重要的是,MEMS传感器的核心——敏感元件或有活动部件或需要与工作介质接触,这导致一些设计和封装与传统的微电子相比更为复杂。MEMS传感器封装工艺和测试标定的费用约占产品总成本的80%以上。

传感器的门类、品种繁多,所用的敏感材料各异,决定了MEMS传感器制造技术的多样性和复杂性,标准化工作具有相当的难度,国外无论军用还是民用,标准化工作都非常滞后,标准数量少。造成这种状况的原因,一方面是产品技术的先进性,需要一定程度的保密性;另一方面,传感器是一门多学科跨行业技术,产品本身的结构复杂,其接口界面多样,产品结构可以以元器件、组件、仪器设备等形式出现,制定标准和执行标准都很困难。

　　我国 MEMS 传感器的标准基本为空白,仅有传统的传感器方面的标准,均是基于组件式的传感器标准。我国组件式的传感器通用规范是以传感器的检测对象和转换原理交错建立的,通用规范较多,主要是因为这些传感器的工艺材料结构具有较大的差异。

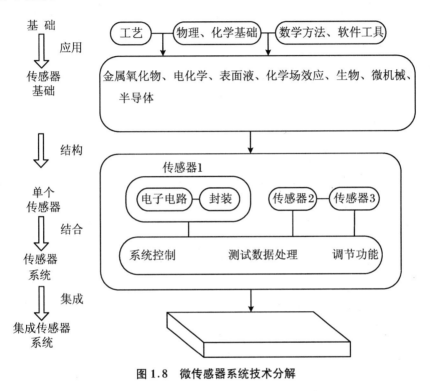

图 1.8　微传感器系统技术分解

　　目前,国外已颁布 MEMS 传感器标准的机构主要有国际电工技术委员会和半导体工艺和设备技术委员会(SEMI)。

4. 发展多功能传感器

　　在通常情况下,一个传感器只能用来探测一种物理量,但在许多领域中,为能准确地反映客观事物和环境,往往需要同时测量大量的物理量。多功能传感器(multifunction sensor)能够转换两种或两种以上的不同物理量。例如,使用特殊的陶瓷把温度和湿度敏感元件集成在一起,做成温湿度传感器;把检测钠离子和钾离子的敏感元件集成在一个基片上,制成测量血液中离子成分的传感器;在同一硅片上制作应变计和温度敏感元件,制成同时测量压力和温度的多功能传感器,这些敏感元件装在同一块硅片中,工作在同一种条件下,很容易对系统误差进行补偿和校正。

5. 智能化传感器

国外有的文献称传统的传感器为"dumb sensor"(愚蠢的、笨哑的传感器)。计算机技术使传感器技术发生了巨大的变革,微处理器(或微计算机)和传感器相结合,产生了功能强大的计算机化的传感器,国外称为"smart sensor"(聪明传感器)或"intelligent sensor"(智能传感器)。

智能传感器的智能主要是指:环境的适应性,能随环境的变化而变化;自修复功能;按人们的意愿随时间变化而做相应变化的功能。

6. 传感器网络化

网络传感器的开发,使测控系统主动进行信息处理以及远距离实时在线测量成为可能。

7. 多传感器信息融合

多传感器信息融合(multisensor data fusion,MSDF)是 20 世纪 80 年代出现的一个新兴学科,它是将不同传感器对某一环境特征描述的信息,综合成统一的特征表达信息及其处理的过程。

8. 新应用领域的拓展

我国传感器应根据市场需求,适应传感器生产的特点,做到"新旧交替、远近结合、品种齐全、满足需求",做到"大、中、小并举","集团化和专业化生产并存",朝国际化方向发展,走在现代工业的前列。

参 考 文 献

[1] 丁长青.人的体外进化[J].自然辩证法研究,1994,10(3):18-24.

[2] 郑彦平.传感器的分类、构成与发展动向[J].云南民族学院学报,2001,10(1):308-310.

[3] 时杰.从自然汲取灵感:未来的仿生材料和传感器[J].研究与开发,2001(3):14-16.

[4] 高桥清,庄庆德.展望 21 世纪新技术革命中的传感器[J].综述与评论,2001,20(1):1-4.

[5] 王淑梅.传感器基本性能分析[J].佳木斯大学学报,2008,26(3):360-362.

第2章　传感器材料

　　材料、信息和能源,这三大资源是现代文明的三大支柱,材料的发展对人类社会和文明的进步有很大的推动作用。人类社会的发展,按人类掌握制作材料的技术可分为石器时代、青铜器时代、铁器时代、半导体时代、信息时代等。

　　传感器材料包括结构材料和敏感材料。材料的发展最早是从结构材料开始的,它是能承受外加载荷而保持其形状和结构稳定的材料,通常称之为第一代材料。敏感材料是对电、光、声、力、热、磁、气体分布等场的微小变化表现出性能明显改变的功能材料(电功能材料、光功能材料、力功能材料、热功能材料、磁功能材料、化学功能材料和生物功能材料等),通常称之为第二代材料。传感器的精度取决于材料对环境的敏感程度,材料的纯度、细微结构和制备工艺往往对材料的性能有决定性的影响,因此,材料的稳定性显得特别重要。敏感材料首先应具有良好的敏感特性(如能迅速地将微小信息准确地变换为电信号并具有良好的选择性和响应速度),其次还应具有良好的重复性和互换性。这些特性是各种传感器的基础。

　　传感器敏感材料大致可分为金属系、无机系、有机系及复合系四种功能材料,其中对无机材料的研究居多。每种功能材料的开发又有原子、分子配列控制,以及材料的薄膜化、微小化、纤维化、气孔化和复合化等状态。

2.1　电学功能材料

电学功能材料按照导电性可分为导体、绝缘体和介于两者之间的半导体。

2.1.1　导电材料

导电材料的电导率在 $10^6 \sim 10^8$ S/m 之间。按导电机理,可将导电材料分为电子导电材料和离子导电材料两大类。电子导电材料的导电起源于电子的运动,离子导电材料的导电机理则主要起源于离子的运动。

微传感器引线键合是实现微传感器芯片与封装外壳多种电连接中最通用、最简单、有效的一种方式。引线键合工艺中所用导电丝主要有金丝、铜丝和铝丝。键合金丝是指纯度为 99.99%、线径为 $18 \sim 50$ μm 的高纯金合金丝。通常采用球焊、楔焊方式键合,并常用于塑料树脂封装。尽管微传感器引线键合中使用最多的引线材料是金丝,并逐渐用铜丝取代金丝,但在陶瓷外壳封装的微传感器中,多采用铝丝(含有少量的硅或镁)作为引线材料。

通用高分子材料与各种导电性物质,如金属粉、炭黑等通过填充复合、表面复合等方式可以制成导电塑料、导电橡胶、导电纤维织物、导电涂料、导电胶黏剂及透明导电薄膜等。导电高分子材料是近年来高分子功能材料的研究开发热点,被广泛应用于光电、热电、压电等器件及充电电池、电致变色元件(electrochromic device,ECD)等领域。经过复合得到的导电硅橡胶与金属导体相比,具有:① 优良的加工性能,可批量生产;② 柔软、耐腐蚀、低密度、高弹性;③ 可选择的电导率范围宽;④ 价格便宜等特点。因此,在各种发酵用容器加温、冰雪融化、防止盥洗室镜子和复印机的沾露及除湿等方面已得到广泛应用。同时它还具有保存中电阻变化小,混炼后电阻增加少,耐热、耐寒、耐气候、永久压缩形变特性等特点。现在它已经成为用量最大的导电橡胶。

导电胶黏剂在电气、电子有关的产业部门已被广泛应用,如印制线路板、键盘开关、混合式集成电路、小片黏合等。其导电机制可能是导电粉末的点接触造成的导通和隧道效应。但胶黏剂本身并不导通,可靠性也有限制。因此,今后将期待着出现某些胶黏剂本身有一定导电性的导电胶。

2.1.2　绝缘材料

绝缘材料的电导率在 $10^{-20} \sim 10^{-10}$ S/m 之间。介电、压电、铁电等陶瓷功能材料等均为绝缘体。

1. 介电材料

介电材料又叫电介质,是以电极化为特征的材料。电极化是指在电场作用下分子中正负电荷中心发生相对位移而产生电偶极矩的现象。

2. 压电材料

压电效应是一种机电耦合效应,可将机械能转换为电能,这种效应称为正压电效应。反之,如果将一块压电晶体置于外电场,由于外电场的作用,晶体内部正负电荷中心产生位移,这一极化位移又会导致晶体发生形变,称这种效应为逆压电效应。这两种效应统称为压电效应,具有压电效应的材料称为压电材料。

压电材料是实现机械能与电能相互转换的功能材料,在电、磁、声、光、热、湿、气、力等功能转换器件中发挥着重要的作用,具有广阔的应用前景。压电材料按化学组成和形态分为压电单晶、压电陶瓷、压电聚合物及复合压电材料四类。

压电陶瓷是在经过一定的工艺条件配料、成型、烧结、机械加工、上电极、用直流电场进行极化处理而得到的功能陶瓷材料。典型的压电陶瓷材料有钛酸钡、钛酸铅、锆酸铅、锆钛酸铅(PZT)等。

3. 铁电材料

铁电材料是一种特殊的介电材料,具有电畴和电滞回线,通常称为铁电体。铁电材料具有介电性、压电性、热释电性、铁电性以及电光效应、声光效应、光折变效应和非线性光学效应等重要特性,可用于制作铁电存储器、热释电红外探测器、空间光调制器、光波导、介质移相器、压控滤波器等重要的新型元器件。这些元器件在航空航天、通信、家电、国防等领域具有广泛的应用前景,因此铁电材料成了近年来高新技术研究的前沿和热点之一。

目前,铁电材料及器件的研究还面临着诸多问题,例如薄膜化引起的界面问题,微型化带来的尺寸效应和加工、表征问题,集成化导致的兼容性问题等。同时,与铁电材料及器件相关的新原理、新方法、新效应、新应用还有待深入研究和开发。

2.1.3　半导体材料

半导体的电导率受外界条件,如温度、电场、光照、气氛、湿度的影响可能发生显著变化,室温下半导体的电导率在 $10^{-9} \sim 10^5$ S/m 之间。利用这种敏感特性可制造各种敏感元件和传感器,它们具有灵敏度高、结构简单、工艺简便、成本低廉等优点。

硅(Si)是当前微电子技术的基础材料,预计其统治地位至少到 21 世纪中叶都不会改变。从提高硅器件、集成电路成品率,提高性能和降低成本方面来看,增大直拉硅单晶的直径、解决硅片直径增大导致的缺陷密度增加和均匀性变差等问题仍是今后硅单晶发展的大趋势。

基于量子尺寸效应、量子干涉效应、量子隧穿效应和库仑阻效应,以及非线性光学效应等的低维半导体材料(一维量子线、零维量子点材料)是一种人工构造(通过能带工程实施)的新型半导体材料,是新一代量子器件的基础,其应用极有可能触发新的技术革命。这类固态量子器件以其固有的超高速、超高频(THz)、高集成度(10^{10} 个电子器件/cm^2)、高效低功耗和极低阈值电流(亚微安)、极高量子效率、极高增益、极高调制带宽、极窄线宽和高的特征温度以及微焦耳功耗等特点,在未来的纳米电子学、光子学和新一代超大规模集成电路(VLSI)等方面有着极其重要的应用背景,受到各国科学家和有远见的高技术企业家的高度重视。

半导瓷的半导化机理,在于陶瓷材料成分中化学计量比的偏离或杂质缺陷对晶粒的影响,以及施主和受主在晶界形成的界面势垒,从而使陶瓷体的电导率由 10^{-10} 提高到 $10^{-8} \sim 10^5$ S/m 之间。半导瓷的电导率受外界条件,如温度、电场、光照、气氛、湿度的影响可能发生显著变化。利用这种敏感特性可制造各种敏感元件和传感器,它们具有灵敏度高、结构简单、工艺简便、成本低廉等优点。其中以电导率特性直接应用于敏感电阻器最为成功。

热敏电阻可分为正温度系数(PTC)和负温度系数(NTC)两大类。PTC 材料是以高纯钛酸钡为主晶相,通过引入施主掺杂和玻璃相形成半导化,同时以 Pb,Ca,La,Sr 等移动剂移动居里温度(使居里温度可在 25~300 ℃ 之间调节),调整温度特性。在低于居里温度时,较高的 ε 使材料呈低阻态;当温度高于居里点时,由于钛酸钡由铁电相转变为顺电相,ε 按照居里-外斯定律迅速衰减,致使电阻率发生数量级的变化,这称为 PTC 效应。微量的 Mn,Cu,Cr,La 等固溶限极低的受主掺杂可加剧该效应,使里点附近的电阻率产生 4~6 个数量级的巨大变化。

NTC 材料主要是由尖晶石型的过渡金属(Mn,Co,Ni,Fe 等)氧化物半导瓷构成的。NiO,CoO,MnO 等单晶的室温电阻率都在 10^7 Ω·cm 以下,随着温度的增加,电阻率的对数 $\lg\rho$ 与温度的倒数 $1/T$ 在一定的温区内接近线性关系,具有 n 型半导体的特性。常温 NTC 材料(−60~200 ℃)通常以 MnO 为主与其他元素形成二元或三元系半导瓷,电导率可在 $10^5 \sim 10^{-7}$ S/m 之间调节。高温 NTC 材料则引入 Al_2O_3 形成三元系或多元系,适用于 300~1 000 ℃ 的高温区。大多数 NTC 材料的受主电离能都很低,可保证在常温下全部电离,即载流子浓度可视为常数 A。电导率 $\sigma = A[-\Delta E/(kT)]$,$\Delta E$ 为电导激活能。设 $B = \Delta E/k$,则电阻率 $\rho = \rho_0\exp(B/T)$,B 值反映了材料电阻率对温度的依赖关系。对于 NTC 热敏电阻器来说,则反映电阻的灵敏度即 $B = \ln(R_2/R_1)/(1/T_1 - 1/T_2)$。

氧化锌晶体具有纤锌矿结构。室温下满足化学计量比的纯净氧化锌应是绝缘体,但由于本征缺陷的存在,它具有 n 型电导。在氧化锌半导瓷中,根据不同的需要可加入少量 Al_2O_3,Cr_2O_3,Li_2O 和 Bi_2O_3 等杂质,从而使电导率产生巨大变化,达到控制和利用氧化锌半导瓷敏感特性的目的。

具有 ZnO 晶粒和富铋相晶界的氧化锌系半导瓷体的电阻值是一个可变量。其体内的电流与外加电压之间不符合欧姆定律,仅在击穿电压 U_B 以下 I 和 U 之间满足近似线性关系;而当外加电压高于 U_B 时,I 和 U 间满足非线性关系: $I = (U/C)^\alpha$,α 为非线性系数。氧化锌半导瓷的该种性能可用于制造压敏电阻。掺 Pt 的氧化锌半导瓷对异丁烷、丙烷、乙烷等碳氢化合物气体有高灵敏度。掺 Pd 的氧化锌半导瓷恰好相反,而对 H_2,CO 的灵敏度高。添加 V_2O_5,Ag_2O 的氧化锌半导瓷则对乙醇、苯等比较敏感。此外,由 $ZnO - Li_2O - V_2O_5$ 构成的半导瓷电阻率随着环境相对湿度的升高而下降,是一种负特性的湿敏半导瓷。气敏和湿敏半导瓷材料的敏感机理在于:瓷体表面吸附碳氢化合物,以及 O_2,CO,NO_2 和乙醇、水蒸气等被检气体分子后在表面电导和表面能带以及表面势垒等多方面发生的变化。在开发氧化锌系气敏瓷之后,开发了二氧化锡系气敏瓷,其迅速发展成为该领域的主体。此后,人们还开发出 $LaNiO_3$ 等稀土复合氧化物系、氧化铁系氧化钒系、氧化锆系、氧化镍系、氧化钴系、氧化钛系、氧化铌系气敏半导瓷。

2.2 磁学功能材料

从几千年前我们的祖先发现磁石可以吸引铁的现象以来,磁性材料就吸引了人们的注意。历史上记载的人类对磁性材料的最早应用是中国人利用磁石能够指示南北方向的特性,将天然磁石制成司南。这一发明对航海业的发展有着重要的推动作用。

2.2.1 磁性材料

磁性材料是指常温下表现为强磁性的亚铁磁性材料和铁磁性材料;按其不同特点又可分为软磁(如矽钢片)、硬磁(磁铁)、铁氧体(高频磁芯)等材料。

在传感器技术中,近年来由磁体构成的传感器发展很快。在各种马达旋转编码器、防盗保密传感器、坐标传感器等方面,正在由光电式、微波电磁式向磁体式转移。以磁头为代表的磁场传感器(磁强计)、电流传感器等正在向非晶态磁传感方向发展。非晶态磁传感器具有高灵敏度、高稳定性和可靠性以及微型轻量化特点。金属磁粉用于磁记录及磁卡上。磁阻薄膜(FeNi,NiCo)制成的各种传感器已广泛应用于角度、位移、磁场等检测。用热敏铁氧体和热敏磁性液体制成的磁性温度传感器已在家用电器、汽车、复印机等机电产品中广泛应用。高磁能级的稀土永磁和NdFeB永磁及其黏结永磁的迅猛发展,为永磁材料传感器的小型、集成化提供了条件。

2.2.2 有机磁体

传统的磁性材料必须经过高温冶炼的过程,而且由于密度大、精密加工成型困难、磁损耗大等因素,传统的磁性材料在高新技术和尖端科技的一些方面的应用受到了很大的限制。而有机磁性材料因其结构种类的多样性,可用化学方法合成,从而得到磁性能与机械、光、电等方面结合的综合性能,具有磁损耗小等特点,在超高频装置、高密度储存材料、吸波材料、微电子工业和宇航等需要轻质磁性材料的领域有很大的应用前景。

有机磁性化合物主要可以分为复合型和结构型两大类:

复合型有机磁性化合物主要是以有机化合物(主要指高分子树脂)为基体,加入各种磁粉经混合成形而制得的具有磁性的复合体系。基体树脂可根据实际需要选用不同的聚合物,采用的磁性填料主要有两大类:铁氧体型和稀土型。

结构型的有机磁性化合物,目前大多数只在低温下才具有铁磁性,尚处于研究阶段,理论基础还没有完善。但这一类有机磁性化合物与传统的磁铁相比,具有:① 结构多样性,易于用化学方法对分子进行修饰和剪裁而改变其磁性;② 磁性能的多样性;③ 可以将磁性和其他如机械、光、电等特性相结合;④ 可以用常温或低温的方法进行合成;⑤ 易于加工成型,可以制成许多传统磁体难以实现的器件;⑥ 低密度等特点。正是这些特点使它在作为未来的光电子器件等一些新型的功能材料领域有重要的应用前景,引起了人们很大的兴趣。

2.2.3 磁电材料

材料在外加磁场作用下产生自发极化或者在外加电场作用下感生磁化强度的效应称为磁电效应,具有磁电效应的材料称为磁电材料。从磁电效应定义可知:磁电材料能够直接将磁场转换成电场,也可以把电场直接转换为磁场。这种不同能量场之间的转换只需一步,不需要额外的设备,因此转换效率高,易操作。利用磁电材料以及磁电效应可以灵活方便地应用电场或磁场来实现其磁化或极化状态的控制,通过调节电场(磁场)就可以调控磁场(电场)。基于此,磁电材料及磁电效应正受到世界上越来越多科学家的关注。

磁电效应最早发现于具有反铁磁性的单相材料 Cr_2O_3 中。之后人们经过深入的探索,发现 Cr_2O_3 是一种多铁性单相材料。后来又陆续发现了类似的多铁性单相材料,如 $BiFeO_3$,$YMnO_3$ 等。这一类材料既具有铁电性(或反铁电性),又具有铁磁性(或反铁磁性)。然而这些材料的居里温度大都远远低于室温,并且只有在居里温度以下才会表现出微弱的磁电效应。当环境温度上升到居里温度以上时,磁电系数就迅速下降为零,磁电效应也就随之消失。因此,难以利用单相磁电材料开发出具有实际应用价值的器件。复合材料是按照一定的连通模式,通过加和效应或耦合乘积效应获得的综合性能远高于单一材料,或者是可开发出单一材料所没有的性质的新材料。

2.3　光学功能材料

所谓光学功能材料就是指在外场,如力、声、热、电、磁、光等场的作用下,光学性质会发生改变的材料,主要包括磁光、声光、电光、压光及激光材料。

2.3.1　透光材料和导光材料

透光材料包括透可见光(波长 $0.39\sim0.76\ \mu m$)、红外光(波长 $1\sim1\ 000\ \mu m$)和紫外光(波长 $0.01\sim0.4\ \mu m$)的材料。

传感器中用得最多的导光材料是光纤材料。光通信中用于传播信息的光学纤维所用的材料,称为光纤材料,又称为光波导纤维材料。按传输模式不同,可分为单模光纤和多模光纤。按光纤材料的组分可分为石英光纤、多组分氧化物玻璃光纤、非氧化物玻璃光纤、晶体光纤和高聚物光纤。

2.3.2　发光材料

发光材料品种很多,按激发方式发光材料可以分为:

(1) 光致发光材料:发光材料在光(通常是紫外光、红外光和可见光)照射下激发发光;

(2) 电致发光材料:电致发光材料在电场或电流作用下激发发光;

(3) 阴极射线致发光材料:发光材料在加速电子轰击下激发发光;

(4) 热致发光材料:发光材料在热作用下激发发光;

(5) 等离子发光材料:发光材料在等离子体作用下激发发光;

(6) 有机电致发光材料:有机电致发光材料 LED 的发光亮度最高已达

10^5 Cd/m²,发光效率达 151 lm/W,工作寿命超过 20 000 h,并实现了红、绿、蓝及全色发光。

2.3.3 激光材料

激光材料包括激光工质材料、激光调 Q 材料、激光调频材料和激光偏转材料。发生激光的物质叫作激光工作物质。在固体、气体和液体激光工作物质中,固体激光物质是最重要的一种。固体激光工作物质又分为晶体和玻璃两种,它们都在基质固体中掺入了适量的激活离子。激光的波长是由激活离子种类决定的。

为了使激光的能量在时间上集中,在工作物质达到粒子数反转时,使其不马上释放能量,而是继续对工作物质进行激励,让激发态的粒子数继续积累,然后在极短的时间内释放激光,即可大大提高激光输出功率。调 Q 技术即是实现压缩激光脉宽、提高激光峰值功率的方法,这种技术又称为 Q 开关技术。Q 开关激光脉宽短至几纳秒至几百纳秒,其激光峰值功率极高,可使一些细小颗粒如黑色素、文身墨等骤然受热而发生瞬间爆破,而邻近的正常组织不被破坏。YAG 晶体在氙灯的光泵下发射自然光,通过偏振棱镜后,变成沿 x 方向的线偏振光,若调制晶体上未加电压,光沿光轴通过晶体,其偏振状态不发生变化,经全反射镜反射后,再次(无变化地)通过调制晶体和偏振棱镜,电光 Q 开关处于"打开"状态。在调制晶体上施加电压,由于纵向电光效应,当沿 x 方向的线偏振光通过晶体后,经全反镜反射回来,再次经过调制晶体,偏振面相对于入射光偏转了 90°,偏振光不能再通过偏振棱镜,Q 开关处于"关闭"状态。在氙灯刚开始点燃时,事先在调制晶体上加电压,使谐振腔处于"关闭"的低 Q 状态,阻断激光振荡形成。待激光上能级反转的粒子数积累到最大值时,突然撤去晶体上的电压,使激光器瞬间处于高 Q 值状态,产生雪崩式的激光振荡,就可输出一个巨脉冲。

2.3.4 光调制用材料

用光学方法控制激光束是利用光通过某些光学介质,这些光学介质(如折射率)在外电场(电、声、磁)的作用下,将发生显著的变化,从而使通过介质的激光束的某些特性(如光波相位)随之变化。这类能使激光束实现调制的光学介质称为(激)光调制用材料。按照控制光束的不同作用机理,光调制用材料又可分为电光材料、磁光材料和声光材料三种。

1. 电光材料

电光效应是在外加电场作用下,物体的光学性质所发生的各种变化的统称。与光的频率相比,通常这一外加电场随时间的变化非常缓慢。这些不同的电光效应可分为两类。

（1）光吸收率的变化

① 电致吸收效应：通常意义下指光吸收率常数的变化；

② 法兰兹-卡尔迪西效应：指某些半导体在外加电场下光吸收率的变化；

③ 量子禁闭斯塔克效应：指某些半导体量子阱在外加电场下光吸收率的变化；

④ 电色效应：指外加电场产生对特定波长的吸收带，从而引起物体颜色的变化。

（2）折射率的变化

① 泡克耳斯效应（又称作线性电光效应）：外加电场引起的晶体折射率改变正比于电场强度。只有那些不具有反演对称性的晶体才能产生泡克耳斯效应。

② 克尔效应（又称二阶非线性电光效应）：外加电场引起的晶体折射率改变正比于电场强度的平方。任何晶体都能产生克尔效应，但这种效应的强度远低于泡克耳斯效应。

2. 光材料

在磁场的作用下，物质的电磁特性（如磁导率、磁化强度、磁畴结构等）会发生变化，使光波在其内部的传输特性（如偏振状态、光强、相位、传输方向等）也随之发生变化的现象称为磁光效应。磁光效应包括法拉第效应、克尔效应、塞曼效应、磁致双折射效应以及后来发现的磁圆振二向色性、磁线振二向色性、磁激发光散射、磁场光吸收、磁离子体效应和光磁效应等。

3. 声光材料

超声波在透明介质中传播时，介质折射率发生空间周期性变化，使通过介质的光线发生改变的现象，称为声光效应。当超声频率较低，且光束宽度比声波波长小时，介质折射率的空间变化会使光线发生偏转或聚焦；当声波频率增高，且光束宽度比声波波长大得多时，这种折射率的周期性变化起着光栅的作用，使入射光束发生声光衍射。对于高频超声波，且光束穿越声场的作用距离较大的情形，类似于 X 射线在点阵上的衍射作用，光束通过声场后，出射光束的一侧出现较强的一级衍射光，称为声光布拉格衍射。

4. 非线性光学材料

线性光学材料是指光通过此材料后频率不变的材料。所谓非线性光学材料，是指光通过此介质材料时，光的频率等参量发生变化的材料。非线性光学材料有以下几种用途：① 实现倍频；② 实现光频上调。

2.3.5　光电材料

　　光电材料是能把光能转变为电能的一类能量转换功能材料,如光电子发射材料(电视摄像管、光电倍增管)、光电导材料(如光敏电阻、光敏二极管和光敏三极管)和光电动势材料(太阳能电池)。

　　光具有波动性和粒子性,当光子照射到某种材料上时,吸收的光子能量若转换为电子动能,这就是光电效应,由光子激发生成的电子称为光电子。光电效应分为内光电效应和外光电效应。内光电效应的概念是,晶体吸收辐射能量后产生电子和空穴,在外加电场作用下,电子向正极移动,并形成初级电流;空穴向负极移动,产生次级电流。因而材料的导电性急剧增强。对于外光电效应,光电子逸出材料表面被激发到真空,并被材料之外的集电极所接收。光生电动势是指材料在光的作用下产生的电动势。

2.4　热功能材料

　　热功能材料有热电材料、磁热材料和高温材料等。

2.4.1　热电材料

　　热电材料就是一种将热能和电能进行转换的功能材料,如温差电动势材料(如热电偶)、热电导材料(如热敏电阻)和热释电材料(如红外与热成像探测器)。

　　热电效应是泽贝克(Seebeck)效应、佩尔捷(Peltier)效应和汤普森(Thompson)效应的总称。这三个效应不是独立的,三者可以通过开尔文关系式联系在一起。泽贝克效应可以用来发电,佩尔捷效应则可以实现制冷或者温度控制。早在1823年德国科学泽贝克就发现有温度梯度的试样两端存在电势差,此现象称为泽贝克效应。约12年后,法国的佩尔捷观察到:当电流流过两种不同金属时,接头附近的温度将发生变化。但当时佩尔捷并未意识到这一现象与泽贝克效应之间的相互关系。直到1838年,帕尔帖现象的本质才由楞次给出了正确的解释。他断言:两个导体是吸热还是放热取决于电流流过导体的方向。他进一步做了实验演示,先在接头处使水冻结成冰,随后改变电流方向,使冰解冻。上述现象就是佩尔捷效应。1855年,汤普森发现并建立了泽贝克效应与佩尔捷效应之间的关系,并预言了第三种热电现象,即汤普森效应的存在:若电流流过有温度梯度的导体,则在导体和周围环境之间将进行能量交换。1911 年,德国的 Altenkirch 提出了一个令人满意的热电制冷和发电的理论,该理论指出:较好的热电材料必须具有大的泽贝克系数,从而保证有较明显的热电效应,同时应有较小的热导率,使能量能保持在接头附近,另外还要求电阻较小,使产生的焦耳热最小。

目前热电材料的发展动向主要体现在以下几个方面:方钴矿(sutterudites)材料、低维热电材料、准晶材料和氧化物热电材料。

由于热电材料具有安全、节能、环保等优点,所以具有广泛的研发前景。目前研究得较为成熟的热电材料已被用于航天科技及日常生活中。例如,作为典型的中温用热电材料 PbTe(铅碲)适用于 400~800 K。此外,含 GeTe(锗碲)约 80%(mol)的 AgSbFeGe(银锑铁锗)系多元化合物是中温区性能优良的热电材料,已作为宇航用电源。高温用热电材料的典型合金是 SiGe(硅锗),适用于 700 K 以上高温,是当前较好的宇航用热电材料。作为耐热、耐氧化性热电材料的还有 $CrSi_2$(铬硅),它也是较好的高温材料。美国 1977 年发射的旅行者号飞船中安装了 1 200 个热电发电器,用放射性同位素作为热源,它们向无线电信号发射机、计算机、罗盘、科学仪器等设施提供动力源,在长达 2.5 亿小时后无一个报废。日本西铁城钟表公司利用人体体温与外部温度之差成功地开发出手表驱动系统。

利用半导体材料的热电特性可以制成一个制冷器。在制冷量小于 20 W、温差不超过 50 ℃时,半导体制冷的效率高于压缩式制冷的效率。因此,在需要外形尺寸小、重量轻、无磨损、无噪音、能平稳调节温度和制冷量、防止制冷剂污染空气等各种领域都得到了广泛的应用。Bi_2Te_3(铋碲)是典型的低温热电材料,已广泛应用于电子器件的冷却与精密恒温控制等方面。

目前,国外热敏电阻合金已有钴基、铁基、镍基和铜基合金。国内一般为镍基和铁基,如 58% Ni-Fe 合金、Ni60-Fe 合金以及 PTC 系列热敏电阻合金等。在热电偶材料方面,重庆仪表材料研究所研制的钨铼热电偶材料及其钢水快速测温探头上的应用取得了显著成果。n 型热电偶材料也正在开拓新的应用领域。

在某些电介质晶体中,不加外电场就存在电极化,这种极化强度称为自发极化强度 P_{s0},晶体是否具有自发极化强度可以由晶体的对称性来判别。具有自发极化的晶体,由于在晶体发生温度变化时,产生热释电效应,故称为热释电晶体。如果热释电晶体中的极化强度 P 按同一方向排列,则沿垂直于 P 方向将晶体切成薄片,并且在两表面淀积金属电极时,随着薄片温度的变化,两电极间就出现了一个与温度变化速率 dT/dt 成正比的电压:

$$U_s = A \cdot a dT/dt$$

式中,A 为电极面积,a 为常数。

若在两电极间接上负载 Z,则负载中就有热释电电流通过,其大小为

$$I_s = A \cdot aZ \cdot dT/dt = Ap \cdot dT/dt$$

式中,$p = aZ$ 称为热释电系数。

2.4.2 磁热材料

磁热作用(magnetocaloric effect,MCE)于 1881 年被发现,它是磁性材料在交变磁场下温度变化的一种物理现象。人们已经利用 MCE,主要是采用绝热去磁的方法以达到极低的温度(接近热力学零度)。随着世界节能和环保的需要,各国对近室温磁致冷的研究有了重大的进展。这主要表现在:① 磁致冷原理样机的出现以及它对传统的气体压缩制冷机的挑战;② 巨大的磁热材料 $Gd_5(Si_xGe_{1-x})_4$(钆硅锗)的发现。它给磁制冷机的应用打开了大门。

2.4.3 高温材料

耐火材料是指耐火度大于 1 580 ℃ 的无机非金属材料。它是所有高温装置所必需的重要基础材料。

耐火材料有多种分类方法。

(1) 按化学组成和抗渣性,耐火材料可分为酸性、中性和碱性三类。以 SiO_2 为主成分的是酸性耐火材料;中性耐火材料是指高温下与酸性或碱性熔渣不起明显反应的一类耐火材料,主要指 Al_2O_3,ZrO_2(氧化锆)及非氧化物材料;以 MgO 或 MgO,CaO 为主成分的是碱性耐火材料。

(2) 按成型与否可分为定型和不定型耐火材料两类。定型耐火材料是指各种不同形状的砖。不定型耐火材料主要包括耐火浇注料、耐火捣打料、耐火可塑料及耐火泥浆等,不是以定型制品用于高温工业窑炉,而是以散状材料在使用部位现场施工。

(3) 随着高温技术的发展,很多耐火材料除了具有传统的使用功能外,还具有为满足现代高温技术需要而具备的特殊功能。这类耐火材料有时也称为功能耐火材料。有时也称为精密耐火元件。

常用的金属应变片有箔式应变片和丝式应变片,其精密电阻箔材和丝材决定应变片的使用范围和性能。目前,国内中温应变片多采用康铜;350 ℃ 时多用卡码应变电阻合金;550 ℃ 时用 Fe－Cr－Al 高温应变电阻合金;750 ℃ 以上用 Fe－Cr－Al 和 Pt－W 高温应变电阻合金。为解决 Fe－Cr－Al 高温应变电阻合金在 475 ℃ 的热输出有拐点的问题,重庆仪表材料研究所研究开发了 500 ℃ 自补偿式 HM－8 应变电阻合金。

2.5 生物体功能材料

自然界存在许多具有优良力学性质的生物自然复合材料,如木、竹、软体动物的壳及动物的骨、肌腱、韧带、软骨等。组成生物自然复合材料的原始材料(成分)从生物多糖到各种各样的蛋白质、无机物和矿物质,虽然这些原始生物材料的力学性质并不好,但是这些材料通过优良的复合与构造,形成了具有很高强度、刚度以及韧度的生物自然复合材料。

2.5.1 生物材料

对于生物材料、医用功能材料、生物医学材料,一般要求十分严格,因为生物体内部是一个非常复杂的环境。不管是动物还是人类,都有一种很好的"自卫能力",以抵抗异物的入侵。植入材料对生物体来说是异物,它会诱使生物体做出反应。生物材料必须具备以下几方面条件:第一是生物相容性,即能被人体接受,不致癌,不引起中毒、血栓、凝血等副作用;第二是生物适应性和良好的化学稳定性,即无毒,抗体液、血液及酶的体内生物老化作用,在生物体内不分解或产生沉淀等;第三是良好的物理性能,具有一定强度和较轻重量。

根据材料属性,生物材料又可以分为以下五类。

1. 生物医用金属材料

生物医用金属材料(biomedical metallic materials)是用作生物医学材料的金属或合金。医用金属材料具有较高的机械强度和抗疲劳性能,是临床应用最广泛的植入材料。已用于临床的医用金属材料有不锈钢、钴基合金和钛基合金、形状记忆合金、贵金属以及纯金属钽、铌、锆等。

2. 生物医用高分子材料

生物医用高分子材料(biomedical polymer)与人体器官组织的天然高分子有着极其相似的化学结构和物理性能,因而可以部分或全部取代有关器官,是现代医学的重要支柱材料。此类材料可分为刚性和柔性材料两类。刚性材料主要有聚甲基丙烯酸甲酯(polymethylmethacrylate,PMMA),俗称有机玻璃,以及人工关节材料,如高分子量聚乙烯等;柔性材料包括血管材料(聚四氟乙烯机织涤纶毛绒型人造血管等)、膜材料(尼龙)及韧性材料等。从生物性能来看,高分子材料又分为可降解型和非降解型。可降解型高分子指可在生态环境作用下,大分子的结构被破坏,性能退变,逐步降解为能通过正常的新陈代谢,被机体吸收利用或被排出体外的小分子;主要用于药物释放、手术缝合线等。对于非降解型高分子,要求其在生物环境中能长期保持稳定,不发生降解,相互之间不发生化学反应,并具有良好的物理性能,包括聚乙烯、聚丙烯、芳香聚酯、聚甲醛等,可用于人体软硬组织修复体、人工器官等的制造。医用高分子材料是生物医学材料中应用最为广泛、用量最大的材料,也是正在迅速发展的领域。

高分子材料的主要缺点是抗腐蚀、抗老化性能较差,并且由于高纯度聚合物的制备十分困难,植入人体的材料常有单体释放和其他降解产物生成,有可能会导致毒性或致癌反应。

3. 生物医用无机非金属材料,或称生物医用陶瓷材料

生物陶瓷材料(biomedical ceramics)作为无机生物医用非金属材料,由于没有毒副作用,与生物体组织有良好的生物相容性、耐腐蚀等优点,越来越受到人们的重视。根据其生物性能,生物陶瓷可分为两类:① 近于惰性的生物陶瓷,如氧化铝、氧化锆和医用碳素材料,其结构稳定,分子中的化学键较强,强度和硬度都较高,耐磨性好,化学稳定性和耐腐蚀能力都较其他材料好。可用于制备人工关节和其他植骨材料。② 生物活性陶瓷,又叫生物降解陶瓷,包括表面生物活性陶瓷和生物吸收性陶瓷。

各种不同种类的生物陶瓷的物理、化学和生物性能差别很大,在医学领域,有着不同的用途。在临床应用中,生物陶瓷主要存在的问题是强度和韧性较差。氧化铝、氧化锆陶瓷耐压、耐磨和化学稳定性比金属、有机材料都好,但也存在脆性大的问题。生物活性陶瓷的强度则很难满足人体承力较大部位的要求。

4. 生物医用复合材料

生物医用复合材料(biomedical composites)是由两种或两种以上不同材料复合而成的生物医学材料。不同于一般的复合材料,生物医用复合材料除应具有预期的物理、化学性质以外,还必须满足生物相容性的要求。因此,不仅要求组分材料自身必须满足生物相容性的要求,而且复合之后不允许出现有损材料生物性能的物质。人和动物体中绝大多数组织均可视为复合材料。对于人工骨,其头部经常是陶瓷的,其杆部为钴合金,结合的臼窝则为高密度聚乙烯。

5. 生物衍生材料

生物医用衍生材料(biologically derived materials)是指经过特殊处理的天然生物组织形成的生物医用材料,又称生物再生材料。生物组织可取自同种或异种动物体的组织。特殊处理包括轻微处理和强烈处理。前者是维持组织原有构型,

对它进行固定、灭菌等较轻微的处理,如经过戊二醛处理固定的猪心瓣膜、牛心包、人脐动脉以及冻干的骨片、猪皮、羊皮、胚胎皮等。后者是拆散原有构型、重建新的物理形态的强烈处理,如用再生的胶原、弹性蛋白和聚壳糖等构成粉体、纤维、海绵体等。经过处理的生物组织已失去生命力,生物衍生材料是无生命活力的材料。但由于它具有类似于自然组织的构型和功能,或其组成类似于自然组织,在维持人体动态过程的修复和替换中起着重要作用。

2.5.2　仿生材料

几十亿年的进化历程使得自然界生物体某些部位巧夺天工,具有特殊性质,给人研究仿生材料以启迪。例如甲壳虫可以将糖及蛋白质转化成为质轻而强度很高的坚硬外壳;蜘蛛吐出的水溶蛋白质在常温下竟变成不可溶的丝,却比防弹背心材料还要坚韧;鲍鱼(石决明)以及人们通常认为用途不大、极简单的物质如海水中的白垩(碳化钙)结晶形成的贝壳,其强度是高级陶瓷的 2 倍。此外,自然界中还有许许多多具有神奇功能的普通物质,例如锋利的鼠牙可以咬透金属罐头盒,胡桃木及椰子壳可以抵抗开裂,犀角可以自动愈合,贻贝的超黏度分泌液可以将自己牢固地贴在海底。

1997 年初,美国生物学家发现,一种名为"黑寡妇"的蜘蛛可吐出两种强度很高的丝,一种丝的断裂伸长率为 27%,另一种丝具有很高的防断裂强度,比制造防弹背心的"凯芙拉"(Kevlar)纤维的强度还高得多。这种蜘蛛网质地比钢铁还坚韧,而且非常轻巧,比合成材料或生物聚合体质量轻 25%,具有强度大、弹性好、柔软、质轻等优良性能,非常适用于防弹衣制造业。1999 年夏天,美国科学家利用转基因办法,将"黑寡妇"蜘蛛的蛋白质注入一头奶牛的胎盘内进行特殊培育,等到这头奶牛长成后,所产下的奶中就含有"黑寡妇"蜘蛛的蛋白纤维,这就大大增强了牛奶蛋白纤维的强度。这种新颖的牛奶纤维既保持了牛奶丝的精美与柔韧,又能促使它的物理强度比钢铁的强度还要大 10 倍以上,因此称为"牛奶钢",这是目前世界上最引人注目的生物钢之一。这种超强坚韧的轻型"牛奶钢",能轻易地阻挡枪弹的射击,可以用来制造防弹背心,也可以用来制造坦克和飞机的装甲,以及制造军事建筑物的理想"防弹衣"。

在陆地上生活的动物有肺,能够分离空气中的氧气;水里的鱼有鳃,能够分离溶解在水中的氧气,供身体使用。人们仿造这种特性制作了薄膜材料,用于制造高浓度氧气、分离超纯水等,以达到节省能源以及高分离率的目的。目前,人们正在研制具有动物肺和鱼鳃那样功能的材料,如果研制成功的话,人类在水底世界的活动将发生一场新的革命。

　　生物为了维持生命,能够非常高效地进行各种能量之间的相互转换,这是在广阔的生物界都能看到的现象。例如,人们对萤火虫的发光机制作了研究,其发光原因是化学能高效率地转化为光能。虽然人类在化学领域中已体验了遗传信息的钥匙——核酸的魅力,在试管中实现其功能的研究也取得了很大的进步,但是像萤火虫的这种能量变换方法目前人类还做不到。随着地球上现在所使用的能源逐渐枯竭,人类寻求新能源的任务已迫在眉睫,如果能够找到像某些生物那样能够高效率地进行能量变换或者能量重组的材料与方法,将为人类的未来带来希望和光明。

　　卵是鸟类和爬虫类体外生育动物的最大细胞。它的壳是由石灰质构成的,内部有卵白和卵黄(图 2.1)。美国学者 Finks 对此发表了非常有趣的假说,认为卵的结构无论从力学或者工学的观点来思考,都有许多值得学习的地方,人类现在的包装技术与之相比相形见绌。卵壳的形成过程与牙齿和骨头的发育过程相同,称为钙化过程,与无机和有机的界面化学相关。相信在不远的将来,通过对有机和无机复合材料形成技术的研究,不仅在包装技术方面人们会学习和采用生物卵壳的形成方式,同时在医学科学中也会开创新的领域。

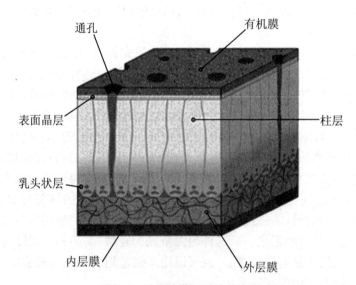

图 2.1　鸡蛋壳截面结构示意图

(http://images.search.yahoo.com/images/view)

　　植物也为我们提供了许多有趣的现象。例如,我们常见的西瓜是一种含水量极高的水果。在它的启发下,人们研制了一种与西瓜纤维素构造相似的超吸水性树脂,它是用特殊设计的高分子材料制造的,能够吸收超越自身重量数百倍到数千倍的水分,现在已用于废油的回收,既经济又高效。这种材料如果进一步得到完善的话,将来液体的包装和输送就可能用一种全新的技术来代替。比如,将来的饮料就不再用现在的杯子来装,而只要用一片薄膜即可。

植物在复合材料力学性能方面也有许多独特的魅力。例如,从竹子的断面来看,一种称为纤维束的组织密布在竹子的表皮,竹子的内部却很稀少,这样的结构形成了一种高强度的复合材料。但是当竹子还是竹笋的时候,这种纤维束在竹笋的断面上是均匀分布的,随着竹笋的生长,纤维束逐渐向外侧移动,最终形成最佳构造。

用手触摸含羞草的叶片,它就会像动物那样收缩。在这种启发下,日本奥林巴斯公司的植田康弘研制了一种可以伸到小肠里的内窥镜,他在内窥镜的筒状部分使用了一种与含羞草叶片表面结构相似的弹性膜材料,它在肠道流体的压力下,会沿着轴向自动伸长或弯曲,从而使内窥镜的筒状部分与肠道保持同一形状。

2.6　特殊功能材料

特殊功能材料指正在发展中的具有特殊性能或特殊用途的一类功能材料。

2.6.1　复合功能材料

材料复合技术发展较快,从双层复合到多层复合,它可以克服单层材料的某些弱点,发挥单层材料的各自的长处。复合功能材料包括金属系复合功能材料、陶瓷系复合材料、高分子系复合功能材料以及金属与高分子、金属与陶瓷、陶瓷与高分子材料间的复合。复合功能材料的发展对各种敏感器的研究与开发有着深远影响。

梯度功能材料是两种或多种材料复合组分和结构呈连续梯度变化的一种新型复合材料。梯度功能材料的主要特征有以下三点:
① 材料的组分和结构呈连续梯度变化;
② 材料内部没有明显的界面;
③ 材料的性质也相应呈连续梯度变化。

通过控制电量,高分子材料的导电性可以在导体、半导体、绝缘体之间任意变动,并且随着导电性的变化,高分子材料的光学特性也发生变化。

按结构和制备方法不同,将导电高分子材料分为复合型与结构型两大类。

(1) 复合型导电高聚物是以高分子材料为基体,加入一定数量的导电物质(如炭黑、石墨、碳纤维、金属粉、金属纤维、金属氧化物等)组合而成的。复合型导电高分子所采用的复合方法主要有两种:

① 一种是将亲水性聚合物或结构型导电高分子与基体高分子进行混合;

② 另一种则是将各种导电填料填充到基体高分子中。

(2) 结构型导电聚合物是指高分子聚合物本身或经少量掺杂后具有导电性的高分子物质。从导电时载流子的种类来看,结构型导电高分子聚合物又被分为离子型和电子型两类。

高分子功能材料能把大多数非电信号转变成电信号。用高分子功能材料制造的光传感器、红外线传感器、声波传感器、压力传感器、湿度传感器、气体传感器、酶传感器等已实用化。由于高分子材料易加工成柔韧的薄膜,所以薄膜传感器得到了很快发展。当前,高分子功能材料正在向着高性能、多功能和新功能的方向发展。

几种近年来出现的制备复合材料的新技术如下。

(1) 直接氧化法

这种方法以熔融金属的直接氧化反应为基础,金属在原位置形成氧化物,原理见图2.2。在反应器的下部填满将作为陶瓷原料的金属,在容器上半部放置复合增韧相的晶须或纤维,其容器的顶部敞开以利于反应气体接触。在高温下呈熔融状态的金属通过晶须或纤维的孔隙向上部渗透。渗透的金属与顶部的反应气体接触而发生氧化反应,因此在晶须或纤维的空隙中不断生成金属氧化物,从而形成晶须或纤维复合的陶瓷材料。其工艺简单,成本低,低温性能好,但反应速率较慢,而且一般在复合材料中残存5%~30%(体积)金属,影响高温性能。

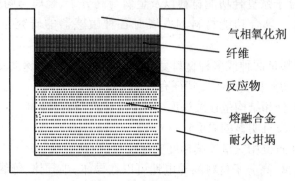

图2.2 氧化法制备陶瓷基复合材料示意图

（2）压力渗滤工艺

一般陶瓷工艺很难保证晶须在瓷体中均匀分布。压力渗滤工艺可以避免超细粉或晶须在整个制备过程中发生团聚和重力再团聚现象，原理见图 2.3。这种工艺综合了注浆和注射工艺的优点，它特别适用于晶须补强的陶瓷基复合材料的成型。

（3）自生长晶须复合材料

在陶瓷粉体中加入一定量晶须生长剂，并压成密度不很高的坯体，该坯体在中、高温和适当气氛下处理后，可在复合体内部生长一定量的晶须和长径比较大的晶粒，这种晶须可在烧结后的陶瓷复合体中起到增韧作用。新生长的晶须形状复杂，复合材料的致密化相对比较困难，但工艺简单，晶须分散性好。

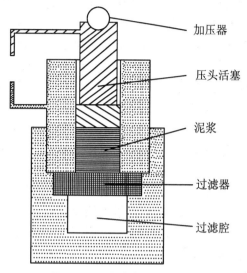

加压器

压头活塞

泥浆

过滤器

过滤腔

图 2.3　压力渗滤工艺示意图

（4）自然烧结法

将晶须与两种以上粉体混合并成型，所得坯体中两种组分在热的诱发下发生反应，该反应又产生大量的热量，促使相邻的粉体发生反应，直到基体内的粉体都完全反应，可望得到比较致密的晶须增韧陶瓷复合材料。

（5）微波烧结法

它是一种正在酝酿中的新技术，具有很大的发展潜力。微波加热陶瓷的速度比传统方法快 100 倍，而且可以加热到更高温度，用通常方法很难烧结的 B_4N，用微波加热约 6 min 即可加热至 2 000 ℃ 以上。它的主要优点是热量在陶瓷坯体内部产生，节约能耗，而用一般加热炉加热时，热量从外部不均匀吸收，容易造成热应力、粒度增长不均匀等问题。因此，微波加热用于大型陶瓷部件的烧结尤为合适。

2.6.2　纳米材料

纳米材料泛指粒径在 1～100 nm 范围内的纳米粉末以及纳米多孔材料和纳米致密材料，种类包括金属、氧化物、无机化合物和有机化合物等。常规材料在三维方向上都有足够大的尺寸，具有宏观性。纳米材料则是一些低维材料，即在一维、二维甚至三维方向上尺寸极小,为纳米级(无宏观性),故纳米材料的尺寸至少在一个方向上是几纳米长(典型为 1~10 nm)。如果在三维方向上都是几纳米级的,称为 3D 纳米微晶;如果在二维方向上是纳米级的,称为 2D 纳米材料,如丝状材料或纳米碳管;层状材料或薄膜(其厚度为纳米级)等为 1D 纳米材料。尺度更小的材料:原子团或原子团簇,称为零维纳米材料。

纳米材料由于尺度的减小以及表面状态的改变,会表现出许多既不同于微观粒子又不同于宏观物体的特性,例如小尺寸效应、表面效应(1 nm 微粒所包含的原子总数随着其粒径的减小而减少,但粒径的减小会导致粒子的表面积急剧增大,使表面原子所占的比例迅速增加以及表面能迅速增大。表面原子的增多导致原子配位不足和高的表面能,使这些表面原子具有高的活性,极不稳定,很容易与其他原子结合,引起纳米粒子表面原子输运和构型的变化和表面电子自旋构象和电子能谱的变化)、量子尺寸效应和宏观量子隧道效应等。

1. 纳米材料的电学性能及应用

介电特性是材料的重要性能之一,当材料处在交变电场下,材料内部会发生极化,这种极化过程对交变电场有一个滞后响应时间,即弛豫时间。若弛豫时间长,则会产生较大的介电损耗。纳米材料的微粒尺寸对介电常数和介电损耗有很大影响,介电常数与交变电场的频率也有密切关系。例如,纳米 TiO_2 在频率不太高的电场作用下,介电常数随粒径的增大而增大,达到最大值后下降,出现介电常数最大值时的粒径为 17.8 nm。一般来讲,纳米材料比块体材料的介电常数要大,介电常数大的材料可以应用于制造大容量电容器,或者说在相同电容量下可减小体积,这对电子设备的小型化来讲很有用。

单电子晶体管是诱人的纳米微粒电学性能的体现。在这里,首先简单介绍一下量子隧道效应和库仑堵塞。在电学里,导电是电子在导体内运动的表现,如果两个纳米微粒不相连,那么电子从一个微粒运动到另一个微粒就会像穿越隧道一样,若电子的隧道穿越是一个一个发生的,则在电压电流关系图上表出台阶曲线,这就是量子隧道效应。如果两个纳米微粒的尺寸小到一定程度,它们之间的电容也会小到一定程度,以至于电子不能集体传输,只能一个一个传输,这种不能集体传输电子的行为称为库仑堵塞。当纳米微粒的尺寸为 1 nm 时,可以在室温下观察到量子隧道效应和库仑堵塞,当纳米微粒的尺寸在十几纳米范围时,观察这些现象必须在极低温度下,例如 −196 ℃ 以下。利用量子隧道效应和库仑堵塞,就可研究纳米电子器件,其中单电子晶体管是重要的研究课题。

2. 纳米材料的光学性能及应用

大家都知道,Au 的颜色是金黄色,Ag 是银白色,但是当以纳米微粒形式存在时，它们的颜色都呈现相同的深灰色，这是由于纳米微粒的光吸收系数大，而光反射系数小的缘故。一般金属纳米微粒对光的反射率低于 10%，利用此特性可把金属纳米微粒薄膜作为高效光热材料、光电转换材料、红外隐身材料，可以制作红外敏感元件等。

3. 纳米材料的光电性能及应用

金属纳米微粒埋藏于半导体介质中的薄膜，由于金属纳米微粒与介质间的相互作用，以及纳米微粒的表面效应和量子尺寸效应，这种薄膜具有独特的光学、电学和光电转换性能，在激光脉冲作用下，它具有多光子光电发射特性；在飞秒超短激光脉冲作用下，它表现出了超快时间响应的光学瞬态弛豫，这类薄膜在超高速光学和超快光电子器件中有很强的应用背景。

2.6.3　隐身材料

典型的隐身材料有微波隐身材料、可见光隐身材料、红外隐身材料、激光隐身材料、声隐身材料和多功能隐身材料。

导电聚合物作为新型的吸波材料备受世界各国重视，国际上对导电聚合物雷达吸波材料的研究不仅已成为导电聚合物领域的一个新热点，而且是实现导电聚合物技术实用化的突破口。导电聚合物作为吸波材料有以下优点：① 电磁参量可控。人们可以通过改变导电聚合物的主链结构、掺杂度、对阴离子的尺寸、制备方法等来调节导电聚合物的电磁参量，以满足实际要求。② 表观密度低。导电聚合物的密度都在 $1.1 \sim 1.2 \ g/cm^3$。③ 易加工成型。导电聚合物可被加工成粉末、薄膜、涂层等，为其应用提供了便利条件。但由于导电聚合物属于电损耗的雷达吸波材料，因此在减薄涂层厚度和展宽频带方面存在困难。目前，这类材料作为吸收雷达波的应用还未进入实施阶段。

2.6.4　聪明材料和智能材料

聪明材料（smart material，SM），早先有人将它翻译为机敏材料或灵巧材料。智能材料（intelligent material，IM）是指对环境可感知、响应和处理后，能适应环境的材料。上述两种材料的概念分得还不是很清，共同点是都属于材料技术与信息技术融为一体的新概念功能材料。

聪明材料、智能材料一般具有四种主要功能：

① 对环境参数敏感；

② 传输敏感信息；

③ 对敏感信息分析、判断；

④ 聪明、智能反应。

早期的聪明材料往往是一种材料集上述四种功能于一身,因此种类极少而且适应面很狭窄,功能单一,例如形状记忆合金(SMA),因具有形状记忆效应的特点而被视为一种聪明/智能材料。主要的材料有 NiTi(镍钛)合金和铜基合金(Cu-Zn-Al,CuAlNiMnTi,CuAlNi-B 等)。在高分子材料、金属间化合物和陶瓷中亦发现形状记忆效应,其中氧化锆基陶瓷最引人关注。

铁磁材料或亚铁磁材料磁化状态的改变导致长度、体积或形状发生变化,这一现象称为磁致伸缩效应(magnetostrictive effect)。磁致伸缩是一切铁磁性物质所具有的特性。其中长度的变化是 1847 年由焦耳(Joule)发现的,统称为焦耳效应(Joule effect)或线性磁致伸缩效应,几乎所有的磁致伸缩材料受到应力作用时都会产生磁化状态的变化,这种现象就是所谓的逆磁致伸缩效应。

目前发展的方向是人为地将传感器、信息传递到执行器嵌入材料中。

参 考 文 献

[1] 向勇,胡明,谢道华,等.半导体敏感陶瓷材料在传感器领域的应用[J].仪表技术与传感器,2001(5):1-6.

[2] 邱日祥.生物防弹衣材料种种[J].中国安防产品信息,2001(1):25.

[3] 周馨我,张公正,范广裕.功能材料学[M].北京:北京理工大学出版社,2002.

[4] 吴锦雷.纳米材料的电学、光学和光电性能的应用前景[J].真空电子技术,2002(4):23-27.

[5] 肖秀之.前景诱人的仿生材料[J].科技与人,2002(12):42-43.

[6] 刘爽,孙维林,何冰晶,等.有机磁体:新世纪的新材料[J].高分子通报,2004(4):1-9.

[7] 况学成,宁小荣.热电材料的研究现状与发展趋势[J].佛山陶瓷,2008,18(6):34-40.

[8] 姜立夫,李卓.智能传感材料的研究进展[J].山东化工,2008,37(8):14-17.

[9] 刘克松,江雷.仿生结构及其功能材料研究进展[J].科学通报,2009,54(18):2667-2681.

第3章 传感器工艺

传统的制造业依赖大量的关键机械设备和有关的工艺,这些设备和工艺已有几十年甚至上百年的历史了。例如铸造、锻造、车削、磨削、钻孔和电镀等均是一个综合的制造环境所必不可少的。从图3.1中可以看出:传统机械加工精度最高为$1\ \mu m$,集成电路的掩膜精度可达$0.1\ \mu m$,用移动原子的处理方法,精度可达零点几纳米。从图3.1中还可以看出:物理方法和机械方法之间存在一个间隙,其精度要求$10^2 \sim 10^3$ nm,这个间隙就是所谓的"纳米世界"。

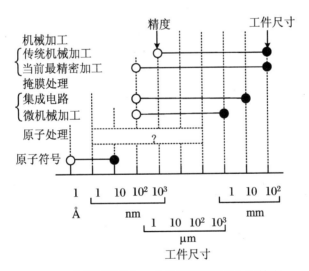

图3.1 应用不同的加工方法所能得到的加工精度

典型的微传感器加工技术有三种:第一种是以美国为代表的利用化学腐蚀或集成电路工艺技术对硅材料进行加工,形成硅基微传感器;第二种是以日本为代表的利用传统机械加工手段,即利用大机器制造出小机器,再利用小机器制造出微机器的方法;第三种是以德国为代表的 LIGA(德文 Lithograpie(光刻),Galvanoformung(电铸)和 Abformung(塑铸)三个词的缩写)技术,它是利用 X 射线光刻技术,通过电铸成型和塑铸形成深层微结构的方法。

从工艺上讲,微传感器制造技术分为部件及子系统制造工艺和封装工艺。前者包括半导体工艺、集成光学工艺、厚薄膜工艺、微机械加工工艺等,后者包括硅加工技术、激光加工技术、黏结、共熔接合、玻璃封装、静电键合、压焊、倒装焊、带式自动焊、多芯片组件工艺等。光学光刻、耦合等离子刻蚀、金属的溅射涂覆、金属的等离子体增强化学气相沉积和介质隔离以及在掺杂工艺中的离子注入和衬底处理,现都已成为集成电路制造中的常规工艺。基于电子束制版、光学投影光刻和电子束直写光刻这些基本的图形加工技术,已经成为先进的纳米尺度作图技术的主要角色。三维微细加工的重要途径有光刻、准分子激光加工、LIGA、UV-LIGA、体硅加工技术和深层反应离子刻蚀等。表 3.1 列出了典型材料的微加工工艺。

表 3.1　典型材料的微加工工艺

材料	去除加工	附加加工	辅助工艺
硅	湿法刻蚀	气相沉积	黏结
	干法刻蚀	化学气相沉积	黏合
	切割	溶胶、凝胶法	
塑料	等离子刻蚀	LIGA	焊接
	离子束刻蚀	气相沉积	黏合
	激光烧蚀	电镀	
		微成型	
金属	湿法刻蚀	LIGA	黏合
	微加工	电镀	微焊接
	激光烧蚀	气相沉积	激光焊接
	切割	激光化学气相沉积	声波焊接
	EDM*		
陶瓷	激光烧蚀	LIGA	黏结
	切割	烧结	黏合
	离子束刻蚀	激光化学气相沉积	焊接
			电镀

*:电火花加工(electrical discharge machining,EDM)。

3.1 去 除 加 工

去除加工又称为分离加工,是从坯料上去除多余的材料,从而获得具有规定要求的几何形状、尺寸、精度和表面质量的零件。

3.1.1 腐蚀工艺

主要有化学腐蚀(湿法)和离子刻蚀(干法)两大类。

1. 湿法腐蚀

包括各向同性化学腐蚀、各向异性化学腐蚀、电化学腐蚀、掺杂控制的选择性腐蚀等。各向同性化学腐蚀是指在腐蚀时,腐蚀速率在不同方向上均相同,与晶向(晶面)基本无关。各向异性化学腐蚀利用材料的不同晶向具有不同的腐蚀速率这一腐蚀特性加工出各种各样的微结构。单晶硅常用化学腐蚀方法。可选用不同的化学腐蚀液来实现各向同性腐蚀或各向异性腐蚀(腐蚀速率依赖于晶向,沿主晶(100)面的腐蚀速率最快,(111)面最慢)。硅片上不应腐蚀的区域都要用氧化层覆盖保护。单晶硅的各向异性化学湿法腐蚀在传感器成型中确实起到了中坚作用。利用(111)晶面上腐蚀速率极低的特性,对(100)硅片的腐蚀可以形成薄的力学敏感膜和悬臂梁等微结构;对(110)硅片的腐蚀可以形成竖直的结构侧面,用来形成叉指状的静电电容结构或者敏感部件的过载保护结构,如图3.2所示。

2. 干法腐蚀

它是利用粒子轰击对材料的某些部位进行选择性地剔除的一种工艺方法。它包括等离子刻蚀(图3.3)、反应离子刻蚀(RIE)、离子束化学刻蚀(CAIBE)、反应离子化学刻蚀(RIBE)和离子研磨等。

3.1.2 牺牲层技术

利用所谓"牺牲层"的分离层制造各种悬式结构,如微型悬臂梁、悬臂块、微型桥、微型腔。这种方法首先通过沉积法(如溅射、化学气相、直接蒸发等),在硅片表面生成微米级的 SiO_2 牺牲层,然后根据要求的形状刻蚀掉一部分 SiO_2,再通过沉积法在所剩的 SiO_2 层上生成 Si 层(即悬式结构材料),该层同时沉积在 Si 基片上 SiO_2 已被刻蚀掉的区域上,再用刻蚀法刻蚀沉积的 Si 层。最后溶解 SiO_2 牺牲

层,即获得与 Si 基片略为连接或完全分离的悬臂式结构。这些结构已成功地应用在
微型谐振型传感器、加速度传感器、流量传感器和压电式传感器中。如图 3.4 所示。

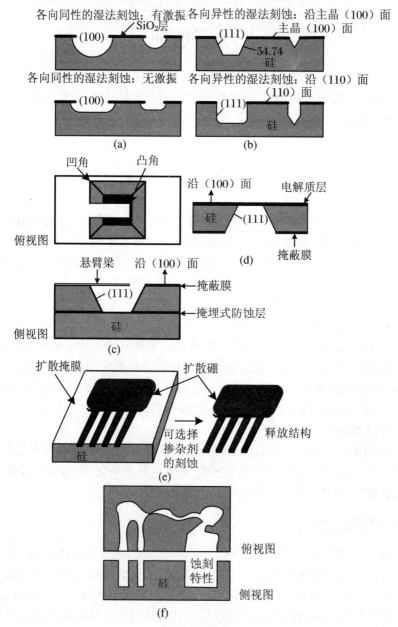

图 3.2　湿法腐蚀

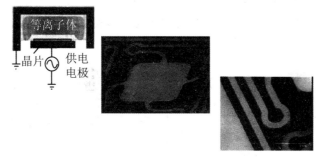

图 3.3　离子刻蚀

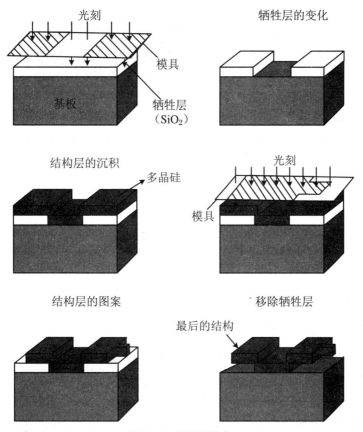

图 3.4　牺牲层技术

图 3.5 的 SEM 照片显示了利用表面微机械制造的微麦克风的敏感膜片底角

处的结构。利用掺磷氧化硅薄膜层经牺牲层腐蚀释放了化学气相沉积的多晶硅膜片,在膜片和电极间形成了测量电容间隙和膜片薄膜内部的残余应力。利用这样一种深腔形力学敏感膜片结构,麦克风的灵敏度得到了大大提高。

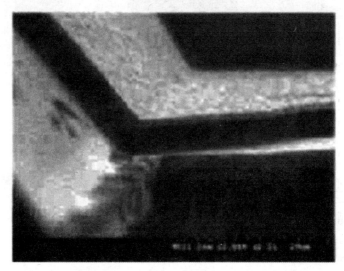

图 3.5　表面微机械形成的硅微机械麦克风敏感膜片结构的一角

3.2　附　加　加　工

附加加工是在待加工表面上覆盖一层物质的过程。

3.2.1　镀膜工艺

镀膜工艺在各行各业中已得到广泛应用,在电镀行业中有人称之为"干镀"。在电子、光学领域人们常称之为薄膜沉(淀)积技术或真空镀膜技术。

真空镀膜技术按成膜的基本原理可以分为下列几类:物理气相沉积(PVD)、化学气相沉积(CVD)和等离子体刻蚀等。其中物理气相沉积包括热蒸发(蒸镀)、溅射、离子镀和离子束。

在微型传感器中,利用真空蒸镀、溅射成膜、物理气相沉积、化学气相沉积、等离子化学气相沉积等工艺,形成各种薄膜,如多晶硅膜、氮化硅膜、二氧化硅膜、金属(合金)膜。它们可以加工成各种梁、桥、弹性膜、压阻膜、压电膜。这些薄膜可作为传感器的敏感元件,有的可以作为介质膜起绝缘层作用,有的可作为控制尺寸的衬垫层,在加工完成之前去掉。

1. 化学气相沉积

化学气相沉积(chemical vapor deposition,CVD)技术是近几十年发展起来的主要应用于无机新材料制备的一种技术,它是利用气态物质在固体表面进行化学反应,生成固态沉积物的工艺过程。目前,这种技术的应用不再局限于无机材料方面,已推广到诸如提纯物质、研制新晶体、沉积各种单晶、多晶或玻璃态无机薄膜材料等领域。近年来,贵金属薄膜的应用日益广泛,许多研究者采用化学气相沉积法制备贵金属薄膜(如铱和铂薄膜),这方面的研究已取得重要进展。20 世纪 80 年代以来,美国国家航空与宇宙航行局(NASA)采用 CVD 技术制备出铼-铱高温发动机喷管,是化学气相沉积法在制备贵金属涂层方面成功应用的典型。

CVD 技术一般包括三个步骤:

(1) 产生挥发性物质;

(2) 将挥发性物质输运到沉积区;

(3) 在基体上发生化学反应而生成固态产物。

反应器是 CVD 装置最基本的部件。根据反应器结构的不同,可将 CVD 技术分为开管气流法和封管气流法两种基本类型。

① 开管法:开管气流法的特点是反应气体混合物能够连续补充,同时废弃的反应产物不断排出沉积室(图3.6)。按照加热方式的不同,开管气流法可分为热壁式和冷壁式两种。热壁式反应器一般采用电阻加热炉加热,沉积室室壁和基体

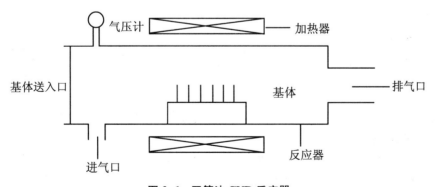

图 3.6 开管法 CVD 反应器

都被加热,因此,这种加热方式的缺点是管壁上也会发生沉积。冷壁式反应器只有基体本身被加热,故只有热的基体才发生沉积。实现冷壁式加热的常用方法有感应加热、通电加热和红外加热等。

　　② 封管法:这种反应系统是把一定量的反应物和适当的基体分别放在反应器的两端,管内抽成真空后充入一定量的输运气体,然后密封,再将反应器置于双温区内,使反应管内形成一温度梯度(图 3.7)。温度梯度造成的负自由能变化是传输反应的推动力,于是物料就从封管的一端传输到另一端并沉积下来。

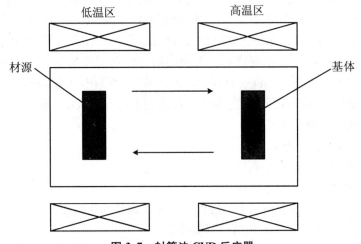

图 3.7　封管法 CVD 反应器

　　封管法的优点是:可降低来自外界的污染;不必连续抽气即可保持真空;原料转化率高。其缺点是:材料生长速率慢,不利于大批量生产;有时反应管只能使用一次,沉积成本较高;管内压力测定困难,具有一定的危险性。

　　2. 真空蒸镀

　　该法是在超真空(10^{-5} Pa)或低压惰性气体气氛中,通过蒸发源的加热作用,使待制备的金属合金或化合物气化升华,然后冷凝在基体上形成纳米薄膜。大型蒸镀设备主要由镀膜室、工作架、真空系统、电器控制四部分组成。真空蒸发法的特点是所制备的纳米粒子表面清洁;缺点是结晶形状难以控制,效率低。

　　3. 溅射成膜工艺

　　溅射技术经历了一个漫长的发展过程,才达到了实用化程度。1970 年后,才出现磁控溅射装置,约 1975 年时有了商品。它使薄膜工艺发生了深刻变化,不但满足薄膜工艺越来越复杂的要求,而且促成了新的薄膜工艺。我国 1980 年前后发展了磁控溅射技术,现已广泛使用。

溅射方式有射频溅射($f = 13.56\,\mathrm{MHz}$)、直流溅射和反应溅射等多种,其中射频溅射应用广泛。射频磁控溅射的特点是能在较低的功率和气压下工作,绝缘体和导体均可溅射,因此这种工艺是唯一可用固态电介质做原材料的工艺技术,所产生的薄膜化学计量几乎不变。

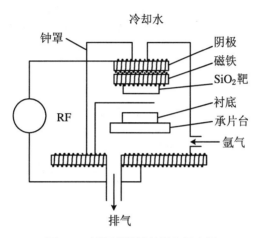

图 3.8　射频磁控溅射设备示意图

溅射的一般原理是将衬底承片台正对着靶,在靶和衬底之间充入氩气。由于电场作用气体辉光放电,大量的气体离子将撞击靶材的表面,使被溅射材料以原子状态脱离靶的表面飞溅出来,沉积到衬底上形成薄膜。

溅射镀膜有如下特点:

(1) 溅射靶的面积以及形状无限制,而且可以在大面积工件上获得分布均匀的薄膜。

(2) 溅射速率由溅射产额和靶的轰击电流密度决定,通过控制工作电流即可控制溅射速率,从而方便地控制镀膜厚度。

(3) 靶的使用寿命长,溅射镀膜设备适合长时间运行和自动化。因此,制造的膜层性能稳定,重复性好。

(4) 由于靶是固体蒸发源,所以工件和靶的相对位置可以自由选择,方便在不同工件上镀膜。

(5) 所采用的气体多为氩气、氮气等,安全可靠,无危险。

(6) 可采用合金靶、复合靶和镶嵌靶来制取满足成分要求的合金膜。

(7) 高熔点物质、介质和绝缘物质也容易成膜。

(8) 溅射膜附着力良好。

射频溅射时,因交流电场使电子来回振动,因而其离化效率较高(即有更多的机会和 Ar 原子碰撞产生 Ar$^+$),不受电子自由程影响,气压可以降得较低。但若气压太低,靶上将产生较大的排斥电子的负偏压,从而使辉光放电区向衬底方向移动,所以射频溅射无法完全避免电子轰击衬底所造成的损伤,不过磁控溅射能有效地解决这一矛盾。磁控溅射系统在阴极靶材的背后放置 100~1 000 G(高斯,1 G = 10^{-4} T)强力磁铁,真空室充入 0.1~10 Pa 压力的惰性气体(Ar),作为气体放电的载体。图 3.9 中,平行于阴极表面的磁场能使高能电子做螺旋运动,并被局限在阴极附近,这样将使辉光放电区被限制在阴极靶的邻近区域,从而避免了失效离子的产生,增加了离化效率,使工作气压可以大大降低。与非磁控溅射相比,磁控溅射大大减小了电子对衬底表面直接轰击造成的损伤。

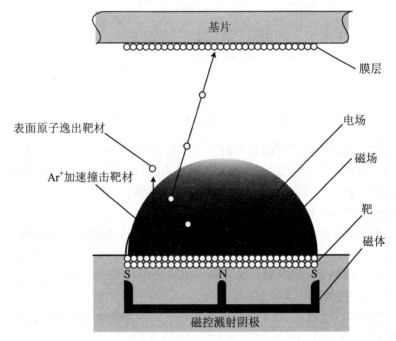

图 3.9 磁控溅射原理示意图

4. 厚膜技术

厚膜技术是指用丝网印刷或喷涂等方法,将导体浆料和电阻浆料及一些其他浆料,通过掩模在绝缘基板上形成所需的图形,再经过加热烧结或固化,从而制出厚膜元器件和传感器的技术。

3.2.2　光刻技术

光刻胶,又称光致抗蚀剂,是指通过紫外光、电子束、离子束、X 射线等的照射或辐射,其溶解度发生变化的耐蚀刻薄膜材料。经曝光和显影而使溶解度增加的是正型光刻胶,溶度减小的是负型光刻胶。按曝光光源和辐射源的不同,光刻胶又分为紫外光刻胶、深紫外光刻胶、电子束胶、X 射线胶、离子束胶等。

国内从事光刻胶研究、开发及生产的主要有北京化学试剂研究所、苏州瑞红电子材料公司,另外无锡化工研究设计院也从事少量化学增幅抗蚀剂及电子束胶的研究与开发。其中北京化学试剂研究所经过"六五"、"七五"和"八五"三个五年计划中相继承担国家重点科技攻关计划任务,在紫外光刻胶的研究与开发方面取得了突出的成绩。

为了实现向特征尺寸为 $0.1\mu m$ 的跨越,出现了下一代光刻技术,如深紫外光刻(DUV)、电子束投影光刻(EBL)、X 射线光刻(XRL)、离子束投影光刻(IBL)、极紫外光刻(EUV)和压印光刻技术(NIL)。

1. 深紫外光刻

光刻技术,特别是光学光刻技术的发展动力之一就是光刻分辨率越来越高,图形特征尺寸越来越小(图 3.10)。对于光学光刻,提高光刻分辨率主要有四种途径:采用短波长光源,提高光刻镜头数值孔径,改善抗蚀剂工艺以及采用分辨率增强技术。现代光学光刻技术的发展就是这四种途径的综合利用。

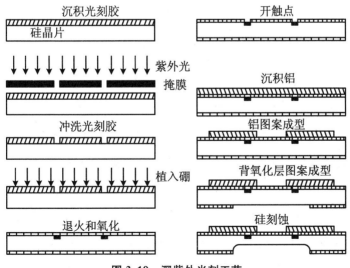

图 3.10　深紫外光刻工艺

2. 电子束光刻

电子束光刻是指具有一定能量的电子进入到光刻胶，与胶分子相互作用，并产生光化学反应。电子束光刻具有极高的分辨率，甚至可以达到原子量级；电子束光刻由于是无掩模直写型的，因此具有一定的灵活性，可直接制作各种图形；另外，由于电子束是扫描成像型的，因此它的生产效率较低。正因如此，电子束光刻一般主要用于制作高精度掩膜。

除用于制作掩膜外，电子束光刻的另一发展趋势是用于纳米加工和直接制作芯片。在声表面波器件、微波器件、超导器件的制作和微机械系统（MEMS）纳米结构的实验研究中都发挥着巨大作用。

电子束光刻与同步辐射结合起来，可开发电子束投影光刻。图 3.11 是美国国家标准与技术研究院（NIST）建立的一个实验系统的结构图。

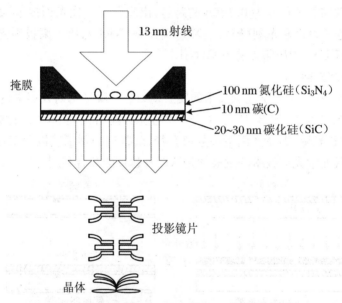

图 3.11 利用同步辐射的电子束投影光刻系统的结构图

随着微机械及微系统技术的发展，目前微机械加工技术已被引入到电子束光刻中，以实现电子束光刻的微型化。

3. X 射线光刻

（1）X 射线源

为 X 射线光刻提供支持的两类 X 射线源波长都在软 X 射线范围内。一种是同步辐射源，它可由多台光刻机共同使用；另一种是仅由单台光刻机使用的点光源。X 射线光刻机主要有接近式和投影式两种。在接近式曝光中,同步辐射源的波长为 0.6～1.0 nm,点光源的波长为 0.8～1.4 nm。在投影曝光中,X 射线波长为 8～25 nm,典型值是 13 nm。同步辐射源是目前亮度最高的软 X 射线源,它有输出能量高、稳定性高和准直性好等优点,因此可以降低接触曝光像场边缘的阴影效应,获得大的焦深和高的分辨率。但这种 X 光源需建造耗资巨大的电子直线加速器和电子储存环,因而价格昂贵。鉴于这种情况,许多大公司都在致力于发展点 X 射线源,希望输出功率能达到处理 30～40 片/h 的曝光能力及 27 cm×27 cm 的像场尺寸。

目前产生点 X 射源的方法有激光等离子体 X 射线源、交叉电极线箍缩 X 射线源和密集等离子体聚焦箍缩 X 射线源,其原理如图 3.12 所示。激光等离子体 X 射线源是由高功率的激光束轰击金属靶,在焦点处产生等离子球,激光继续加热产生核心电离,从而发射 X 射线(图 3.12(a))。交叉电极线箍缩 X 射线源中使用了一对或多对镁(Mg)线交叉为 X 状,在线末端附近产生等离子体,自磁场效应使等离子体轴向箍缩,在交点处产生等离子体爆聚而发射 X 射线(图 3.12(b))。在密集等离子体聚焦箍缩 X 射线源中,用共轴的阳极和阴极在压缩氖气中产生等离子体,当等离子体移动到电极末端时发生箍缩,从底部产生 20～25 mJ 的 X 射线。

由于 X 射线点光源是发散的,在接近式曝光中将在像场边缘产生阴影效应使图形发生偏移。这种效应能通过减小掩膜板和晶片间的距离和对光束进行准直来克服,然而目前还没有好的准直方法。另外,点光源的输出能量也远低于同步辐射源的能量,因此需要开发与之配套的高感光性光刻胶。由于点光源的这些问题,同步辐射源就成了 X 射线光刻研究的主要光源。

(2) X 射线光刻的曝光方式

① 接近式曝光

X 射线接近式曝光中的关键工艺是掩膜板的制备。由于接近式曝光采用的是 1∶1 掩膜,即掩膜板的图形和芯片上的图形是一样大的,因此要比投影缩小光刻需要的掩膜板的制备要困难得多。掩膜板上的电路图形是由电子束扫描获得的,由于基于电子显微镜的掩膜板检查系统和离子束修板系统的出现,0.5 μm 的缺陷已能被修复,因此可以得到无缺陷的掩膜板。但电子束扫描制板效率较低,已成为阻碍 X 射线光刻发展的主要问题。

② 投影式曝光

在接近式曝光中,分辨率越高,掩膜板与晶片间的间隙就越小。这样小的间隙很可能使掩膜板与晶片接触而使掩膜板受到损伤。在投影光刻中,掩膜图形投影成像在晶片平面上,由于常采用投影缩小的曝光方式,因此可提供比接近式曝光更高的分辨率,并且掩膜板图形大于实际电路图形也使掩膜板制作起来较为容易。但在发展 X 射线投影光刻机时遇到的障碍是所有的材料对 X 射线的折射都略小于1,因此用光学光刻中基于折射的光学系统来实现 X 射线投影光刻是极为困难的,20 世纪 80 年代末开始研究用高反射率的软 X 射线反射镜实现工作在全反射方式下的软 X 射线投影光刻。

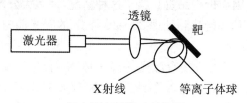

(a) 激光等离子体 X 射线源

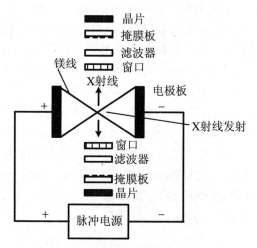

(b) 交叉电极线箍缩 X 射线源

(c) 密集等离子体聚焦缩 X 射线源

图 3.12　三种点 X 射线源的原理图

3．压印光刻

压印光刻工艺不同于传统光刻工艺,它不是通过改变阻蚀胶的化学特性而实现阻蚀胶的图形化,而是通过阻蚀胶的受力变形实现图形化。因此,压印光刻工艺的分辨率不受光的驻波效应、光刻胶表面光反射、光刻胶内部光散射、衬底反射和显影剂等因素的限制,可以突破传统光刻工艺的分辨率极限。压印光刻技术无须复杂的光学透镜系统,无须掩模,相对于其他下一代光刻技术(next generation lithography,NGL),成本极其低廉。因此,压印光刻技术具有极大的市场潜力,是未来亚微米技术的最有力候选者之一。在压印光刻工艺中,模具制作工艺是关键。

压印光刻工艺分为两步:压印和图形化,如图 3.13 所示。在压印过程中,将一表面具有微结构特征的模具压入液态的阻蚀胶内,阻蚀胶靠压力发生变形,实现模具特征的复制。阻蚀胶可以是光固化树脂,也可以是热固化树脂。如果采用光固化树脂,在模具压入后采用一定波长的紫外光照射,固化冷却后脱模。如果采用热固化树脂,模具压入后放入一定温度的烘箱内,固化冷却后脱模。在图形化过程中,采用各向异性的反应离子干刻蚀工艺将阻蚀胶的图形转移到衬底上。从图3.13中可以看出,要实现微压印,首先必须具有微结构特征的模具。制作微结构模具首先要有微结构母板,母板采用比较成熟的电子束直写工艺制作。从母板到模具的复型主要存在脱模变形、复型精度损失和复型精度可靠性等问题。

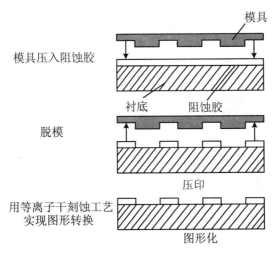

图 3.13　压印工艺原理

3.2.3　LIGA 技术

20 世纪 80 年代德国开发出 LIGA 技术,即深度 X 射线刻蚀、电铸成型、塑铸等技术的结合。

LIGA 技术包括深层同步辐射 X 射线光刻、电铸成型及塑铸等三个重要环节。X 射线深层光刻和电铸成型技术可以加工出硅、金属、陶瓷、塑料材料的三维结构,可以制造出很多集成电路工艺无法制造的微型传感器,而且能实现重复精度很高的大批量生产。

电铸本质上就是电镀的一种特殊形式,构成它的基本要素包括阳极、电解液、待镀工件模具(阴极)和电源。电解液中包含希望沉积的金属离子,它借助电解作用在作为阴极的工件模具表面沉积,多数情况下金属离子可以从阳极金属的溶解反应中得到补偿。常规电铸的工件多为已经加工成型的模具,其表面经过适当工艺处理,可以在保证电铸以后能够使成型镀件易于分离。归结到电沉积反应的本质,电铸和电镀好像是一回事,然而作为工艺技术,其实它们之间存在不少差异。电镀是在物体表面沉积一层金属镀层,作为装饰或保护层,它一般不需要形成独立支撑结构,是对镀件的表面进行改性修饰的技术;而电铸则要求电沉积的金属最终能够形成独立的结构,按照一定的方式复制作为电镀起始物的模板,是一种加工制造新的个体的工艺技术。

典型的 LIGA 技术的工艺过程如图 3.14(a)所示。

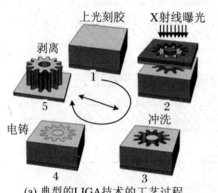

(a) 典型的 LIGA 技术的工艺过程　　(b) 准 LIGA 技术制作的 RF-MEMS
感应线圈角部 SEM 照片

图 3.14　典型的 LIGA 技术的工艺过程及 RF-MEMS
感应线圈角部 SEM 照片

(http://images. search. yahoo. com/images)

LIGA 技术需要昂贵的同步辐射 X 射线源进行 X 光深层光刻,获得高深宽比的光刻胶微结构后,才能开展后续工艺,而且它与集成电路的制作工艺不兼容。针对其缺点,人们提出了一种利用多层光刻胶工艺的准 LIGA 技术。利用该技术,用紫外线做光源和多层光刻胶工艺来代替同步辐射 X 光深层光刻,然后进行后续的微电铸和微复制工艺,就可实现微机械器件的大批量生产。用准 LIGA 技术既可制造高深宽比的微结构,又不需要昂贵的同步辐射 X 射线源和特制的 LIGA 掩模板,对设备的要求低得多;另外,它与集成电路工艺的兼容性也要好得多,因此,准 LIGA 技术也得到了很大的发展(图 3.14(b))。

3.3　辅　助　工　艺

辅助工艺主要指微传感器部件组装和芯片封装工艺。

3.3.1　黏结

目前,大多应用有溶剂的双组分环氧树脂黏结剂,固化后在 −65～150 ℃ 使用,便有足够的机械强度。环氧树脂黏结剂称为"万能胶",它具有黏结强度高、耐化学介质性能好、耐温性好、胶层收缩率小、可室温固化、施工工艺简单等优点。但未经改性的环氧树脂具有黏结剂脆性大、耐冲击性能差、耐热性能不够理想等缺点,常需通过改性方法提高产品性能。

3.3.2　共晶键合

固体时无溶解度或只有部分溶解度的二元系相图中往往有一个共晶点。共晶点时三相共存。共晶成分的液相具有最低熔点。也就是说,共晶点的温度比两种固体的熔点都低。在共晶点温度下能形成共晶的两种固体相互接触,经过互扩散后便可在其间形成具有共晶成分的液相合金。随时间延长,液层不断增厚。冷却后液层又不断交替析出两种固相。每种固体一般又以自己的原始固相为基础而发展壮大,结晶析出。因此两种固体之间的共晶能将两种固体紧密地键合在一起。

3.3.3　玻璃密封

玻璃密封之所以在压力传感器中得到广泛使用,是因为其膨胀系数与硅接近,机械强度高且热稳定性和化学稳定性好,气密性好。密封玻璃凝固后可以是玻璃态的,也可以是结晶态的。前者的熔点与凝固点保持不变,后者的熔点则高于凝固点,因此有很高的热稳定性。玻璃封接的温度取决于密封玻璃的成分,一般在415～650 ℃之间。低温玻璃与硅的浸润性也是封接成败的关键所在。

3.3.4 阳极键合

静电键合又称为阳极键合和场助键合,是由 Wallis 和 Pomerantz 于 1969 年提出的,可以把金属、合金或半导体与玻璃直接封接在一起,不需要任何黏结剂。由于是两块固态材料在一定的温度与电压下键合在一起,其间不用任何黏结剂,在键合过程中自始至终处于固相状态,故属于固相键合(bonding)工艺。图 3.15 的静电键合设备以恒温炉为基体,由其提供所需的热量。因为键合电压高达 1 000 V,为了安全起见,下电极与恒温炉之间垫一层绝缘性和导热性皆良好的陶瓷片。电压越高,静电力越大,硅与玻璃贴得越紧,越有利于化学键的形成,因而键合强度越高。但过高的电压易造成组合片击穿,电压的上限取决于玻璃的厚度和成分。对准的键合片放置在接正电极的下电极上,硅面朝下。玻璃片的上面是 5 kg 的质量块,以便增加键合初始阶段的接触力。上电极接负电位,通过质量块传导给玻璃片。1 000 V 直流电压由高压稳压电源提供,电流特性可通过电流表来观察。

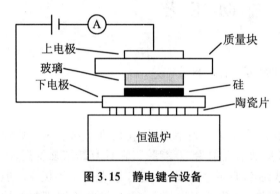

图 3.15 静电键合设备

3.3.5 冷焊

冷焊是指两种金属层在高压、低温下不熔融而相互连接起来。所需压力随层厚降低和温度升高而降低。连接的质量和持久性强烈地依赖于表面的清洁度和加工质量。在环境温度和几百纳米层厚下,必须加 28 000～35 000 kPa 的压力;相反,当层厚为 0.5～0.55 nm 时,实际便不需要加多大压力。不过,这一薄层对清洁程度十分敏感,因而要求在真空中进行加工金属层。当层厚在这样的数量级下,即使室温下也会出现扩散,因而力求有一个洁净的金属层。人们通常在芯片和金属之间加一层无铅玻璃做扩散阻挡层以限制这种扩散。

冷焊过程适合于硅芯片或圆片与玻璃的无应力封接。封接的质量受衬底的平面度所限制。在真空中制造和加工这一层,技术上是相当难以掌握的,而且费用是昂贵的。

3.3.6　钎焊

与共晶键合相反,用软焊料钎焊连接芯片时,硅不发生熔化。钎焊时,参与金属化连接的两金属被焊料浸润再连接起来;原始的硅表面不能被焊料所浸润,因此必须对硅表面进行金属化处理。焊料除通常用的 Sn/Pb 共晶合金外,还有其他组成。熔点总是在 400 ℃ 以下。

注意,钎焊很少被用于传感器的封接,因为这种连接的机械强度相对比较低,满足不了对承压的要求。另外,被焊件必须制作成适合钎焊的形状。钎焊的优点是气密的,机械强度比黏结法高,但比其他封接技术低。

3.3.7　硅-硅直接键合

硅-硅直接键合是硅片在高温下的平面键合过程。键合时,将两块经去离子水充分清洗干净的硅抛光圆片再用 $H_2SO_4 + H_2O_2$ 处理,在无尘条件下接触叠合在一起,放入 1 050 ℃ 的管式炉中加热 1 h 后取出。于是两个圆片便自然地连接在了一起。

3.3.8　微装配

所谓微装配,主要指对亚毫米尺寸(通常在几微米到几百微米之间)的零部件进行的装配作业。目前针对微米级的操作和装配问题,主要有两种解决方法:一种是用带有超精密控制系统的一般操作手和系统,另一种是将操作手微型化。利用集成电路工艺制造微装配系统是未来发展的方向,但目前还有许多问题要解决;在传统的宏观技术上实现微装配是目前许多学者研究的内容,其系统类型大致分为远端操作方式和自动操作方式。近年来,越来越多的微装配领域的学者把注意力放在了自动微装配系统的研究上。

在微尺度下,重力不再起主导作用,随着物体尺寸的减小,其质量和体积按尺寸的三次方减小,而其表面积按尺寸的二次方减小。当物体尺寸小于某临界值后,与物体表面积相关的黏附力如范德华力、表面张力和静电力等将大于重力。不仅如此,在微尺度下,物体力的特性还与物体密度、表面粗糙度、湿度以及部件外形密切相关,这就给微操作带来很大的不确定性。

微操作与装配的主要特点是其操作对象微小,因而要求微操作与设备具有较高的定位测量精度、较多的操作功能和自由度。

1. 视觉伺服技术

与宏装配相比,微装配系统对位置精度的要求要高得多。通常宏装配的定位精度为几百微米,而微装配的部件尺寸大多在几微米到几百微米之间,一般装配精度要求为亚微米级。这个精度要求已经超出了一般工业应用的开环精密装配系统的标定精度。因此,应用实时视觉反馈,组成闭环精确定位系统是必要的。

视觉伺服的概念首先由 Hill 和 Park 引入,以区别于他们早期把图像摄取和运动规划分开的研究工作。其具体的定义,按照 Hutchinson 的理解,指采用闭环的方式,通过不断的视觉反馈来控制机器人的运动。这和早期视觉机器人采用开环的先"看"后"动"的方式有着极大的区别。目前,视觉伺服理论主要分为基于位置的和基于图像的两种。基于位置的视觉伺服首先通过目标图像的特征提取,根据相机模型和目标几何特性估计目标在相机空间的位置,伺服跟踪在估计空间进行。而在基于图像的方法中,伺服跟踪直接在图像空间进行,因而大大减少了计算延时。其中前者具有更大的灵活性和工作空间,而基于图像的方法具有较好的鲁棒性,易于实现,因而在机器人装配领域得到更广泛的应用。

微装配技术需要解决的问题有以下几点:① 设计能克服或利用黏附力的稳定微夹持器;② 研究视觉/力混合引导装配控制策略;③ 研究微自动送料系统;④ 研究微装配规划;⑤ 降低微装配系统的生产成本,使之商业化。

日本和美国在微装配系统的研究方面比较突出,已具有一定的成果。它们研制成功的微装配系统大致可分为两类:一种是基于 SEM 的装配系统,另一种是基于光学显微镜的装配系统。基于 SEM 的微装配系统与基于传统光学显微镜的微装配系统相比,具有放大倍数高、焦深大、分辨率高等特点,是一种理想的装配方法,但其不足之处是操作复杂且设备昂贵。而基于传统光学显微镜的微装配系统具有操作简单、成本低廉等优点,是目前比较可行的方法。图 3.16 所示的微装配系统主要由左操作手、右操作手、光学立体显微镜和多自由度工作台四个子系统组成。

2. 微夹持器

在微夹持器设计上,主要考虑下述问题:① 灵活抓取目标必需的运动学要求;② 稳定和安全抓取的力的要求;③ 传感和驱动方式以及可控性。

已研制成功的微夹持器有:

(1) 应用传统工艺制成的单自由度微夹持器。微夹持器由压电梁驱动,传感器为两片应变片。通过两个垂直安置的微夹持器,可以对亚毫米级的物体实现各种操作。

(2) 硅微夹持器。在集成电路片上制作微机器人,硅微夹持器作为其枢接式操作手。

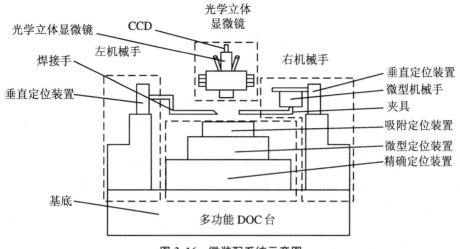

图 3.16 微装配系统示意图

（3）LIGA 技术制作的一种以镍为基、表面覆盖金的微夹持器，其厚度只有 200 μm。

（4）光镊技术。

3. 微驱动

微驱动技术也是微操作和微装配领域的关键技术之一。它不仅要求有非常好的响应特性，而且有工作空间和部件尺寸的限制。国内外研究人员把许多基础效应和新型材料应用到微驱动和精确定位上，做了大量的工作。如压电材料、静电材料、电磁材料以及形状记忆材料等。

4. 微测量

如同宏装配一样，在微装配中仅仅靠视觉反馈是不够的。因此，在微装配系统中集成力测量技术是一个发展方向。压电效应测量技术受到广泛重视，目前已能够达到微牛[顿]级的实时测量精度；压阻效应元件能够达到毫牛[顿]级的实时测量精度；另一类重要的测量技术是基于光学效应，如光的干涉、折射以及激光技术。光学测量不仅能够达到纳牛[顿]级的实时测量精度，而且具有抗电磁干扰、不接触的特点。此外，扫描力显微镜、微力显微镜均能够用于亚纳牛[顿]级的实时测量。

3.4 封装技术

与集成电路(IC)封装类似,传感器封装主要实现三个功能:机械支撑、环境保护和电气连接。对于微电子来说,封装的功能是对芯片和引线等内部结构提供支持和保护,使之不受外部环境的干扰和腐蚀破坏;而对于微传感器封装来说,除了要具备以上功能以外,更重要的是微传感器要和外部环境之间形成一个接触界面而获取待测信号,而外部环境对灵敏度极高的微传感器敏感元件来说都是非常苛刻的,它要有承受各方面环境影响的能力,比如机械的(应力、摆动、冲击等)、化学的(气体、湿度、腐蚀介质等)、物理的(温度、压力、加速度等)等。

在传感器制造中,芯片安装在玻璃、硅、陶瓷或金属基座上,安装的方法或基座材料选择不合适,或者使传感器不能感知被测量或者环境因素干扰传感器对被测量的传感。依据传感器的结构、所依赖的物理原理以及被测量的不同,对不同传感器提出不同的要求。概括起来,大致有以下几方面的要求:

(1) 机械上是坚固的,不怕振动,不怕冲击;

(2) 避免热应力对芯片的影响;

(3) 电气上芯片与环境或大地是绝缘的或芯片与大地是电连接的;

(4) 热连接(温度传感器)或尽可能与环境热隔离;

(5) 电磁屏蔽的或非屏蔽的(磁传感器);

(6) 气密且耐水压力的(压力传感器);

(7) 光屏蔽的或聚光的(光电传感器)。

正是这些特殊的要求,大大增加了微传感器封装的难度和成本,成了微传感器封装技术发展的瓶颈,严重制约着微传感器封装技术的迅速发展和广泛应用。一般来说,微传感器封装比集成电路封装昂贵得多,仅封装成本就占总成本的70%以上。

首先,要在半导体LSI芯片上进行选择扩散和布线,这是0级封装;其次,将半导体LSI芯片封装好,类似于安装在电路基板上,这是1级封装;再次,将半导体LSI及包括各种无源元件在内的电子元件安装在以印制线路板为主的电路基板上,这是2级封装,将组装好的基板安装在机器中。这样就组成了系统。图3.17给出了机器或系统的封装层次结构。

目前比较常用的微传感器封装形式有无引线陶瓷芯片载体封装、金属封装、金属陶瓷封装等。在微电子封装中备受青睐的倒装芯片封装、球栅阵列封装和多芯片模块封装已经逐渐成为微传感器封装中的主流。其封装形式可以分为单芯片封装、晶圆级封装、多芯片模块和微系统封装。

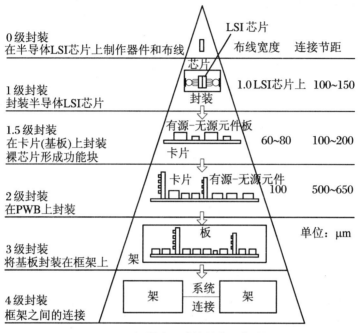

图 3.17　机器或系统的封装层次结构

3.4.1　芯片级封装

引线键合是半导体工业中应用最多、最广泛的一种互连工艺。引线键合是将半导体芯片焊区与电子封装外壳的输入/输出引线或基板上技术布线用金属细丝连接起来的工艺技术。焊接方式主要有热压焊、超声键合焊和金丝球焊。常规的引线键合技术限制了封装的小型化，那是由于为了保证机械强度，必须要有一定厚度的管壁，同时引线键合所需的台阶也浪费了很大的空间。

倒装焊技术（flip chip bonding，FCB）首先要制作凸焊点，用凸焊点代替引线键合提供电连接，凸焊点可以在芯片或管座上制成。制作凸焊点的方法有许多种，如蒸发/溅射法、电镀法、化学镀法、打球法、置球/模板印制法、激光凸点法、喷射法等等，在过去几年当中，多种制作技术得到了发展。凸焊点连接的方法有热压法、

C4(controlled collapsed chip connection)技术、环氧树脂光固化法、各向异性导电胶 FCB、柔性凸点 FCB 等。

图 3.18 给出了打球(钉头)法(Au)凸点制作及倒装焊工艺过程。顾名思义,"倒装芯片技术"就是将芯片从底部翻转,然后装下去。沉积好焊膏以后,利用倒装焊接机,将芯片倒装在封装体内。采用凸焊点连接法,将所有的焊球同时固定住。

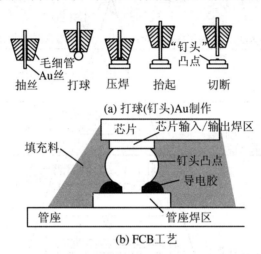

(a) 打球(钉头)Au制作

(b) FCB工艺

图 3.18 打球(钉头)Au 凸点制作及倒装焊工艺

芯片倒装技术最重要的参数就是芯片和管座上各焊球的机械强度。可用多种质量测试方法对参数进行评估:机械测试(剪断测试、拉拽测试、振动和跌落测试)、温度测试(干热、湿热或温度循环)、回流焊测试(有无老化的回流循环)。基底与管座材料之间的热匹配决定了凸焊点连接的质量。

倒装焊芯片生产工艺流程如图 3.19 所示。首先在刻蚀有成组芯片的圆片上,

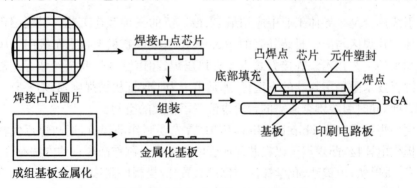

图 3.19 倒装焊芯片生产工艺流程示意图

对各芯片的输入/输出连接点表面进行凸点底部金属化处理,然后采用蒸镀、电镀、焊膏印刷、钉头、放球或焊料转移等方法在金属化处理后的表面上形成焊接凸点;同时,对成组基板上的焊盘也必须进行适当的金属化处理。接着将圆片和基板切割成单个的芯片和对应的基片。再通过芯片组装将芯片与基片互连起来,可以通过焊料、热压焊接、热声焊接或导电胶连接等。组装完成后,再对芯片进行底部填充、固化及元件塑封,最终形成完整的产品。

3.4.2　圆片级封装

圆片级封装(wafer level package,WLP)是一种全新的封装思想,和传统的工艺将封装的各个步骤分开加工不同,WLP 用传统的集成电路工艺一次性完成后面几乎所有的步骤,包括装片、电连接、封装、测试、老化,所有过程均在圆片加工过程中完成,之后再划片,划完的单个芯片即是已经封装好的成品;然后利用该芯片成品上的焊球阵列,倒装焊到 PCB 板上实现组装。WLP 的封装面积与芯片面积比为 1∶1,而且标准工艺封装成本低,便于圆片级测试和老化。

3.4.3　系统级封装

为了要达到高度整合的目的,同时保持系统应有的功能及可接受的成本,针对不同领域的需求,系统级封装技术(system in package,SIP)被提出来,成为系统单芯片之外的另一种选择。所谓系统级封装,是指将多个具有不同功能的有源组件与无源组件,以及诸如微机电系统(MEMS)、光学(optics)元件等其他元件组合在同一封装中,成为可提供多种功能的单个标准封装组件,形成一个系统或子系统。实现 SIP 的方法很多,主要包括多芯片组件技术和 3D 封装两大技术。

1. 多芯片组件技术

多芯片组件 MCM 与多芯片封装 MCP 一般不予区分,两者的主要区别在于,MCP 是安装的集成电路及各种元器件,而 MCM 以安装多个芯片为主。多芯片组件 MCM 技术是将 MEMS 芯片和信号处理芯片封装在一个管壳内,以减小整个器件的体积,适应小型化的要求,还可以缩短信号从 MEMS 芯片到驱动器或执行器的距离,减小信号衰减和外界干扰的影响,是 MEMS 封装的一个重要趋势。

2. 3D 封装

各类 SMD 的日益微小型化,引线特征尺寸减小,实质上是为实现 x, y 平面(2D)上微电子组装的高密度化;而 3D 封装技术在 2D 的基础上,进一步向 z 方向,即向空间发展的微电子组装高密度化。实现 3D 封装,不但使电子产品的组装密度更高,也使其功能更多,传输速度更高,功耗更低,性能更好,可靠性也更高。

3.5 质量控制

微传感器是在微电子技术的基础上发展起来的,应用了微电子加工技术,同属于微观范畴,因此微电子的失效分析手段可以广泛应用于微传感器的失效分析,这些技术主要包括光学显微镜、扫描电子显微镜、扫描激光显微镜、原子力显微镜、聚焦离子束、红外显微镜等。但微传感器是电子和机械的有机结合,其可靠性主要包括机械、电子、材料以及机械与电子部分相互作用时的可靠性等,其失效分析手段比集成电路更为复杂。

3.5.1 微测试技术

微几何量检测测量范围小,测量精度要求高。二维微几何量检测可以采用普通光学显微镜和扫描电子显微镜(SEM)。由于具有较高的分辨率,SEM 目前已成为微传感器设计、制造中最常用的观测仪器之一。由于加工工艺和微传感器可靠性设计等方面的要求,获得精确的三维结构信息是微传感器几何量测试的重点。三维微几何量测试的方法可以概括为两类:一类是从传统的几何量检测技术发展和改进而来的,如光切法、白光干涉法、光栅投影法、台阶仪等,其中包括应用扫描探针显微镜的纳米观测方法以及微视觉测量方法;另一类则是根据被测件的材料和结构特点专门设计的,如基于计算机视觉的硅片厚度测量、实时蚀刻深度检测等。

微传感器的组成材料特性是影响微传感器可靠性、稳定性的重要因素。由于加工工艺、结构尺寸不同,即使是同样的材料也会表现出不同的材料特性,因此对微传感器组成材料特性进行检测具有重要意义。目前在微传感器设计、制造中比较常见的材料特性测量包括测量材料的断裂模数、弹性模量、应力应变等。

1. 静态梁弯曲实验测量材料的力学特性

微型梁结构的断裂模数和杨氏模量可以通过直接测量作用在悬臂梁上的力和梁的弯曲形变来计算。

2. 用固有频率法测量微型梁的杨氏模量

通过对微型梁的固有频率的检测,计算微型梁的杨氏模量和内应力。等截面悬臂梁的横向振动基频 f_b 与杨氏模量 E 的关系式是振动力学的一个基本结论,它

们之间的关系为

$$f_b = \frac{\omega_b}{2\pi} = \frac{3.515}{2\pi}\left(\frac{EJ}{\rho Al^4}\right)^{1/2}$$

式中,J 为梁横截面惯量矩,ρ 为密度,A 为横截面面积,l 为梁长度,E 为杨氏模量。

3. 应变位移的干涉测量法

应变/位移干涉测量仪(interferometric strain/displacement gage,ISDG),从被测件上预置的两条反射计量线(gold lines)的不同侧面反射的光线形成两幅干涉条纹,当被测件受拉力或压力产生应变时,两条反射计量线将发生相对位移,对所产生干涉条纹的变化进行分析,可计算出应变的大小。

3.5.2 可靠性技术

传感器的可靠性是指在寿命期内和规定的外部条件下,完成指定功能和性能的概率。微传感器的可靠性是设计出来的、生产出来的、使用出来的。微传感器可靠性设计的内容相当广泛,如选用合适的加工材料提高器件的可靠性;采用模拟仿真等技术来加强可靠性设计与仿真;根据质量块的大小,选择合适的支撑和微铆合固定结构;保持清洁、良好的加工环境,严防尘埃等微小颗粒对器件的影响;防止电压部件的短路等等。

通过退火、掺杂等方法来尽量减少制造工艺引入的应力,加强常用微传感器薄膜及复合膜应力的控制,降低应力对微传感器的不良影响。

针对微传感器中的活动部件在释放过程中以及器件存储、使用中产生的黏附问题进行表面处理,使其具有防黏附的能力。

磨损是机械装置失效的主要原因之一,因此减少磨损对提高微传感器的可靠性具有重要的意义。减少磨损的主要方法有:采用微观尺度的润滑剂;使微传感器工作在适当的湿度环境中(如30%~60%的湿度),在这种湿度中能产生一种润滑的作用,能较好地抑制磨损碎片的产生;对磨损的部位进行加固处理,及时清除磨损碎片能减少碎片的进一步产生,有利于提高微传感器的寿命。

由于磨损只发生在相互接触且有相对运动的部位,因此在器件的设计中尽量减少部件的相对运动,在相对运动不可避免的情况下,应对驱动信号进行优化设计,使之与运动部件相匹配,减少冲击和摩擦力,提高微传感器的寿命,同时减少表面接触的面积,这能有效地减低磨损。

3.6 洁 净 室

洁净室系指应用空气净化技术改善生产、科研及其他工作环境,对空气质量及尘埃粒子、温度、湿度、压力、噪声、照度、风速和浮游菌等微环境进行有效控制的相对密闭空间,分为百级区(洁净度高)、千级区、万级区和 10 万级区(洁净度低)。由于洁净室内空气湿度较低,并且空气中的离子被进风系统过滤掉了,所以静电问题很严重,必须采用接地、静电耗散和空气电离化等控制措施。目前,洁净室检测项目主要包括风量、净压差、洁净度、噪声、截面平均风速、室内温度、相对湿度、室内照度、照度均匀度和漏风量的检测。

1. 洁净室建造中设备材料的重要性

(1) 实现洁净度、满足产品要求的主要依据;

(2) 确保安全、可靠运行的条件;

(3) 实现降低建造费用、经济运行的前提;

(4) 合理、准确选用洁净室建造用设备、材料是工程设计的重要工作。

2. 洁净室设备材料分类及有关要求

(1) 产品生产工艺与设备

·选择依据是产品品种、规模及其生产工艺等;

·布置在洁净室中的生产设备应表面平整、光洁、不易脱落污染物;

·局部净化与生产设备;

·隔离装置;

·微环境。

(2) 人净、物净设施

① 空气吹淋室

·高速洁净气流吹落、清除人员表面附着的微粒;

·设在洁净室人员入口处,并与洁净服更衣室相邻;

·单人吹淋室一间最多供 30 人使用;

·洁净度 ISO 5 级(100 级)以上的垂直单向流洁净室,宜设气闸室;

·洁净区(室)人员超过 5 人时,吹淋室应设旁通门,各类洁净室设置吹淋室的做法各不相同,实践说明吹淋室有人净效果,并具有气闸、警示作用。

② 气闸室、缓冲间

- 垂直单向流洁净室入口；
- 阻隔室外或邻室的污染气流、压差控制；
- 洁净室(区)与非洁净室(区)之间必须设；
- 洁净室(区)的物料出入口设置，并配置清洁措施；
- 物料传递用洁净室专用传递窗。

③ 洁净工作服

- 选材、式样及穿戴方式应与生产操作和洁净度等级要求适应；
- 各类、各等级的洁净服不得混用，且应分别清洗、整理；
- 质地光滑、不产生静电、不脱落纤维和颗粒；
- 无菌洁净服必须包盖全部头发、胡须及脚部，并能滞留人体脱落物；
- 洁净服洗涤室的空气洁净度等级不宜低于 ISO 8 级(洁净室 10 万级)；
- 洁净服更衣室的空气洁净度等级宜低于相邻洁净室(区)1~2 级。

(3) 标准、规范

- 《洁净厂房设计规范》(GB 50073—2001)；
- 《洁净室施工及验收规范》(JGJ 71—90)。

　　早在 1992 年，在美国国家环境科学与技术协会(IEST)的推动下，美国国家标准协会(ANSI)向国际标准化组织(ISO)提议建立一个新的技术委员会来制定一个可被全球接受的国际标准。这个新的技术委员会于是在 1993 年 5 月成立，称为 ISO/TC 209，它的任务是起草 11 项关于"洁净室及其相关受控环境"的标准。在随后的几年中，ISO 14644‐1 和 14644‐2 标准先后颁布，其余的 9 项相关标准也将先后颁布。

参 考 文 献

[1] 翁寿松.IC 微分析技术及设备[J].电子工业专用设备,1998,27(3):27‐30.

[2] 孙以才,范兆书,常志宏,等.压力传感器的芯片封装技术[J].半导体杂志,1998,23(2):34‐42.

[3] 宋登元.X 射线光刻技术的进展及问题[J].光学技术,1999(3):91‐96.

[4] 姚雅红,吕苗,赵彦军,等.微传感器制造中的硅‐玻璃静电键合技术[J].半导体技术,1999,24(4):19‐23.

[5] 胡昌义,李靖华.化学气相沉积技术与材料制备[J].稀有金属,2001,25(5):364‐368.

[6] 王建辉.MEMS 封装和微组装技术面临的挑战[J].光机电信息,2002(4):8‐10.

[7] 王云新.洁净室常规项目的检测方法[J].福建建设科技,2002(1):40-41.

[8] 柳振安,谢曙光,李泉,等.洁净室检测技术与洁净级别判定[J].湖北预防医学杂志,2002,13(2):35-38.

[9] 罗翔,沈洁,颜景平,等.微装配的若干关键技术[J].电子机械工程,2002,18(1):35-37.

[10] Singh I.洁净室标准 ISO 14644-1 和-2 的简介[J].电子工业专用设备,2003(4):15-16.

[11] 秦旭光,李涤尘,李寒松,等.微压印光刻的模具制作工艺的研究[J].电子工艺技术,2003,24(5):207-209.

[12] 曹立新.我国超净高纯试剂和光刻胶的现状与发展[J].半导体技术,2003,28(12):12-21.

[13] 陈霖新.洁净室规范对设备材料的要求[J].洁净与空调技术,2004(2):44-48.

[14] 徐万劲.磁控溅射技术进展及应用:上[J].现代仪器,2005(5):1-5.

第4章 微传感器设计、建模与仿真

微传感器不是传统传感器简单的几何缩小。当结构尺寸达到微米甚至纳米尺度以后会产生许多新的物理现象:

(1) 物理法则不同。若在两个系统中有几种同样的因素在起作用,但各因素对系统影响的排序不同,则称这两个系统的物理法则不同。导致物理法则不同的原因有几何的(尺寸、形状)、物性的(材质、场)和结构的(几何与物性耦合)。通常说得最多的是尺度原因,即尺度效应。

(2) 系统行为不同。当尺度变小时,系统的运动易由连续转为间歇,由平稳转为突发,由较易预测转为较难预测。

(3) 设计、制造、检测方法不同。

4.1 微传感器设计

微传感器的设计思想和宏传感器有很大差别。在进行微传感器设计时,应注意:① 充分发挥微传感器集成化程度高的优势,引入光、电、声、磁等技术;② 微传感器输出的功率小,且其本身所能承受的力也小(强度不足),应尽量避免与外部世界直接进行耦合;③ 对环境的要求严格,设计时要充分考虑外界环境如温度、湿度、灰尘等的影响;④ 输出信号微弱,传统的测量工具难以检测,需开发新的实验和测量设备;⑤ 器件的缩小导致惯性小,热容量低,易获得高灵敏度和快响应。

微传感器涉及多个技术领域,设计过程也比较复杂,一般可以分为自顶向下(top-down)和自底向上(bottom-up)两种方式。目前研究比较多的是前者,图4.1给出了其一般设计流程。设计者根据具体功能需求设计出产品概念模型后,即可进行初步的系统方案设计;然后根据系统方案设计结果,先进行功能仿真,在仿真结果满足要求的情况下进行器件的设计、仿真和优化;在器件设计完成后进行系统集成,然后提取功能模型进行仿真,如果仿真结果符合要求则产品设计结束,可进行生产,否则还要修改系统设计。

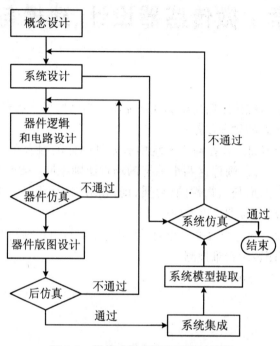

图 4.1 微传感器自顶向下设计流程

4.1.1 尺度效应

尺度效应(scale effect)也称为尺寸效应(size effect)。研究微传感器尺度效应的目的是解决以下三个方面的问题:

① 充分认识哪些宏观领域理论可以沿用;

② 了解随着特征尺度的不断减小,在宏观领域不太明显的量的相对作用为何显著增强;

③ 宏观理论对哪些量不再适用。

1. 几何尺度效应

几何尺度效应随空间维度的不同而产生的作用迥异,随着微传感器一维特征尺寸的不断减小,其二维、三维的表面积(S)、截面积(A)和体积(V)自然也会减小,但衰减的速率不同,该衰减速率随维数的增加而增大,因而会出现表面积和体积之比增大,导致化学反应速率快、传热效率高,表面力学效应和表面物理效应将起主导作用。随着微传感器进一步减小到纳米级,相应地,介质不连续更加突出,必须用量子理论进行研究。

2. 力尺度效应

力的尺寸效应主要表现在两个方面:第一,由于从宏观到微观的尺寸变化,各种作用力的相对重要性发生了变化;第二,当物体的尺寸缩小到与粒子的平均自由程可比较时,介质连续性等宏观假设不再成立,相关力学理论需要修正。表 4.1 列举了部分力学参数的尺寸效应。

表 4.1　部分力学参数的尺寸效应

量的名称	符号	关系式	尺寸效应	参数说明
电磁力	F_m	$\mu S H^2/2$	L^4	μ 为导磁率,S 为表面积,H 为磁场强度
重力	G	$\rho V g$	L^3	ρ 为密度,g 为重力加速度,V 为体积
弹性力	f_e	$ES\varepsilon$	L^2	E 为弹性模量,S 为横截面面积,ε 为弹性应变
线弹性系数	K	$\dfrac{2\mu V}{(\Delta L)^2}$	L	μ 为单位体积伸长所需能量,V 为体积
静电力	F_e	$\varepsilon S E^2/2$	L^0	ε 为介电常数,S 为面积,E 为电场强度
固有频率	ω	$\sqrt{K/m}$	L^{-1}	K 为线弹性系数,m 为质量

3. 摩擦尺度效应

雷诺数反映了惯性力和摩擦力的作用大小,当雷诺数等于 1 时,这两种力的地位相当,宏观领域的雷诺数一般大于 1,惯性力占主导地位。在微传感器领域,雷诺数小于 1,摩擦力作用突出,如蒲公英的种子和裸眼看不到的尘埃在空中浮游,原因在于作用在其表面的空气的摩擦力大于其本身的重力。因此,低雷诺数情况下微摩擦力的研究引起了人们的高度重视。微摩擦具有以下特点。

(1) 微摩擦过程产生黏滑现象。实践证明,驱动力弱造成微传感器中的摩擦副通常为极低速滑动,表面黏着效应得到强化,严重影响器件的正常运行。

(2) 两表面间隙处于纳米量级时,表面力的作用使两表面黏附在一起,造成微传感器器件运动失效,对器件的制造生产过程也会产生影响。宏观中采用 Bowdon 和 Tabor 建立的黏着摩擦模型是否能应用在微观中仍不确定。

(3) 温度影响摩擦。微摩擦过程中表面产生热能,弹性模量、硬度以及润滑性等都随着温度的升高而退化,反过来又加大摩擦,该种情况与宏观摩擦有相似之处。

(4) 宏观摩擦定律为 $F = \mu N$,而研究发现,在微观中摩擦力与面积有关。

(5) 由于空间限制和结构特点,微传感器常利用摩擦力作为牵引力或驱动力(如驱动器或移动部件),此时要求摩擦力稳定而且可以实时控制。

润滑是微传感器摩擦中的关键技术。传统的润滑手段不再适用于微尺度下的摩擦。微传感器摩擦副之间的间隙通常处于纳米量级,传统的润滑油润滑会导致微摩擦副表面产生很大的黏滞力和剪切力,进而增大表面间摩擦系数和摩擦力矩。解决微传感器的润滑问题,须以界面上的原子和分子为研究对象,采用以分子膜为基础的薄膜润滑技术以达到减摩耐磨目的。此种纳米量级的润滑薄膜性质不同于通常的黏性流体膜和吸附边界膜,它是一种特殊的润滑状态。有序分子膜的应用可以在不降低微传感器部件承载能力的情况下,显著降低表面的摩擦系数,甚至出现超滑状态。

4. 流体尺度效应

雷诺数是判断流体是否发生湍流的一个度量(宏观系统中,一般认为 $Re < 2\,000$ 是层流,而 $Re > 4\,000$ 是湍流),它是流体系统尺度的函数。雷诺数与特征长度 D 同次:

$$Re = \frac{\rho V D}{\mu}$$

式中,ρ 为密度,V 为特征速度,D 为特征长度或直径,μ 为黏度。可以看出,在大多数宏观系统中的流体常发生湍流或紊流现象,而在微系统中,大部分情况下,流体几乎完全是层流,而且流体内部黏性力和流体与外部接触界面上的作用力起着主要作用。实验上已经发现,由于尺度效应,微管道中的流体流动不再遵守经典的纳维-斯托克斯方程。依照现有的连续介质方程无法描述微尺度下的流体状态。即使在连续性假设可以使用的情况下,由于流动滑移、热扩散、黏性耗散、可压缩性以及一些在微尺度下才显著影响分子间作用力的因素,它们对流动边界条件的影响也应该得到充分考虑。

4.1.2 微传感器动力学

微传感器动力学主要研究微传感器在各种力作用下的运动状态的定性和定量的变化规律。在宏观力学中,牛顿力学是建立动力学模型的基础。而在微观,特别是纳米级微观力学中,牛顿力学失去了作用。目前,关于微传感器的精密动力学分析还较缺乏,没有基本的设计原则,甚至几乎没有辅助设计微传感器的支持系统。

微传感器的动力学行为与特征长度有关。

（1）对于敏感单元尺寸≥1 μm 的微传感器，采用经典的牛顿力学理论来描述动力学性能：

$$m\,\frac{\mathrm{d}V}{\mathrm{d}t} = -\beta V + K(t)$$

式中，β 为黏性系数，$K(t)$ 为随时间 t 变化的外力函数。

（2）对于敏感单元尺寸为 10 nm～1 μm 的微传感器，应使用朗之万（Langevin）方程以加入布朗分子运动的影响，且无法进行尺度分析，即

$$m\,\frac{\mathrm{d}V}{\mathrm{d}t} = -\beta V + F(t) + K(t)$$

其中，$F(t)$ 为反映因布朗粒子碰撞而产生的随机力。

（3）对于敏感单元为原子和分子级的微传感器，需要应用量子统计动力学来描述。

目前，多数微传感器的敏感单元尺寸属于微米级或亚毫米级，仍可以用牛顿力学指导其建模。也就是说，介质连续性等宏观假设依然成立，有限元法、有限差分法、边界元法等也适用于微传感器的动力特性分析。

4.2　微传感器建模

由于微传感器的多物理场耦合的特性，微传感器仿真遇到的最大困难是如何为每个物理场建立高效和准确的模型，以及各个物理场之间的正确耦合。根据处理对象的不同，可大致将微传感器建模过程分为四个层次（图 4.2）：

（1）工艺层，此层处于最底层，本层提供加工工艺过程的参数库，如光刻工艺中的掩膜厚度、曝光时间、硅腐蚀过程中的腐蚀速度等；

（2）物理层，此层处于建模层次的第二层，包含

图 4.2　微传感器建模层次

一些典型材料参数库、典型微传感器器件结构库，可以对器件的静态和动态性能进行仿真；

（3）器件层，此层建立器件的宏模型（macro-model），为了保证计算速度，该模

型进行了一定的简化,但是保留了器件的所有必需的静态、动态性能,易于集成到系统模型中;

(4) 系统层,此层将器件层获得的宏模型集成到系统模型中进行仿真,根据仿真结果进行系统优化。

4.2.1　相似等效法

相似等效法的基本思想是:首先从真实物理系统中提取一系列参数化模块,由这些参数化模块组成一个和原系统等效的模型系统;然后将这个模型系统送入仿真求解器中进行求解;最后对仿真结果进行分析比较,适当修改参数,再送入求解器中重新求解,使参数化模型尽可能真实反映原物理系统。相似等效法建模简单,求解速度快,但是由于建立的参数化模型往往不能很好地逼近真实系统,仿真结果存在较大误差。

4.2.2　分析力学建模

牛顿把物质、时空、运动,从一般哲学概念发展为可用数学做定量表述的定义、定律、定理,以严谨的知识结构建立了牛顿力学体系,并使之成为力学中最基本的理论体系,迅速得到公众的广泛确认。随着生产力的发展,求力学体系的运动问题时常要解大量的微分方程,如果力学体系受到约束,则因约束反力都是未知的,所以方程数不但不会减少反而会增加,随着约束的增加,方程的数量也在增加,从而增加了问题的复杂性,有时会使问题的求解变为不可能。

分析力学作为理论物理的一个分支,法国数学家、物理学家拉格朗日是集大成者。他的巨著《分析力学》的问世,奠定了整个分析力学的基础,标志着从牛顿力学借用图形和运用形象思维处理力学问题的几何方法向不用图形而运用概括性的抽象思维处理力学问题的分析方法过渡的完成,开辟了力学的新纪元。分析力学包括两个主要分支,一是拉格朗日方程或称拉格朗日力学,二是哈密顿正则方程。用分析力学方法处理力学体系运动问题时,拉格朗日方程是最具代表性的普遍适用的方程:

$$\frac{\mathrm{d}}{\mathrm{d}t}\left(\frac{\partial T}{\partial q_v'}\right) - \frac{\partial T}{\partial q_v} + \frac{\partial E_{\mathrm{pot}}}{\partial q_v} = F_v$$

式中,T 为动能,E_{pot} 为势能,q_v 为广义坐标,q_v' 为广义速度,t 为时间,F_v 为广义力。

在这种方法中,动能 T 和机械变形能 E_{pot} 代表机械结构的动力学特性,使用势能把运动学特性和保守能量域耦合起来,而使用广义力 F_v 耦合非保守能量域。通

过依赖广义坐标 q_v 的刚度矩阵和降阶刚度矩阵来引入非线性材料的影响。变形能也由刚度矩阵导出。这样，就建立了一个有效的系统级计算模型。

简言之，牛顿力学定律法需要建立笛卡儿坐标系，适合简单系统的建模，仿真简单。拉格朗日函数法建模需建立广义坐标系，适合复杂系统的建模，仿真困难。由于复杂系统是将来关注的主要问题，而拉格朗日函数法对复杂系统的建模有很大的优越性，但仿真困难制约着它的广泛应用，因此建模后的仿真是今后研究的重点，有一种好的仿真方法尤为重要。

对称双弹性振子的物理模型可以用一个在光滑水平面上运动的质量为 m 的质点来描述，它与两个弹性系数均为 k、原长均为 a 的弹簧相连。在平衡时这两个弹簧成一条直线，此时弹簧为原长。设质点的运动被约束在与弹簧垂直的 y 轴方向，以质点的平衡位置为原点 O，建立坐标系 O_{xy}，如图 4.3 所示。

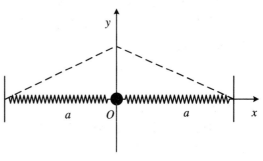

图 4.3　对称双弹性振子

系统的动能为

$$T = \frac{1}{2} m \dot{y}^2$$

势能为

$$V(y) = k(\sqrt{y^2 + a^2} - a)^2$$

系统的拉格朗日函数为

$$L = T - V(y) = \frac{1}{2} m \dot{y}^2 - k(\sqrt{y^2 + a^2} - a)^2$$

代入拉格朗日方程

$$\frac{\mathrm{d}}{\mathrm{d}t}\left(\frac{\partial L}{\partial \dot{y}}\right) - \frac{\partial L}{\partial y} = 0$$

得到系统的运动微分方程

$$m\ddot{y} + 2ky\left(1 - \frac{a}{\sqrt{y^2 + a^2}}\right) = 0$$

上式是一个非线性方程，这表明弹簧振子的运动是非线性振动。线性弹簧在不同组合下，由于其势能函数 $V(y)$ 不再是二次函数，必然产生非线性振动。该非线性方程很难直接求出解析解,一般采用数值解法。

4.2.3 耦合场建模

多场耦合(multifield coupling)是由两个或两个以上的场通过交互作用而形成的物理现象,它在客观世界和工程应用中广泛存在。随着制造工业对热能和机械能的应用量级不断突破自己的极限,电磁能、微波、化学能和生物能等超越传统领域的能量形式相继引入工业过程,多场耦合现象表现得越来越显著,因此也引起了越来越多研究者的关注。研究多场耦合现象的基础是建立耦合模型,已有的研究大多在某些相对较小的领域内建立数学模型,并对之进行深入的理论分析。

1. 电-热耦合

电场对温度场的作用:

$$Q = \sigma |\Delta V|^2$$

式中,Q 为产生热,σ 为电导,V 为电势。其物理意义是:一个通电物体中的每一点当电流通过时导致热的产生,热量的大小与该点的电势梯度(即电场强度)的平方成正比,与该点的电导率成正比。

温度场对电场的作用表现为温度对电阻的影响:

$$R = \rho_0 [1 + \alpha(T - T_0)]$$

式中,R 为电阻,T 为温度,T_0 为参考温度,ρ_0 为温度 T_0 时的电阻率。

2. 磁-热耦合

铁磁体受热受到磁场的作用后,在绝热情况下会发生温度上升或下降的现象,此为磁致热效应。

温度对磁性的影响主要表现在改变铁磁体的自发磁化强度。当温度升高时,自发磁化强度随温度的升高而加大,温度达到居里点时,自发磁化强度达到极大,此后自发磁化消失。

3. 热-结构耦合

温度场对结构的作用表现为温度差导致单元体的膨胀或缩小,从而产生应力:

$$\sigma_{ij} = E_{ijkl}\varepsilon_{kl} - \beta_{ij}(T - T_0)$$

式中,σ 为应力张量,ε 为应变张量,E 为弹性系数张量,β 为热弹性系数,T 为温度,T_0 为自然状态的温度。

固体的变形对热的参数的影响很小,可以忽略。

4. 电磁-结构耦合

电磁场对结构的作用表现为由电场力和磁场力产生的力的作用(洛仑兹力公式):

$$f = \rho \boldsymbol{E} + \frac{1}{c}\boldsymbol{j} \times \boldsymbol{B}$$

式中,f 为单位体积的电荷受力矢量,$\boldsymbol{B}$ 为磁通密度矢量,$\boldsymbol{E}$ 为电场强度矢量,$\boldsymbol{j}$ 为传导电流密度矢量,ρ 为自由电荷体密度,c 为光速。

结构对电场的影响表现为结构应变对电阻的影响:

$$\frac{\mathrm{d}R}{R} = (1 + 2\mu)\varepsilon + \frac{\mathrm{d}\rho}{\rho}$$

式中,R 为电阻,μ 为泊松比,ε 为线应变,ρ 为电阻率。

结构的变形对磁场影响很小,可以忽略。

5. 结构-流体耦合

表现为流体产生的压力加到结构上,而结构产生的节点位移和速度加到流体上,这就是经典的流-固耦合问题。

6. 热-流体耦合

流场对温度场的影响体现为有热交换的流动系统满足的热力学第一定律:

$$\frac{\partial(\rho T)}{\partial t} + \mathrm{div}(\rho u T) = \mathrm{div}\left(\frac{k}{c}\mathrm{grad}\,T\right) + S_T$$

式中,c 为比热容,k 为流体的传热系数,S_T 为黏性耗散项,ρ 为流体密度,u 为流体速度,T 为温度。温度场对流场的影响体现温度改变了流体的动力黏度,其关系通常用经验公式揭示,如水的动力黏度与温度关系的经验公式为

$$\eta = \frac{\eta_0}{1 + 0.033\,7T + 0.000\,221T^2}$$

式中,T 为温度,η 和 η_0 分别为水在 $T\,℃$ 和 $0\,℃$ 时的动力黏度。

综上所述,电场、磁场、位移场(应力场)、温度场和流场的耦合关系如图 4.4 所

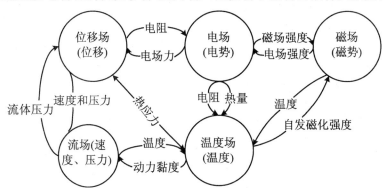

图 4.4 多场耦合关系的有向图

示。图中圆圈内部代表一个物理场,如位移场(位移),小括号内部指该场的基本场变量。有向线段表明的是场之间的单向作用,箭头的起点起于源场,终点指向目的场,如从电场到位移场的有向线段表明电场对位移场的作用。线段中间的文字表明发生作用的物理量,如电场力表明电场是通过电场力对位移场发生作用的。

4.3　微传感器仿真

微传感器的仿真就是用计算机模仿实际的微传感器及其工作环境,使设计者能够在相应系统未制造前就可以对其原型的性能进行仿真和模拟,以减少微传感器的设计开发时间。由于微传感器是一个复合域系统,其中包含了多个物理场作用的结果,往往不能只用一种(或一个场的)模拟器来模拟整个系统的情况。

系统级仿真主要关注系统的整体性能,并研究组成系统的各子系统间的相互协调关系,以此来确定各子系统需要达到的功能和要求。传统的分析方法如有限元法、有限差分法、边界元法等数值方法,虽然能够准确仿真器件的行为特性,但由于微传感器牵涉到各个物理场的耦合,需要消耗大量的时间和计算资源。同时,和已有的成熟混合信号系统级设计工具如 Saber,Simulink,Spice,Simplorer 等衔接比较差。

子系统级(subsystem level)建模时通常用宏模型或降阶模型(reduced order model)来表示。建立子系统宏模型的方法主要有两大类:解析法和数值法。

器件级(component level)建模是为了描述真实器件在三维连续空间中的行为。控制方程一般为偏微分方程。对于理想的几何图形结构,可以由多种解析方法计算获得连续形式的解。但是,对于实际的器件的建模通常要求偏微分方程的近似解析解,或者网格化的数值解。各种利用有限元、边界元或有限差分方法的数值建模工具已用于器件级的模拟。

4.3.1　MEMS CAD 软件

MEMS CAD 系统跨越了机械、微电子、光学等多个领域,除了具有传统的 CAD 系统所共有的特性外,还具有自身新的特点,主要表现如下:

(1) 设计中需要考虑力的作用。在微小尺度下,一些在常规机械中很少考虑的力,例如静电力、表面张力等的作用明显增强。微型机械中起主导作用的力是表面力。在 MEMS 的设计中,动力的产生经常采用静电或压电方式。即使在采用电磁式的情况下,由于尺度的微小,所考虑的重点也明显不同于常规尺度下的机械设计。

(2) 加工方法改变对设计产生影响。MEMS 器件的加工方法不同于一般的传统机械,而是大量使用光刻腐蚀、离子加工、离子注入等微电子加工技术。此外,电解、激光加工等技术也被采用。在尺寸相对较大的 MEMS 部件中,也可能使用精密机械加工方法。因为微系统技术是在微电子技术的基础上发展起来的,使得在 MEMS 中的 CAD 系统中需要使用很多类似于微电子技术里的 CAD 系统所使用的技术。因此,在结构和工艺设计方面,MEMS 的 CAD 系统比较接近于微电子 CAD 系统。但是另一方面,在 MEMS 的设计中,比较偏重的是设计和制造对象的机械特性和功能。这就又使得 MEMS 中的 CAD 与常规的微电子 CAD 系统有较大的不同。微电子 CAD 系统基本注重二维几何形状的设计和加工,对被加工材料的操作基本上只涉及表面以下很浅的范围;而在 MEMS 中所要设计和加工的对象是尺寸微小的三维机械部件。

(3) 材料性质有变化。由于尺度的减小,材料的晶体缺陷减小,材料强度增加,并且表现出一些在常规尺度下不显著的性质和特征。这些材料性质的变化也会对 MEMS 的设计产生一定的影响。

(4) 加工精度及检测手段不同。在微系统器件的加工技术中,可达到的绝对精度提高,相对精度降低。这些特点需要在设计 CAD 系统时加以考虑。同时,由于检测手段较少,对模拟和仿真的要求增强。

(5) 与微电子系统耦合紧密。MEMS 的研究工作一直把机电一体化集成作为一个重要的发展方向。在单个衬底或者多个衬底上集成各类传感器、动作器、机械结构以及相应的信号处理和控制电路,对于提高 MEMS 的集成度和可靠性,增加功能,降低成本是非常重要的。因此,在 MEMS 中电子线路与机械部分的耦合是很紧密的。这也必然要求其 CAD 系统提供相应的支持。这样,MEMS 中的 CAD 系统既不是常规的机械 CAD 系统,也不是常规的微电子 CAD 系统。同时,它也不是两者之间的简单相加,而是两者之间有机的结合和扩展。

(6) 涉及多学科的设计知识。微系统器件不仅仅是微尺度范围的三维复杂机械结构,而且涉及光学、电子、机械、流体等多个学科领域。在设计时,每个领域内的参数都需要进行计算,才能设计出合理、可靠的微系统器件,才能正确地模拟所设计的微系统器件的性能。因此,MEMS CAD 系统一般有统一的算法库和数据库,用来存放各个有关学科领域的设计方法和数据。

国外在 20 世纪 90 年代初就研究出了用于硅压力传感器设计的 MEMS CAD

软件。目前,国外已出现并商用化的 MEMS 系统级 CAD 软件主要有 IntelliSuite,MEMS Pro 和 CoventorWare,国内主要有西北工业大学的 MEMSGarden。

4.3.2　SolidWorks 软件

SolidWorks 软件是世界上第一个基于 Windows 开发的三维 CAD 系统,它有以下特点:

(1) 具有基于特征及参数化的造型。SolidWorks 装配体由零件组成,而零件由特征(例如凸台、螺纹孔、筋板等)组成。这种特征造型方法,直观地展示人们所熟悉的三维物体,体现设计者的设计意图。

(2) 巧妙地解决了多重关联性。SolidWorks 创作过程包含三维与二维交替的过程,因此完整的设计文件包括零件文件、装配文件和两者的工程图文件。Solid-Works 软件成功地处理了创作过程中存在的多重关联性,使得设计过程顺畅、简单及准确。

(3) 易学易用。SolidWorks 软件易于使用者学习,便于使用者进行设计、制造和交流。熟悉 Windows 系统的人基本上都可以运用 SolidWorks 软件进行设计,而且软件图标的设计简单明了,帮助文件详细,自带教程丰富,又采用核心汉化,易学易懂。其他三维 CAD 软件学习通常需要三个月时间,而 SolidWorks 只需要两星期。

Simulation 是 SolidWorks 公司推出的一套有限元分析软件。它作为嵌入式分析软件与 SolidWorks 无缝集成。运用 Simulation,普通的工程师就可以进行工程分析,并可以迅速得到分析结果,从而最大限度地缩短了产品设计周期,降低测试成本,提高产品质量,加大利润空间。其基本模块能够提供广泛的分析工具来检验和分析复杂零件和装配体,它能够进行应力分析、应变分析、热分析、设计优化、线性和非线性分析等。

4.3.3　Comsol,Ansys,MATLAB 软件

目前,MEMS CAD 专用软件功能并不完备,而且往往只针对一种或几种特定的产品或工艺,具有很大的局限性,其价格也十分昂贵。一种经济可行的方法是综合使用成熟的商用 EDA/CAD 软件对 MEMS 系统进行合理的功能划分和参数提取,最终完成系统的行为预测和优化设计。

电子设计自动化(EDA)软件是对 MEMS 进行系统级模拟的最佳工具。由于传感器、执行器、信号处理电路、控制和补偿模块以及封装和环境因素都可以等效为相应的电路元件构成的电路模块,所以使用 EDA 工具可以方便地对 MEMS 系

统进行功能划分、调整和补偿,同时预测其行为。

有限元分析(FEA)则可以模拟 MEMS 各组成元件的行为,提取相应的等效参数。有限元分析能模拟各类静态和动态现象如传感器的应力、应变、微结构的谐振频率、功率谱密度等许多物理参数。使用 FEA,可以在软件模式下进行设计优化,这将真正提高设计的成功率。当前,在 MEMS 的设计领域,FEA 的应用已十分普遍,如 Comsol,Ansys,MATLAB 等。

4.3.4　Zemax,TracePro,OptisWorks 软件

Zemax 是美国 Radiant Zemax 公司的一套综合性的光学设计仿真软件产品,它将实际光学系统的设计概念、优化、分析、公差以及报表整合在一起。Zemax 不只是透镜设计软件,更是全功能的光学设计分析软件,具有直观、功能强大、灵活、快速、容易使用等优点。这款软件已经被广泛地应用在显示、照明、成像、激光和漫射光的设计方面。

TracePro 是一套普遍用于照明系统、光学分析、辐射度分析及光度分析的光线模拟软件。它具备以下这些功能:处理复杂几何的能力,以定义和跟踪数百万条光线;图形显示、可视化操作以及提供 3D 实体模型的数据库;导入和导出主流CAD 软件和镜头设计软件的数据格式。TracePro 使用十分简单,即使是新手也可以很快学会。TracePro 使用上只要分五步:建立几何模型;设置光学材质;定义光源参数;进行光线追迹;分析模拟结果。

著名的光学系统开发公司 OPTIS 最新发布的强大光学仿真利器 OptisWorks Studio 2007 是一个非常优秀的光机设计仿真软件,支持 Windows 32 位以及 X64 位操作系统,在欧洲和日本都有广泛的应用。

参 考 文 献

[1] 韩光平,刘凯,褚金奎,等.MEMS 尺寸效应的分析模型及应用[J].中国机械工程, 2004,15(7):632 - 635.

[2] 李润,邹大鹏,徐振超,等.SolidWorks 软件的特点、应用与展望[J].甘肃科技,2004,20 (5):57 - 58.

[3] 韩光平,刘凯,王秀红,等.微电子机械系统的尺寸效应[J].西安理工大学学报,2004, 20(2):145 - 148.

[4] 宋少云.多场耦合问题的建模与耦合关系研究[J].武汉工业学院学报,2005,24(4): 21 - 23.

［5］ 林谢昭.微机电系统的尺度效应及其影响［J］.机电产品开发与创新,2005,18(5)：28－30.

［6］ 郝文涛,田凌,童秉枢,等.MEMS CAD 系统及其关键技术研究［J］.工程图学学报,2006(1)：1－8.

［7］ 廖旭,任学藻.组合线性弹簧振子中的非线性振动［J］.大学物理,2008,27(2)：25－28.

［8］ 刘双杰.基于 MEMS 机构的机械性能［J］.黑龙江科技信息,2009(4)：40.

［9］ 陈永当,任慧娟,武欣竹,等.基于 SolidWorks Simulation 的有限元分析方法［J］.CAD/CAM 与制造业信息化,2011(9)：48－51.

第5章　硅电容式微传感器

硅是一种半导体,在元素周期表中处于金属和非金属之间。单晶硅有良好的机械特性,其弯曲强度和杨氏模量都很大。当拉伸和压缩时,单晶硅没有迟滞和疲劳,在达到极限时会断裂。单晶硅材料晶体结构均匀,不像熔融石英那样有颗粒层,可把圆片抛光到镜面光洁度。单晶硅很脆,可以劈开。单晶硅很容易氧化,当它暴露于水蒸气时可形成一层二氧化硅表面层,该层是不活泼的,而且是电绝缘的,基本上是一个玻璃层。

根据平板电容器的公式

$$C = \frac{\varepsilon S}{d} = \frac{\varepsilon_0 \varepsilon_r S}{d}$$

式中,$\varepsilon_0 = 8.854 \times 10^{-12}$ F/m,ε_r 为相对介电常数,S 为极板面积,d 为极板距离,电容值是随着距离、面积或相对介电常数的变化而变化的。比如测量一个平板电容器的电容值,它已含有某种介电常数的介质,与一个已知介电常数的参考平板电容器的电容值相比较,就可以用来区分不同的介质材料。这种方法常在液位仪或材料区分中加以应用。由于水有较大的介电常数,常会影响亲水性的介质测定,但可以用于电容式湿度传感器的湿度测量。如果电容极板的面积 S 发生变化,通过差分电容的测量方法,就可以辨别不同的物体或不同的形状。如果是极板距离发生变化,通过该方法可以检测距离,电容式位移传感器就是这样的。

5.1　典型传感器结构及工作原理

目前实际应用的典型硅电容式微传感器有微型硅加速度计、硅集成压力传感器和 CMOS 集成电容湿度传感器等。

5.1.1 微型硅加速度计

微型硅加速度计是一种新颖的加速度传感器,它采用硅单晶材料,采用微机械加工工艺实现。微型硅加速度传感器具有结构简单、体积小、功耗低、适合大批量生产、价格低廉等特点,因而在卫星上微重力的测量、微型惯性测量组合、简单的制导系统、汽车的安全系统、倾角测量、冲撞力测量等领域有广泛的应用前景。其结构主要有梁-质量块结构和叉指电容式结构。

1. 梁-质量块式结构

梁具有加速度 a 时,其应变值

$$\varepsilon = \frac{6m_{eq}aL}{BEH^2}$$

式中,E 为单晶硅的弹性模量,L 为梁的有效长度,B 为梁的宽度,H 为梁的厚度,m_{eq} 为惯性质量(包括中心质量和梁的等效质量)。可见,梁的形变值与加速度成正比关系。

加速度计的固有频率主要取决于其内部惯性敏感元件的结构特性。由惯性敏感元件的方程,可知其系统的固有频率为

$$\omega_0 = \sqrt{\frac{K}{0.375m + M}}$$

式中,K 为弹性梁的等效刚度系数,M 为惯性敏感质量,m 为梁的等效质量。

在这种检测模式下,传感器的性能主要由梁和质量块的结构决定。在质量块一定的情况下,梁越长,传感器的灵敏度越高;在梁长一定的情况下,质量块越大,传感器越灵敏。

微型硅加速度传感器的工作原理与一般常用的加速度传感器如液浮摆式加速度传感器、石英加速度传感器、金属挠性加速度传感器等的工作原理基本一样,都是把一个质量摆敏感加速度转换为电信号,此信号经电子线路相敏放大后反馈到力矩器,力矩器产生反馈力矩与加速度产生的惯性力矩平衡。但各种加速度传感器有各自的特点,为完成某种功能,所设计的元件结构也不相同。

图 5.1 为电容式微型硅加速度传感器工作原理图。

电容式微型硅加速度传感器探头主要由硅摆片和极板组成。在硅摆片上,活动质量块通过悬臂梁与边框相连,活动质量块与极板组成一对差动电容器 C_1 和 C_2,质量块作为电容器 C_1 和 C_2 的公共活动极板,同时,电容器 C_1 和 C_2 也构成一对力矩器。电容器 C_1 和 C_2 的设计额定值分别为

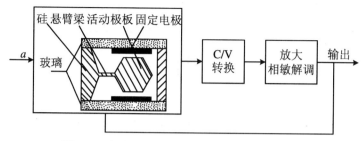

图 5.1　电容式微型硅加速度传感器工作原理图

$$C_1 = C_2 = \varepsilon \frac{S}{d} = C_0$$

式中, ε 是空腔内介质的介电常数, S 是电容极板的有效面积, d 是组成电容的两个极板的间距。当输入加速度 a 时, 惯性力使活动极板产生一个偏角 α, 使电容量 C_1 和 C_2 发生变化, 通过线路转换, 把电容量 C_1 和 C_2 的变化转换成电信号, 经相敏放大后把输出电压反馈到电容静电力矩器, 电容力矩器产生的静电力矩与惯性力矩平衡, 使活动质量块保持在原有的平衡位置, 反馈电压的正负和大小可度量输入加速度的方向和大小。

2. 叉指式结构

叉指式微电容加速度计主要由弹性梁、质量块、叉指结构组成, 如图 5.2 所示。F_1, F_2 是静指, 与质量块相连的 M 是动指, F_1, F_2 与 M 之间分别构成电容 C_1, C_2。

典型的叉指式差分电容式加速度传感器的工作原理如图 5.3 所示。传感器由两个差分电容组成, 活动电极与两侧固定电极分别构成平行板电容 C_1 和 C_2。当 y 方向的加速度为零时, 悬梁的活动电极处在两固定电极极板的中间位置, 有 $C_1 = C_2$; 当 y 方向有加速度存在时, 悬梁产生的变形使极板间的距离发生变化, 于是有 $C_1 \neq C_2$。两平行板电容值之差 ΔC 与加速度成正比, 因此只要测量出 ΔC 就可以确定加速度

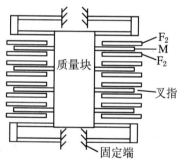

图 5.2　叉指式微电容加速度计的结构示意图

的大小。图 5.4、图 5.5、图 5.6 分别为单梁、双梁、四梁叉指式结构的实际图像。

美国 AD 公司 (Analog Device) 推出的 ADXL 系列就是以多晶硅为结构材料的表面微机械加工叉指电容式加速度传感器, 如图 5.7 所示。

图 5.8 为 ADXL05 型加速度传感器的简化结构示意图。其中, 传感器的内部

结构是弹性梁上呈发散形并分布着 46 个平台,而极板 1 和 2 是固定制作在芯片衬垫上的。每一个平台相当于一个中心可动极板,它与固定极板 1 和 2 构成差动电

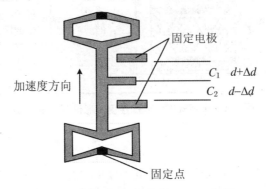

图 5.3　叉指式差分电容式加速度传感器的工作原理

图 5.4　单梁叉指式结构图

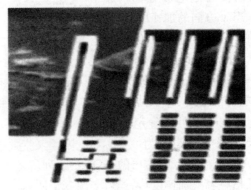

图 5.5　双梁叉指式结构图

容,由此共组成 46 个差动电容式敏感单元。在零加速度输入状态下,$C_1 = C_2 = \varepsilon S / d_0$。在 ADXL05 的测量范围内,弹性梁所受惯性力为待测加速度与弹性梁的

图 5.6　四梁叉指式结构图

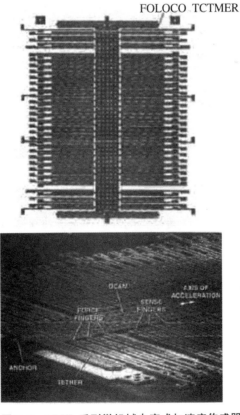

图 5.7　ADXL 系列微机械电容式加速度传感器

惯性质量之积。在惯性力的作用下,弹性梁带着中心极板移动 d,而导致电容 C_1, C_2 变化:

$$C_1 = \varepsilon\frac{S}{d_0 + d}, \quad C_2 = \varepsilon\frac{S}{d_0 - d}$$

式中,C_1 和 C_2 为检测电容值,S 为极板面积,d_0 和 d 分别为零加速度和某一加速度时中心极板移动的距离,ε 为极板间介质的介电常数。通过检测 C_1 和 C_2 的差值,便可确定中心极板的移动方向与大小,从而得到与加速度对应的输出电压 U_{PR},并由此改变反馈到中心极板的电压,调整作用在中心极板(弹性梁)上的静电力,使之在测量范围内精确地保持在原始中间位置,即 $C_1 = C_2$ 状态。

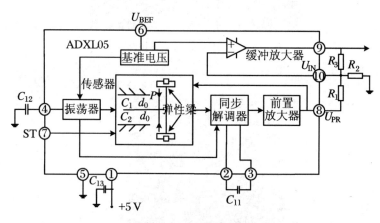

图 5.8　ADXL05 内部功能方块图及基本接法

ADXL05 由于采用静电力伺服闭环测量技术,其中心可动极板(弹性梁)在测量过程中始终保持在原始中间位置。因此,中心可动极板与固定极板之间的间隙可以做得很小,这样不仅缩小了传感器的外形和质量,同时大大提高了传感器的精度和频响特性。ADZL05 的主要性能见表 5.1 。

表 5.1　ADXL05 的主要性能

参　数	条　件	典　型　值	单　位
输出量程	设计最大量程	±5	g
输出非线性误差	满量程 ±5g	0.2	%FS
输出灵敏度	U_{PR},25 ℃	200	mV/g
灵敏度温度漂移	U_{PR},−40~+85 ℃	±0.5	%FS

续表

参　数	条　件	典　型　值	单　位
零位输出	U_{PR},$0g$,$25\,℃$	1.8	V
零位温度漂移	U_{PR},$-40\sim+85\,℃$	±25	mV
频率响应3dB带宽	$C_{11}=0.022\,\mu F$	1 600	Hz
频率响应3dB带宽	$C_{11}=0.01\,\mu F$	4 000	Hz
固有频率		12	kHz
电源电压		5	V
电源电流		8	mA
耐冲击力	不通电	1 000	g
质量	TO-100封装	5	g

5.1.2　硅集成压力传感器

电容式压力传感器是继压阻式压力传感器之后,新发展起来的一种压力传感器,它被广泛地应用于各个领域,与压阻式压力传感器相比,具有以下特点:

① 小功率、高阻抗电容传感器的电容量很小,一般为几十到几百皮法,因此具有高阻抗输出;

② 小的静电引力和良好的动态特性,电容传感器极板间的静电引力很小,工作时需要的作用能量极小,并且它有很小的可动质量,因而有较高的固有频率和良好的动态响应特性;

③ 本身发热很小,对测量结果影响可以不计;

④ 可进行非接触测量。

美国凯司西方储备大学设计和制造的CP7原理和结构如图5.9(a)和(b)所示。首先给电路加一个交变的激励信号 V_p,在正半周时有电荷经 B 点,D_2 对 C_x 充电,同时也有电荷从 A 点经 D_3 对 C_0 充电;负半周时,C_x 经 D_1 向 A 点放电,C_0 经 D_4 向 B 点放电,即在一个周期内有一定数量的电荷从 B 点经 C_x 转移到 A 点,也有一定数量的电荷从 A 点经 C_0 转移到 B 点。在桥路完全对称的情况下,双向转移的电荷相等,桥路无输出。

在压力 P 作用下,正方形的硅片薄膜将有挠度 W 产生,所以电容器两电极间的间距变小,C_x 的电容增大,这样在激励信号的作用下,从 B 点转移到 A 点的电荷量将大于从 A 点转移到 B 点的电荷量,这就使 A 点和 B 点有净的电荷积累出现,这一积累使 A 点和 B 点之间有电位差产生,这个电位差又有阻碍 A,B 两点进一步积累电荷的作用。经过一定数量的周期之后,达到动态平衡,在低通滤波器后面输出一个直流信号 V_0,这样压力的信号就转变成了电信号。

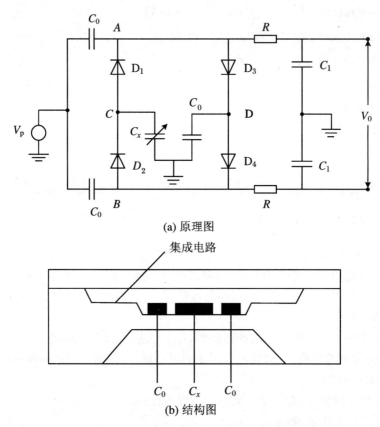

(a) 原理图

(b) 结构图

图 5.9　CP7 电容式压力传感器原理图

工艺制作中将压敏电容 C_x、参考电容 C_0 及四个二极管全部集成在一块硅衬底上,并尽可能使四个二极管的性能一致,这在工艺上并不困难。当压力为零时,C_x 和 C_0 的容量相等(设计时应注意到这一要求),所以输出 $V_0 = 0$;当施加一定压力 P 时,C_x 的容量增加了,C_0 的容量不变,则输出端有一个与压力 P 有关的信号输出。

5.1.3　CMOS 集成电容湿度传感器

湿度传感器分为电阻式和电容式两种。产品的基本形式都是在基片涂覆感湿材料形成感湿膜。空气中的水蒸气吸附于感湿材料后,元件的阻抗、介电常数发生很大的变化,从而制成湿敏元件。电阻对温度的敏感限制了器件在较大温度范围内的应用,因而可以认为未来的湿度传感器将以电容为主。

电容型湿度传感器设计的关键在于选取适当的电介质材料。电容型湿度传感器一般有两类:

① 直接感湿,即直接将大气作为电介质材料。这一类通常具有响应速度快、灵敏度高,但易受大气中尘埃的影响等特点。

② 间接感湿,即利用其他电介质材料吸附大气中的水汽,从而导致电介质材料介电常数随空气湿度变化。间接感湿的响应速度通常比直接感湿的响应速度慢,但是有些电介质材料的感湿特性线性度较好,而且不易受大气中尘埃的影响。

1. 湿度传感器的感湿介质和结构

(1)感湿介质

常用的湿度传感器感湿介质主要有多孔硅、聚酰亚胺和空气。

由于多孔硅与 CMOS 工艺不兼容,且多孔硅制备的工艺条件及后处理、孔隙及孔径大小的控制很困难,一致性也不够好,其感湿机理比较复杂,因此 CMOS 湿度传感器的主要感湿介质以聚酰亚胺和空气为主。

聚酰亚胺类传感器与 CMOS 工艺兼容,比多孔硅类的成本低,且无须高温加工和加热清洁,它对湿度的感应具有本体效应,不像多孔陶瓷易受污染。缺点是聚合物薄膜在高温、高湿情况下不能正常工作,且响应时间长、稳定性差、长时间使用会导致性能下降。

利用空气作介质,这类传感器的感湿机理比较简单,直接根据空气中水汽的变化,来改变敏感电容的介电常数,从而改变敏感电容值。它的响应速度快,工艺简单,长期使用重复性好,缺点是表面水汽吸附影响较大,对后续处理电路的要求高。

(2)电容湿度传感器的结构

为了获得良好的感湿性能,希望电容湿度传感器的两极越接近、作用面积和感湿介质的介电常数变化越大越好。两极的间距取决于制造工艺,但同时又要充分考虑到传感器的响应时间、线性度、回滞特性等。因此对传感器的结构设计及电介质材料的选择有较高的要求。

电容型湿度传感器的结构通常可以分为两种:① 三明治型,如图 5.10(a)和(b)所示;② 平铺型,如图 5.10(c)所示。

三明治型结构的电容型湿度传感器的优势在于:在 CMOS 工艺中厚度容易做得比较薄,即电容型湿度传感器的两极比较接近,从而提高了电容型湿度传感器的灵敏度。但在标准 CMOS 工艺中缺乏具有良好透气性的电极材料。采用图 5.10

（b）的梳状上电极可以增强透湿性。

在平铺型结构的电容型湿度传感器的结构中，由于要先做电介质后做电极，因此介质 1 的选择要与 CMOS 工艺兼容。介质 2 可以为空气，也可以为感湿性能好的材料，它可以通过后工序来实现，对电介质的选择比较自由。

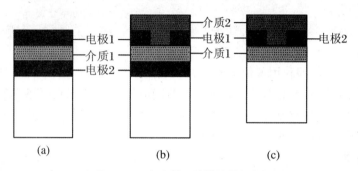

图 5.10 电容型湿度传感器结构

2. 湿度传感器实例

（1）平铺叉指型

其结构示意图如图 5.11 所示。交叉指状的铝条构成了电容器的两个电极，铝条及铝条间的空隙都暴露在空气中。由于空气的介电常数随空气的相对湿度的变化而变化，电容器的电容值将随之变化，故该电容器可用作湿度传感器。

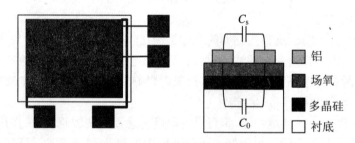

图 5.11 平铺叉指型结构

该结构工艺简单，先在硅衬底上长一层薄氧，然后淀积 0.5 μm 的多晶，用热氧化法生长一层 1 μm 的铝，再淀积一层 1 μm 的铝，光刻成对梳状铝条。这种结构具有极快的响应速度，吸湿及脱湿的响应时间都小于 1 s，化学稳定性好，工艺简单，缺点是感湿电容的回滞效应明显，受到寄生效应的影响大。

（2）三明治叉指型结构

这种结构是为了增加感湿电容的电容值及传感器的灵敏度而提出来的。该类型传感器的优点是灵敏度高,缺点是响应时间比较长,高温、高湿环境下性能不稳定。

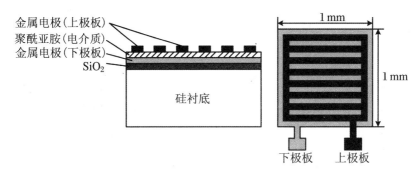

金属电极(上极板)
聚酰亚胺(电介质)
金属电极(下极板)
SiO₂
硅衬底

1 mm
1 mm
下极板 上极板

图 5.12 三明治叉指型结构

5.2 设计、建模与仿真

系统设计包括两个方面,即微传感器设计与系统电子线路设计。对于一个机电混合系统来讲,这两部分的设计是密不可分的,任何孤立的单方开发都无助于整个系统的最终形成。因此,系统性能的优化往往是两者的完美结合。不过,有一点可以肯定,详尽的传感器设计可以降低电子线路的复杂程度,而细致的系统电路方案又可以粗化传感器的结构设计。

5.2.1 硅微加速度传感器设计

考虑硅材料的固有材料特性和微加速度传感器的实际功能,在硅微结构的设计加工过程中,以下一些设计原则可以满足工程实际的需要。

(1) 柔韧性设计原则

柔韧性是相对于硅材料的脆性特性而提出的,即要保证结构受纵向惯性力作用时能发生相应的韧性变形,而不产生脆性破坏,使变形与外载之间成线性关系。

(2) 强度设计原则

强度设计是指硅微结构在受到各种外界冲击载荷作用时,不发生强度性破坏,以保证结构有足够的强度。其变形也只能是弹性变形,而不是塑性变形。

（3）同向性原则

当硅微结构受到各方向冲击作用时,只有某一个或某几个方向最为敏感,其余方向则是钝感的。同向性设计可以保证被传感信息的有效性和无干扰性。

（4）灵敏性设计原则

灵敏性设计是指在硅微结构空间中,皮米量级的位移能有效地用相关的电物理量(如电容量)测定出来。

（5）弹性线性设计原则

在硅微结构的设计过程中,传感器的量程范围应处于结构的弹性变形范围内,而且要求是线性的,只有这样才能以所测量来描述被测量。

图 5.13 所示的硅微结构是由梁-质量块结构组成的。

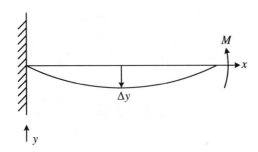

图 5.13 梁-质量块结构

根据梁弯曲的理论,梁的弯曲模型为

$$\frac{\mathrm{d}^2 y}{\mathrm{d}x^2} = -\frac{M}{EI_y}$$

式中,y 为梁的挠度,x 为梁轴向坐标,E 为弹性模量(杨氏模量),I_y 为二阶截面矩(弯曲刚度),M 为弯矩。对于矩形梁,I_y 可写成

$$I_y = \frac{bh_b^3}{12}$$

于是,矩形梁的弯曲模型为

$$\frac{\mathrm{d}^2 y}{\mathrm{d}x^2} = -12 \cdot \frac{M}{E \cdot b \cdot h_b^3}$$

式中,b 为梁截面宽度,h_b 为梁截面厚度,M 为截面 x 处的弯矩。

梁的自由弯曲振动模型为

$$EI \frac{\partial^4 y}{\partial x^4} = -\rho \frac{\partial^2 y}{\partial t^2}$$

式中，E 为弹性模量，I 为截面惯量矩，ρ 为密度。

5.2.2 硅集成压力传感器设计

硅电容敏感器件的结构如图 5.14 所示。设有两个电极，可动极用硅膜片做成，两极组合成有一定间隙的电容器。硅膜片当受力时产生形变，使极间距离变化，从而导致电容量变化。硅膜片采用圆形结构，半径为 R，厚为 h，r 为计算点的半径，电极半径为 r_0，没有压力时两极板平行间距为 d_0，设有压力时膜片的挠度为 $\omega(p,r)$，则

$$C_x = \int_0^{r_0} \frac{2\pi r \varepsilon_0}{d - \omega(p,r)} \mathrm{d}r$$

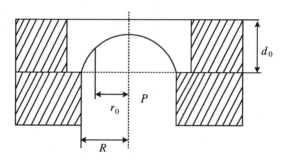

图 5.14　硅电容敏感器件结构图

在设计中可以实现 $\omega(p,r) \ll d_0 \ll h$，因此可以按小挠度理论处理，即

$$\omega(p,r) = \frac{3p}{16Eh^3}(r_0^2 - r^2)^2(1 - \mu^2)$$

其中，μ 为泊松比，E 为杨氏模量，P 为所受压力。在 $r = 0$ 处，即膜片中心，挠度最大：

$$\omega(p,r) = \frac{3p}{16Eh^3}(1 - \mu^2)r_0^4$$

由此得

$$\omega(p,r) = \omega(p,0)\left(1 - \frac{r^2}{r_0^2}\right)^2$$

因此，在变形情况下，电容量为

$$\begin{aligned}
C_x &= \int_0^{r_0} \frac{2\pi r \varepsilon_0}{d - \omega(p,r)} \mathrm{d}r \\
&= \frac{4\pi \varepsilon_0 R^2}{\sqrt{64\beta}} \ln\left[\frac{1 + g^2\beta + (g^2 - 1)\beta^2}{1 - g^2\beta + (g^2 - 1)\beta^2}\right]
\end{aligned}$$

其中，$g = r_0/R, \beta = \sqrt{\omega(p,0)/d}$ 。

在 $\beta \ll 1$ 时，把上式展开到 β 的三次项，整理得

$$C_x = \frac{\varepsilon_0 \pi r_0^2}{d_0}\left[1 + \left(1 - g^2 + \frac{1}{3}g^4\right)\frac{3(1-\mu^2)p}{16d_0 h^3 E}R^4\right]$$

$$= C_0\left[1 + \left(1 - g^2 + \frac{1}{3}g^4\right)\frac{3(1-\mu^2 p)}{16d_0 h^3 E}R^4\right]$$

其灵敏度为

$$S_C = \frac{\Delta C/C_0}{p} = \left(1 - g^2 + \frac{1}{3}g^4\right)\frac{3(1-\mu^2)p}{16d_0 h^3 E}R^4$$

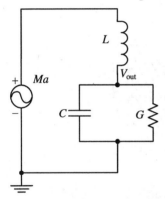

图 5.15 微机械加速度传感器的等效电路

5.2.3 等效电学模型

微机械加速度传感器的动力学方程为

$$M\ddot{x} + \lambda\dot{x} + kx = -Ma$$

其等效的电路方程为

$$C\ddot{V}_{\text{out}} + G\dot{V}_{\text{out}} + \frac{1}{L}V_{\text{out}} = \frac{1}{L}V_{\text{in}}$$

电路图如图 5.15 所示，这样我们就可以用 LCR 谐振电路对加速度传感器这个二阶机械系统建模，每个机械参数都可以用等效的电学参数来表示。为了避免由于 LCR 电路参数值太小而引起的软件模拟的收敛性问题，可引入比例系数 A，取 $A = 10^6$，则相应的电路参数见表 5.2 。

表 5.2 电路参数对照表

动力学模型参数	电学模型参数
质量 M	电容 $C = AM$
阻尼系数 λ	电导 $G = A\lambda$
弹性系数 k	电感的倒数 $1/L = Ak$
惯性力 Ma	电压源 $(1/L)V_{\text{in}} = AMa$
加速度方向振动位移 x	电压 $V_{\text{out}} = Ax$

5.3　典型接口电路

Kanno 在 1980 年将常用的电容检测电路分成四种类型:振荡式(oscillation)、谐振式(resonance)、AC 桥式(AC bridge)、充/放电式(charge/discharge)。振荡式检测电路的突出特点在于电路简单,易于实现,而主要缺点一是频率稳定性不高,二是分布电容、杂散电容的影响将叠加到所测量的电容中。因此,一般所需检测分辨率高于 0.01 pF 的场合不宜采用此方案。用谐振法能精确测试电容值,也能测试泄漏电阻 R_x 以及计算 Q 值。但是本方案的主要缺点在于需要进行谐振状态的调谐,因此,这种检测原理多用于实验室分析仪器中,而对于在线实时测量的电容式传感器一般很少采用。基于运算放大器的半桥式检测电路是目前常用的电容检测电路之一,比较突出的特点是电路抑制寄生电容的能力较强,分辨率较高(据文献报道,电容检测的分辨率可达到 0.035 fF)。其缺点则是电路复杂,需要幅值稳定的高频激励信号源,以及采用高品质运算放大器,造价昂贵,工作频率高时尤为突出;同时,电路集成的难度也大。充放电式检测电路可采用 CMOS 工艺实现集成,目前该电路的测量精度可达 0.3 fF。

5.3.1　CAV 系列接口电路

德国 AMG 公司开发了一系列用于电容信号的转换、放大以及标准化输出的集成电路,比如 CAV404,CAV414 和 CAV424。图 5.16 是 CAV424 的电路原理图。它含有完整的电容信号采集、转换和标准化输出的电路,可以输出最大幅值达 2.8 V(差分信号 V_{DIFF})的电压,该电压可以:

① 直接应用(简单,价格低廉);

② 与 AD 转换电路或微处理器直接相连(汽车工业应用等);

③ 与一些工业标准化输出电路相连,输出二线、三线制的 0～20 mA 或 4～20 mA 的电流。

CAV424 的工作原理:一个由电容 C_{OSC} 确定频率的参考振荡器控制着两个相位恒定和周期相同的对称构造的积分器。这两个积分器的振幅通过电容 C_{X1} 和 C_{X2} 来确定,这里 C_{X1} 作为参考电容器(有时也可作为测量电容器),C_{X2} 作为测量电容器。比较两个积分器的电压振幅差值就可以给出电容 C_{X1} 和 C_{X2} 的相对电容变化差值。该差分信号通过一个二级低通滤波器转换成直流电压信号并经过输出可调的差分信号输出级输出。只要简单调整很少的元件就可改变低通滤波器的滤波常数和放大倍数。该测量电路可测出参考电容值 5%～100% 的变化电容值,比如 C_{X1} 的取值范围为 10 pF～1 nF,则可测 C_{X2} 的范围为 0～10.5 pF 到 0～2 nF。

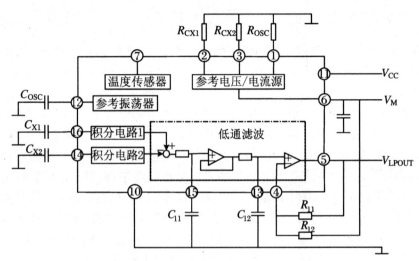

图 5.16 CAV424 的电路结构和应用电路图

CAV424 的参考振荡器:对外接的振荡器电容 C_{OSC} 和集成电路内部的附加电容 $C_{OSC,PAR,INT}$(比如电路板)充电和放电,C_{OSC} 的电容值近似按照下式选取:

$$C_{OSC} = 1.6 C_{X1}$$

式中,C_{X1} 是参考电容值。

参考振荡器电流 I_{OSC} 由外接电阻 R_{OSC} 和参考电压 V_M 来确定:

$$I_{OSC} = \frac{V_M}{R_{OSC}}$$

参考振荡器的频率

$$f_{OSC} = \frac{I_{OSC}}{2\Delta V_{OSC}(C_{OSC} + C_{OSC,PAR,INT} + C_{OSC,PAR,EXT})}$$

式中,ΔV_{OSC} 是参考振荡器的峰谷电压差,它由内部电阻来确定,数值为 2.1 V,见图 5.17。

电容式积分器的工作方式与参考振荡器接近,区别在于它的放电时间是参考振荡器充电时间的一半;其次,它的放电电压被钳制在一个内部固定的电压 V_{CLAMP} 上。图 5.18 是电容 C_{X1} 和 C_{X2} 的充放电曲线情况。

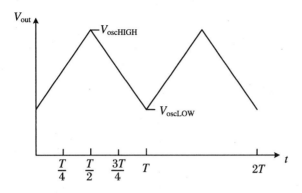

图 5.17 参考振荡器的电压输出

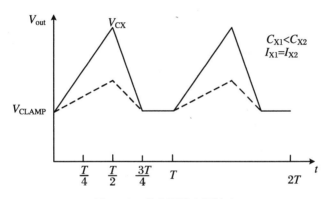

图 5.18 积分器的电压输出

电容式积分器的电流 I_{CX} 由外接电阻 R_{CX} 和参考电压 V_M 来确定:

$$I_{CX} = \frac{V_M}{R_{CX}}$$

电容 C_X 充电至最大值 V_{CX},它由下式给出:

$$V_{CX} = \frac{I_{CX}}{2f_{OSC}(C_X + C_{X,PAR,INT} + C_{X,PAR,EXT})} + V_{CLAMP}$$

电容 C_{X1} 和 C_{X2} 的充电电压振幅之差与参考电压 V_M 一起形成差分电压:

$$V_{CX,DIFF} = (V_{CX1} - V_{CX2}) + V_M$$

差分电压 $V_{CX,DIFF}$ 通过一个二级低通滤波器滤波。二级滤波器的 3 dB 频率 f_{C1} 和 f_{C2} 由外接电容 C_{L1} 和 C_{L2} 以及内部的电阻 R_{01} 和 R_{02}(典型值为 20 kΩ)来确定。3 dB 频率 f_{C1} 和 f_{C2} 与参考振荡器的频率 f_{OSC} 和检测的速度 f_{DET} 必须满足下式:

$$f_{\mathrm{DET}} < f_C \ll f_{\mathrm{OSC}}$$

外接电容 C_{L} 与角频率 f_C 的关系由下式表示：

$$C_{\mathrm{L}} = \frac{1}{2\pi \cdot R_0 f_C}$$

经过低通滤波器的信号输出在理想状况下应为

$$V_{\mathrm{LPOUT}} = V_{\mathrm{DIFF},0} + V_{\mathrm{M}}$$

式中

$$V_{\mathrm{DIFF},0} = \frac{3}{8}(V_{\mathrm{CX1}} - V_{\mathrm{CX2}})$$

如果输出的差分信号 $V_{\mathrm{DIFF},0}$ 较小，可通过低通滤波器进行适当放大，放大倍数由电阻 R_{L1} 和 R_{L2} 确定：

$$G_{\mathrm{LP}} \doteq 1 + \frac{R_{\mathrm{L1}}}{R_{\mathrm{L2}}}$$

此时，经过低通滤波器的输出信号为

$$V_{\mathrm{LPOUT}} = V_{\mathrm{DIFF}} + V_{\mathrm{M}}$$

式中

$$V_{\mathrm{DIFF}} = G_{\mathrm{LP}} V_{\mathrm{DIFF},0} = G_{\mathrm{LP}} \cdot \frac{3}{8}(V_{\mathrm{CX1}} - V_{\mathrm{CX2}})$$

在 CAV424 的电路中还集成进了一个温度传感器，它可以直接给微处理器提供温度信号以用于温度补偿，从而简化了整个传感器系统。

5.3.2　XE2004 接口电路

XE2004 是一个精密的电容/电压（C/V）转换器，在模拟信号通道上采用数字编程方法调节增益、失调和非线性。输出电压与电源电压和传感器的电容成比例。XE2004 采用浮动充电放大器结构，可与浮动电极的容性传感器连接。输出可驱动 10 kΩ 或 10 nF 的负载，在 DC 约 5 kHz 带宽内，输入相关的噪声（有效值）是 7 μV/Hz。信号通道带宽传感器容量为 10 pF 时大于 10 kHz，传感器容量为 100 pF 时为 2 kHz。模拟输出信号的失调、量距和线性可编程调节。校准设置在上电时自动地完成，可自动检测传感器的失效。对传感器的寄生电阻不敏感，例如，一个 100 kΩ 的电阻与传感器电容器并联引起的误差在 0.1% 以下。XE2004 可用于微机械加工的传感器、MEMS、单端和差动容性传感器、压力传感器、接触传感器、流量传感器和流体控制、气体和湿度传感器等，实现电容/电压转换。

XE2004 采用 16 脚 SOIC WB 封装，各引脚的功能如表 5.3 所示。

表 5.3　XE2004 引脚的功能

引脚	符号	功　能	引脚	符号	功　能
1	POR	上电复位	9	VDD	电源电压正端
2	NC		10	C2	容性传感器的下端
3	NC		11	CM	容性传感器的下端
4	NC		12	C1	容性传感器的下端
5	OUT	输出信号	13	NC	
6	CG	连接滤波电容	14	SDA	数据传输数据线
7	VSS	电源电压负端	15	SCK	数据传输时钟
8	REF	参考电压	16	ST	振荡器频率测试

XE2004 的内部结构框图如图 5.19 所示,由电容/电压转换、可编程增益放大器(PGA)、串行接口电路、寄存器、可编程的电容和电阻器、缓冲器等组成。从内部结构框图可见,XE2004 是一个数字控制的模拟信号处理电路,它提供一个与传感器电容 CS1 和 CS2、在芯片上的各无源元件和电源电压有函数关系的放大了的输出电压。在芯片上的无源元件(电容和电阻)可利用数字控制方式微调,这样可补偿和校正传感器元件的失调和非线性。

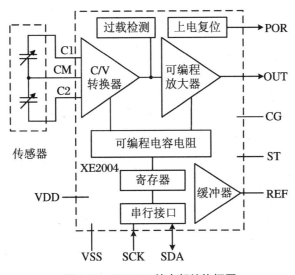

图 5.19　XE2004 的内部结构框图

传感器电容 CS1 和 CS2 转换成输出电压是通过两级放大器实现的。第一级是 C/V 转换放大器,可通过寄存器 COFF,COFFP 提供可编程的 9 位的失调补偿,并可通过寄存器 CNOM,CDEN 提供一个 12 位的非线性补偿。第二级是可编程增益放大器,通过寄存器 ROFF 提供可编程的 8 位精细的失调补偿,并通过寄存器 GAINH,GAIN 提供一个 10 位的增益编程控制。

在 DC 状态,XE2004 的传递函数为

$$V_{\text{OUT}} - V_{\text{REF}} = -K\left(\frac{C_1 - C_2}{C_1 + C_2 - C_{\text{comp}}}V_{\text{REF}} + V_{\text{off}}\right)$$

式中,K 为可编程增益放大器的增益;V_{REF} 为在 REF 端的参考电压,如果寄存器 SET 的 SET.1 位复位为 0,则 $V_{\text{REF}} = (V_{\text{DD}} - V_{\text{SS}})/2$,如果 SET.1 设置为 1,则 V_{REF} 由外部提供;$C_1 = C_{\text{S1}} + (1 - \lambda)C_{\text{OFF}}$,$C_{\text{S1}}$ 包括在 C1 端和 CM 端之间所有电容。如果寄存器 COFFP.0 复位为 0,则 $\lambda = 0$,如果 COFFP.0 被置 1,则 $\lambda = 1$;$C_2 = C_{\text{S2}} + \lambda C_{\text{OFF}}$,$C_{\text{S2}}$ 包括在 CM 端和 C2 端之间所有电容,λ 同 C1 中一样,可为 0 或 1;C_{comp} 为非线性补偿电容,可通过编程寄存器 CNOM 和 CDEN 实现,$C_{\text{comp}} = 22 \cdot \frac{C_{\text{nom}}}{C_{\text{den}}}(\text{pF})$;$V_{\text{off}}$ 为失调电压,可通过编程寄存器 COFF,COFFP 和 ROFF 调节。

XE2004 内部共包含有 23 个 8 位寄存器,其中使用了 14 个,有 9 个保留未用。各寄存器地址、符号及功能如表 5.4 所示。各寄存器可通过串行接口进行编程和检测。XE2004 的主要电气特性如表 5.5 所示。

表 5.4　内部寄存器的地址、符号及功能

地址	符号	名　称	地址	符号	名　称
01H	SET	结构寄存器	09H	ROFF	失调电阻器寄存器
02H	CF	集成电容器寄存器	0AH	GAINL	增益低位寄存器
03H	CDEN	补偿电容器寄存器	0BH	GAINH	增益高位寄存器
04H	CNOML	补偿电容器低位寄存器	0EH	FOSC	振荡器频率寄存器
05H	CNOMH	补偿电容器高位寄存器	0FH	OVTH	过载阈值寄存器
06H	COFF	失调电容器寄存器	10H	MON	监视寄存器
07H	COFFP	失调电容器的极性寄存器	15H	PWR	上电复位寄存器

表 5.5　XE2004 的主要电气特性

符号	描　述	最小	典型	最大	单位
C_{tot}	传感器的总电容			200	pF
C_{retdif}	传感器电容相对误差	-50		50	%
R_{par}	与传感器电容并联的电阻	7.2			MΩ
V_{fs}	输出电压 V_{out} 动态范围	VSS$+0.5$		VDD-0.5	V
TC_{vout}	V_{out} 的温度变化	-40		40	μV/℃
K	增益	1.0		8.0	
K_{step}	增益微调		0.007		
R_{out}	V_{out} 端外接电阻负载	10			kΩ
C_{out}	V_{out} 端外接电容负载	0		10	nF
CG_{ext}	外接滤波器电容			1 000	nF
VDD	电源电压	2.4		5.5	μV
IVDD	电流消耗		180	250	A
Start-up time	启动时间		20	40	ms

5.4　检测与质量保证

电容式加速度传感器的可动极板与固定极板组成的空气间隙一般在微米量级上,这样传感器的动态特性就由机械系统-声系统的相互作用效应来决定,其中主要是可动系统中的空气阻尼的作用。在对传感器进行结构优化时,必须要降低、校正,有时是增大可动系统的气体阻尼。

5.4.1　加速度计的静态校准

静态校准加速度计,就是用模拟的惯性力作用在仪表敏感元件的惯性质量上,或者将已知量的恒值加速度作用在仪表上的方法。对于某些有惯性质量敏感元件的加速度计,通常用下述三种方法进行校准:

（1）地球重力场法

将仪表敏感轴方向与地球重力场方向重合，再分别翻转 $90°,180°$，便得到 $-g$，$0\sim+g$ 的加速度输出信号。该方法较精确，但实用范围小，仅适用于少数加速度计；而且不同区域的重力加速度 g 都不相同，故存在 g 值的区域误差。

（2）离心机法

离心机法是将被校加速度计固定在离心机的转盘（或旋臂，图 5.20）上，使加速度计的敏感轴与转盘（或旋臂）的径向重合，调整加速度计距转轴中心线的径向距离及转盘旋转角速度，可以得到所需要的向心加速度。作用在被试加速度计上的向心加速度为

$$a = \omega^2 R = 4\pi^2 n^2 R = 4\pi^2 R / T^2$$

式中，ω 为转盘的旋转角速度（rad/s），n 为转数（r/s），T 为转盘的旋转周期（s），R 是从旋转轴中心到被测仪表敏感元件质量的惯性中心的径向距离（mm）。

图 5.20　离心机的转盘

5.4.2　硅压力传感器的可靠性测试

半导体传感器的可靠性试验设计不仅要结合温度、湿度、电场、电流密度、压力差、振动、冲击以及化学作用等各种环境影响因素，而且还要了解材料的特点。若对晶体管只考虑温度因素而不考虑其密封性及外引线的腐蚀等因素进行高温和功率老化试验的设计，就会发现其理论寿命相当长，几乎没有耗损失效的现象。已确定的半导体传感器的可靠性测试是一种基于有环境压力存在时的失效检测。可能的失效模式和机理建立在允许超过正常测试时间而受压力毁坏的基础上。为了保证用户的最终使用价值而采用的典型测试项目有：

① 加偏压的脉冲式压力温度循环测试；

② 加偏压的高湿度、高温测试；

③ 加偏压的高温测试；

④ 高温和低温储存寿命测试；

⑤ 温度循环测试；

⑥ 机械振动测试；

⑦ 变化频率的可变性测试；

⑧ 焊接能力测试；

⑨ 反面爆裂测试；

⑩ 烟雾大气环境测试。

提高硅压力传感器可靠性的措施通常有：

① 在一定的功能下，设计方案愈简愈好，器件数量愈少愈好；

② 对器件实行减额使用，减轻其负荷量等。

参 考 文 献

［1］ 张典荣.ADXL05 型加速度计在倾角测量中的应用[J].石油仪器,2000,14(5)：34－36.

［2］ 牟有静.改进型电容压力传感器的设计[J].辽宁大学学报,2000,27(2)：154－156.

［3］ 于治会.加速度计的静态校准[J].宇航计测技术,2000,20(2):42－44.

［4］ 金磊,高士桥,李文杰.微加速度传感器硅微结构设计[J].传感器技术,2000,19(2)：23－25.

［5］ 黄智伟,朱卫华.可编程电容性传感器调节集成电路 XE2004[J].传感器世界,2001(8):22－24.

［6］ 吝海锋,杨拥军,郑锋.电容式加速度传感器结构的计算机仿真[J].微纳电子技术,2002(6):32－35.

［7］ 贺水燕,彭万里.硅集成压力传感器设计[J].湘潭师范学院学报,2002,24(3)：64－66.

［8］ 江雯,刘均松.加速度计动态测试及地面仿真设备[J].宇航计测技术,2002,22(4)：1－5.

［9］ 车录锋,熊斌,王跃林.微机械加速度传感器性能的等效电学模拟[J].电子机械工程,2002,18(2):32－34.

［10］ 顾磊,秦明,黄庆安.CMOS 集成电容湿度传感器[J].仪表技术与传感器,2003(6)：7－9.

［11］ 寇建菊,苏伟.叉指式加速度计的一种仿真法分析［J］.传感器技术,2003,22(6)：27－29.

［12］ 程军.硅压力传感器的可靠性测试［J］.电子产品可靠性与环境试验,2003(2)：58－60.

［13］ 石庚辰.微机械加速度传感器及应用［J］.测控技术,2003,22(3)：5－8.

［14］ Torg S,Helmut K.用于电容传感器信号转换的集成电路 CAV424［J］.仪表技术与传感器,2003(1)：40－48.

［15］ 唐正茂.基于 CAV424 的电容式液位传感器信号调理电路研究［J］.计量技术,2008(1)：10－13.

［16］ 王庆敏,杨要恩,苏木标,等.MEMS 微电容式传感器的传感特性研究［J］.传感技术学报,2009,22(10)：1396－1400.

第6章 谐振式传感器

谐振式传感器是利用某种谐振子(谐振器)的固有频率随待测量变化进行测量的。频率和周期是能获得高测量精度的物理参数,并且不会因传输而降低精度,适合于长距离传输,因而具有精度高、可靠性好的特点。由于谐振型传感器的输出是频率信号,它的传输和测量都可直接应用于数字技术,便于与计算机结合。此外,谐振型传感器无活动元件,是一种整体式的传感器,有牢固的机械结构,可靠性和稳定性很好。

要实现一个谐振式传感器,需要做三个方面的工作:第一,激励振动元件使之发生谐振;第二,在振动元件和待测物理量之间实现耦合,使元件的谐振频率随待测物理量的变化而变化;第三,拾取出振动元件的谐振频率,利用谐振频率与待测物理量之间的耦合关系,实现对待测量的间接测量。

6.1 常用的激振、拾振方法

随着微电子技术和微机械加工技术的迅猛发展和相互渗透,作为谐振传感器重要组成部分的振动元件已从早期的宏观尺寸发展至现今的微观尺寸,如微悬臂梁、硅膜、微桥等,几何尺寸均在微米量级。为了测定谐振频率,通常对谐振子施加交流激振信号,使其做受迫振动,并检测谐振子的振动信号(称为拾振)。谐振式微结构传感器的激振方式一般有静电激振、电磁激振、压电激振、电热激振和光激振等;拾振方式一般有静电拾振、电磁拾振、压电拾振、压阻拾振和光学拾振等。

6.1.1 静电激振与静电拾振

在谐振元件和基体上分别置上电极时,由于电极间距极小,当电极上有电荷时,在两电极间就会有静电引力,这个静电力可作为使梁发生振动的扰动力。同时,梁的振动引起上下电极间距离发生变化,使电极间的电容发生变化,通过转换电路,可以把极小的电容变化量转变为电信号变化量,从而测得振动频率。当然,激振、拾振电极可以用同一对电极实现,也可以采用不同的电极。在激振、拾振电路间加上反馈放大器,经 AGC 等幅控制或制成锁相环电路后,就可以使谐振元件稳定地自振,见图 6.1。

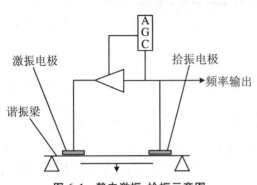

图 6.1 静电激振、拾振示意图

静电梳状硅微横向谐振器是一种典型的静电微制动器,也是最早开发利用的微机电系统功能器件之一,其原理结构如图 6.2 所示,中部的活动梳等动结构通过锚点经导电层与外部的电极 3 相连接,并做平行于硅基片平面的横向振动。与压电、热膨胀和电磁等驱动方式相比,其静电驱动力虽然比较小,但其工艺兼容性好,可以用体硅或表面硅微工艺流片制作,便于与 IC 器件实现系统集成,有较高的品质因子,且能产生较大的谐振振幅,所以可作为驱动部件(执行器)

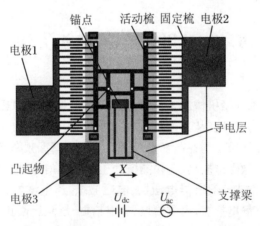

图 6.2 静电梳状谐振器的结构与工作原理图

或检测部件(传感器),它已在微加速度计、微振动电动机、微陀螺以及执行微位移控制等方面得到了广泛的应用,是应用最普遍且商品化程度高的 MEMS 器件之一。

6.1.2　电磁激振与拾振

一般在梁式谐振元件上采用这种方式。谐振梁置于一横向磁场,在梁或梁表面电极上通过一定的电流,以硅梁受到的安培力作为梁激振的扰动力,拾振是通过测量梁运动过程中反馈电动势的变化来进行的。通过反馈和等幅控制也能形成稳定的自振,见图 6.3。

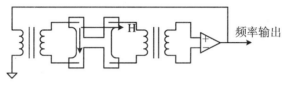

图 6.3　电磁激振、拾振示意图

6.1.3　压电激振与拾振

ZnO 具有压电和逆压电效应。利用 CVD 等方法,可以在谐振元件上沉积 ZnO 层并在上下表面置上电极。ZnO 的逆压电效应产生的变形力就是使谐振元件发生振动的扰动力,而谐振元件振动时的变形,又引起 ZnO 膜层的周期性变形。由压电效应知,这必将引起 ZnO 膜上电荷量的周期性变化,从而可以方便地测得梁的振动频率,见图 6.4。

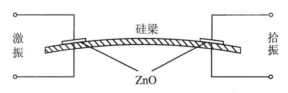

图 6.4　压电激振、拾振示意图

6.1.4　电热激振与压阻拾振

图 6.5 给出了微传感器敏感结构中梁谐振子部分的激振、拾振示意图。其中,激振热电阻设置于梁的正中间,拾振电阻设置在梁端部。

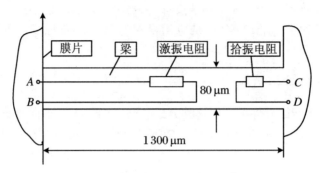

图 6.5　电热激振、压阻拾振示意图

6.1.5　光激振与拾振

按照入射激励光的调制特性,可将光激方式分为两种:一种是使用光强被正弦调制的激光束照射硅膜,硅膜吸收光能,并将光能转换为机械振动能;另一种是使用非调制的激光束照射硅膜,硅膜不直接吸收光能,即所谓的自谐振技术。下面就分别介绍之。

1. 硅膜直接吸收光能

（1）激励

如图 6.6 所示,入射光是光强被正弦调制的激光束,硅微膜(即微桥)吸收光能后局部受热而发生形变,周期调制的光照引起周期形变,当光源的调制频率与微膜形变的固有频率一致时,微膜的周期形变演变为谐振。入射光通过两种机制激励微膜引起机械变形:光热效应和光生载流子效应。光热效应使微膜受光照的部分膨胀,光生载流子效应使微膜受光照的部分收缩。

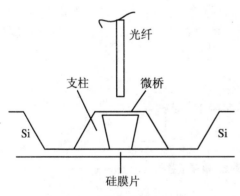

图 6.6　振动元件结构示意图

（2）振动元件和待测物理量的耦合

如图 6.7 所示,硅膜片的一侧是待测压强,另一侧为真空,因此受待测压强产生的压力作用,硅膜片将发生形变,使得硅微膜(微桥)两个支柱的间距发生变化,即改变微膜的内应力,从而改变微膜的谐振频率。这就是微膜的谐振频率与待测压强之间的耦合关系。

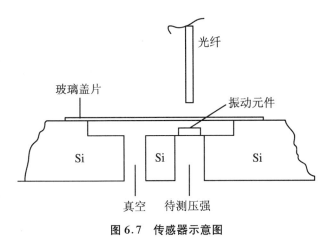

图 6.7　传感器示意图

（3）拾取谐振频率

如图 6.8 所示，两束入射光耦合到一根光纤中，波长为 λ_1 的调制光用于激励谐振，波长为 λ_2 的非调制光用于拾取谐振信号。M. V. Andres 报道利用法布里-珀罗腔技术来拾取谐振信号，所谓法布里-珀罗腔指波长为 λ_2 的入射光在光纤末端反射的部分与在硅膜表面反射的部分之间构成干涉，测得的干涉光强的频率调制就是硅膜的谐振频率。

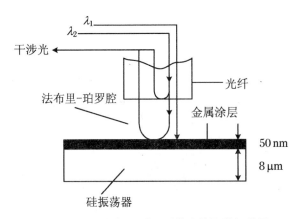

图 6.8　利用法布里-珀罗腔技术拾取谐振信号

2. 硅膜不直接吸收光能

利用光热效应使硅膜直接吸收光能的工作方式需要两束光，其中一束光的调制频率要等于振动元件的谐振频率。这样，如果要把多个传感器集成在一起，就必须分别使用不同调制频率的光源来激励各个传感器,增加了系统的复杂性。为解决这一问题,人们研究出一种称为自谐振的技术。所谓自谐振,是指振动元件利用单一光源的光学反馈来维持谐振,不需外加调制,因此具有更灵活的适应性。

J.D. Zook 研究的光激励自谐振传感器采用在一个振动周期内光能、电能、机械能相互转换的机制来维持振动(图 6.9)。

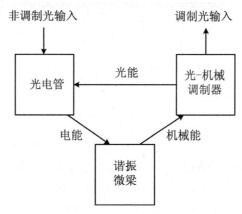

图 6.9　自谐振方式下能量转换示意图

图 6.10 是振动元件的结构图,其中的振动元件是封装在真空腔内两端固定的

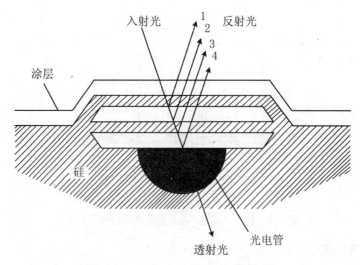

图 6.10　自谐振方式下振动元件结构图

硅微梁,衬底的 pn 结与微梁欧姆接触。当有入射光照射时,pn 结首先产生光生载流子,将光能转换为电能,光生载流子吸引微梁向 pn 结方向弯曲,即电能转换为机械能,微梁弯曲同时改变了入射光束的干涉条件,减少 pn 结接收到的入射光强,即使得光生载流子的数目减少,微梁恢复到初始位置,这就是微梁在一个周期内的变化。在足够的光照和适当的相位关系下,微梁周期的弯曲演变为谐振。谐振的能量由入射的光能提供,谐振频率与微梁的内应力有关,将待测的物理量与这个内应力耦合起来,就可以对待测物理量作间接测量。

6.2　谐振式加速度传感器

目前,谐振式硅微机械加速度计已经成为硅微加速度计发展的新趋势。

6.2.1　振梁型谐振加速度计

振梁型谐振加速度计的工作原理如图 6.11 所示。在静电梳状电压的驱动下,谐振梁发生谐振。当有加速度输入时,在质量块上产生惯性力,这个惯性力按照机械力学中的杠杆原理,把质量块上的惯性力进行放大。这一放大了的惯性力作用在谐振梁的轴向上,使谐振梁的频率发生变化。敏感电极检测频率的改变量,近而测出输入的加速度。

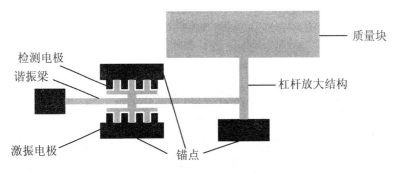

图 6.11　振梁型谐振加速度计原理图

2000 年德国慕尼黑克莱斯勒-奔驰技术中心在常用的硅质量块-悬臂梁基础上研制出结构和工艺都比较简单的谐振式微硅加速度计。图 6.12 示出了电子显微镜下的传感器结构。该传感器包括一个由悬臂梁支撑的质量块,悬臂梁横向连接着一个双端固定的硅梁,在此硅梁上扩散了电阻器和力敏电阻器,分别用作热激励源和拾振器,这样硅梁就成为谐振子。当传感器受到沿敏感轴方向(具体方向与悬臂梁根部的铰链形状有关)的加速度时,质量块产生位移使悬臂梁弯曲,在谐振梁上产生压应力或拉应力,间接使谐振梁的固有频率改变,用压阻拾振器将此频率信号检出,就可以得到加速度参数了。

图 6.12 电子显微镜下的传感器结构

6.2.2 静电刚度式谐振微加速度计

静电刚度是由平行板电容器引起的、影响振子振动频率的、有别于宏观机械刚度的另一种刚度形式,其大小与静电电容的参数及加在极板间的电压相关。它的大小与电容器间隙的三次方成反比,与电容器的有效面积成正比,与加在极板之间电压的二次方成正比,而与机械支撑梁的形式无关,但必须小于支撑梁刚度。

基于静电刚度的特点,如果外界加速度使电容器参数发生变化,静电刚度的大小就会改变,从而影响振动的固有频率的变化,通过检测频率的变化就可以检测出加速度的大小。这类加速度计的结构部分主要包括双端固支梁、平行板检测电容、梳齿驱动电容检测质量块以及检测质量的支撑结构。图 6.13 给出了结构简图。

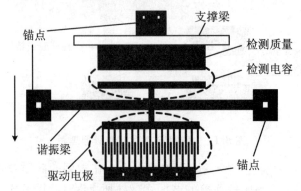

图 6.13 静电刚度式谐振微加速度计简图

它是通过平行板的间隙大小与检测质量的位置相关来建立输出频率与输入加速度关系的。在工作过程中,质量块在惯性力作用下改变电容间隙的大小,从而改变静电刚度来影响振梁的输出频率。

6.2.3 DETF 谐振式微加速度计

双端固定音叉(double-ended tuning fork,DETF)谐振式微加速度计的结构如图 6.14 所示,当外部加速度 a_1 沿传感器 y 轴方向时,质量块产生的惯性力 P 通过悬臂梁的杠杆作用施加在音叉谐振器的轴向上,使音叉臂的固有振动频率发生改变,音叉的固有振动频率为

$$\omega_i = \frac{i^2 \pi^2}{l^2} \sqrt{\frac{EI}{\rho A}} \sqrt{1 + \frac{Pl^2}{i^2 \pi^2 EI}} \quad (i = 1, 3, 5, \cdots)$$

式中,l 为音叉臂的长度(m),I 为忽略梳齿结构时音叉臂的截面惯性矩(m⁴),E 为硅的弹性模量(Pa),ρ 为硅的密度(kg/m³),A 为音叉臂的截面积(m²)。

频率的变化反映了外部加速度的情况,通过检测双端固定音叉梁谐振频率的改变量就能进行加速度值的测量。要使得双端固定音叉梁克服阻尼发生谐振,必须给其加上横向激振力。由上式可知,谐振式微加速度计的固有频率在外加速度作用下是可变的,故驱动方式只能选择自激驱动方式。

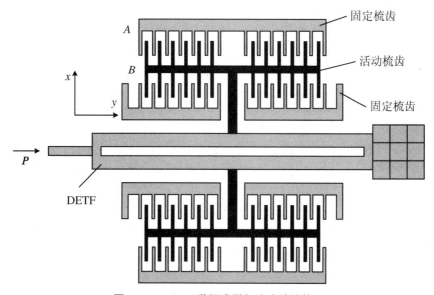

图 6.14 DETF 谐振式微加速度计结构图

6.3　谐振式压力传感器

谐振式压力传感器就是利用压力变化来改变物体的谐振频率,从而通过测量频率变化来间接测量压力。谐振式压力传感器的输出为频率信号,测量精度高,并且适用于长距离传输而不会降低精度。其次,它与一般模拟信号不同,可以不经A/D 转换就可方便地与计算机连接,组成高精度的测量控制系统,适于计算机信息处理。谐振式压力传感器无活动元件,是一种整体式传感器,其信号输出取决于机械参数,抗电干扰能力强,稳定性极好。

谐振式压力传感器在工作时要产生振动,振动部分(称谐振子或谐振器)具有不同的结构形状,如振筒、振膜、振梁等,相应地就有谐振筒式、谐振膜式和谐振梁式压力传感器之分。应用最多的谐振器材料是硅,包括多晶硅和单晶硅,此外还有石英等。微谐振器结构以梁、膜为主。使振子产生振动,要外加激励力,需要激振元件;检测谐振频率,需要拾振元件;检测外加压力则需感压元件,感压元件感受待测压力,改变谐振子的刚度,从而改变谐振频率。

谐振式压力传感器主要用于航空、航天工业,如喷气发动机试验、推力控制系统、机载大气数据计算系统,以及气象、地质、航海、油井和工业检测等各种不同领域中。

6.3.1　硅谐振式压力微传感器

图 6.15 给出了热激励硅微结构谐振式压力传感器的敏感结构,它由方形膜片、梁谐振子和边界隔离部分构成。方形硅膜片作为一次敏感元件,直接感受被测压力;在膜片的上表面制作浅槽和硅梁,以硅梁作为二次敏感元件,间接感受被测压力。外部压力 P 的作用使硅膜片上表面产生相应的变形,进而引起硅梁的变形,导致其等效刚度发生变化,从而梁的固有频率将随外部压力的变化而变化。通过检测梁谐振子的固有频率的变化,即可间接测出外部压力的变化。由于梁实际感受的轴向应力由初始应力 σ_0 和热应力 σ_T 以及由外加压力感生的应力 σ_P 三部分组成,梁谐振频率的移动与激励电压的二次方成正比,与外加压力成正比:

$$f = f_0 + C_P P + C_V V^2 \quad (C_P, C_V \text{ 为比例系数})$$

图 6.16 是硅梁的扫描电镜照片。

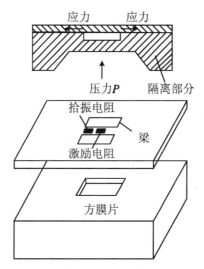

图 6.15　硅谐振式压力微传感器

图 6.16　硅梁的扫描电镜照片

硅梁封装于真空(10^{-3} Pa，绝压传感器)或非真空(差压传感器)之中，硅膜另一边接待测压力源。图 6.17 为绝对压力传感器探头。

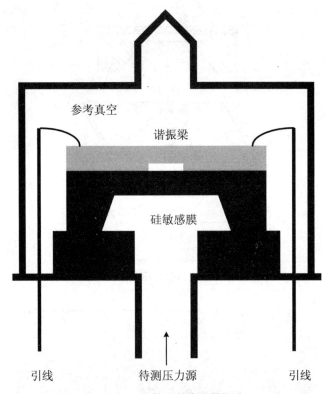

图 6.17 绝对压力传感器探头

在硅梁上面的中间和端部分别放置一个电阻,梁中间的电阻为激振电阻 R_1,端部电阻为拾振电阻 R_2,参见图 6.5。热激励电压 V_i,采用恒流源 1 供电,V_o 是拾振信号。

设 $V_i = A\cos\omega t$,在 R_1 上产生的热量

$$P = \frac{V_i^2}{R_1} = \frac{A^2}{2R_1} + \frac{A^2}{2R_1}\cos 2\omega t$$

P 由静态功率 P_s 和动态功率 P_d 组成,

$$P_s = \frac{A^2}{2R_1}, \quad P_d = \frac{A^2}{2R_1}\cos 2\omega t$$

由于弯矩 $M_T \propto P$,因此,硅梁在静态弯矩 M_s 和动态弯矩 M_d 作用下做受迫振动。梁的振动频率等于动态弯矩的频率 2ω。当激励弯矩的频率 2ω 接近硅梁的固有谐振频率时,将发生共振,此时振动幅值最大,拾振信号最强,在幅频特性曲线上出现谐振峰。根据幅频特性曲线上的谐振峰位,即可以确定硅梁的固有谐振频率。谐

振器最大幅值信号与受迫振动交变激励力或弯矩的幅值成正比,与阻尼系数成反比。振动信号由梁根部的拾振电阻拾取。当梁振动时,拾振电阻感受应变 ε_2,ε_2 以当梁的振动频率相同的频率 ω 变化,其变化振幅与梁的横向振动形变 A 成正比,即 $\varepsilon_2 = C \cdot A\cos \omega t$。由于压阻效应,$\Delta R_2 = k\varepsilon_2$,$k$ 是应变灵敏系数,拾振电阻 R_2 也做周期性变化。通过恒流源 I 将该电阻变化转化为电压变化。由 $\Delta V = I \cdot \Delta R_2 = I \cdot k\varepsilon_2 = C \cdot AIk\cos \omega t$,可看出拾振电压信号是一个以梁的振动频率变化而变化的交变信号,其幅值正比于梁的振动幅值 A、恒流源 I 和应变灵敏系数 k。当 I 和 k 确定时,ΔV 的幅值反映梁的振动幅值 A,从而达到拾振的目的。

6.3.2　石英谐振式压力传感器

石英谐振器制成的传感器,因石英的物理、化学性能稳定,常常可以获得很高的测量精度。例如,用 LC 切型(美国人发明的温度特性极好的切型)的石英谐振器制成的石英晶体温度计具有很好的线性温度特性。在 $-80\sim250$ ℃ 范围内,它的测温精确度可达 0.0001 ℃。还有利用石英谐振频率随电极膜厚而变化的性质,可制成石英测膜厚度计,它的精确度可达 0.1 nm。

石英谐振式压力传感器的敏感元件是一个具有频率高稳定度的石英谐振器,其基本部分为由 AT 切型(石英晶体的切角为 35°)的圆形石英晶体薄片做成的石英机械振子。石英振子的表面镀有纯金膜电极,当交变电场通过电极作用于石英振子时,由于石英晶体的压电效应,石英振子内将被激励起机械振动,同时在石英振子表面生成交变电荷,这些电荷通过电路形成交变电流,从而使石英振子具有导电性。石英谐振器的结构及等效电路分别如图 6.18(a)和(b)所示。

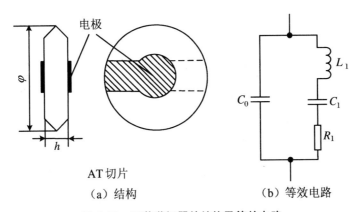

AT 切片

（a）结构　　　　（b）等效电路

图 6.18　石英谐振器的结构及等效电路

图中 L_1,C_1 和 R_1 分别为石英谐振器的等效电感,等效电容和等效电阻;C_0 为静态电容(极间电容)。在数值上,C_0 远大于 C_1,所以,等效电路的谐振频率 f_0 主要取决于串联电路的等效参数

$$f_0 = \frac{1}{2\pi\sqrt{L_1 C_1}}$$

当外电场的激励频率与石英振子的一阶固有频率相等时,石英振子将发生机械共振,电路中的交变电流也将达到最大,产生电谐振。谐振频率等于石英振子的固有频率,即

$$f_0 = \frac{\omega_0}{2\pi}$$

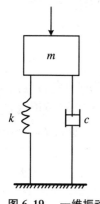

从机械振动的角度来分析,石英振子系统可简化为一维振动系统。如图 6.19 所示,系统的一阶固有频率为

$$\omega_0 = \sqrt{ck/m}$$

式中,m 为石英振子的参振质量,包括石英振子表面附着物质;k 为石英振子的刚度,取决于石英晶体的切型、电极尺寸和内部状态;c 为石英振子的内部和外部阻尼。

图 6.19 一维振动系统

利用 AT 切型石英谐振器作为敏感元件的压力传感器结构如图 6.20 所示。被测压力 P 通过外壳传递给弹性支座,弹性支座为爪型结构,它与石英振子通过六个爪接触,被测压力由这六个爪传到石英谐振器的振子的周边,石英谐振器的电极用引线与电极相连,接入传感器的振荡电路,传感器直接输出频率信号,当压力 P 发生变化时,传感器的输出频率变化。

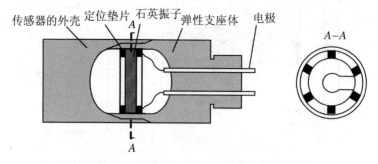

图 6.20 石英谐振式压力传感器结构

6.3.3　振弦式称重传感器

振弦式传感器的敏感元件是一根金属丝弦,常用弹簧钢、马氏不锈钢或钨钢制成,它与传感器受力部件连接固定,利用钢弦的自振频率与钢弦所受到的外加张力关系式测得各种物理量。它具有结构简单、坚固耐用、稳定性好、抗干扰能力强、精度和分辨力高、对电缆要求低等特点。其输出的是频率信号,有利于远距离传输和测量,可方便地与计算机连接。

振弦式称重传感器的结构如图 6.21 所示。力的传递顺序为钢球—大活塞—液体—小活塞—弹性工作膜—振弦,简称"活塞传压法",其特点有:① 通过活塞传压,可使大压力变成小压力,使受力部件易加工,保证长期性能稳定;② 利用同尺寸或同强度的弹性工作膜,可通过稍微改变传压活塞的面积做成各种量程的压力传感器。

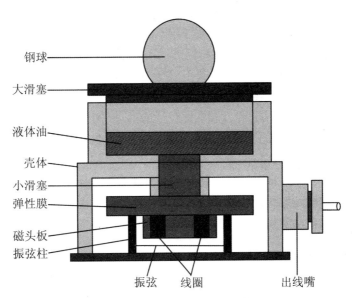

钢球

大滑塞

液体油

壳体

小滑塞

弹性膜

磁头板

振弦柱

振弦　　线圈　　　　　出线嘴

图 6.21　振弦式称重传感器结构图

振弦式传感器由定位支座、线圈、振弦及封装组成。振弦式传感器可等效成一个两端固定的绷紧的均匀弦,如图 6.22 所示。

振弦的振动频率可由下式确定:

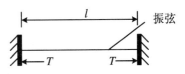

图 6.22　振弦式传感器模型

$$f = \frac{1}{2l}\sqrt{\frac{T}{\rho}} = \frac{1}{2l}\sqrt{\frac{\sigma S}{\rho}} = \frac{1}{2l}\sqrt{\frac{\sigma}{\rho_v}} = \frac{1}{2l}\sqrt{\frac{E\Delta l}{\rho_v l}}$$

式中,S 为振弦的横截面积,ρ 为弦的线密度,ρ_v 为弦的体密度($\rho_v = \rho/S$),Δl 为振弦受张力后的长度增量,E 为振弦的弹性模量,σ 为振弦所受的应力。当振弦式传感器的结构确定以后,其振弦工作段(即两固定点之间)的长度 l、弦的横截面积 S、体密度 ρ_v 及弹性模量 E 随之确定。由于待测物理量的作用使得弦长变化,弦的固有振动频率随之变化。由于弦长的增量 Δl 与振弦振动的固有频率存在确定的关系,因此,只要能测得弦的振动频率就可以测得待测物理量。

振弦式传感器均需要专用激发器激发才能振荡起来,激发器性能的优劣直接影响到振弦传感器的整体性能,所以,设计振弦压力传感器必须首先设计激发器。目前,振弦式传感器激振主要有高压拨弦和低压扫频激振两种方式。高压拨弦激振方式是通过高频变压器产生高压激振脉冲使钢弦振动,激发时 $V_{\text{P-P}} > 100\ \text{V}$,被激励的钢弦通过感应线圈将振动转换成自由衰减振荡的正弦电压信号从传感器输出。低压扫频激振是根据传感器的固有频率选择合适的频率段,对传感器施加 $5V_{\text{P-P}}$ 的频率逐渐变大的扫频脉冲串信号,当激振信号的频率和钢弦的固有频率相近时,钢弦能快速达到共振状态,共振状态下振幅最大,能产生较大的感应电动势,传感器输出的频率信号的信噪比较高且便于测量。但是这两种激振方式都有很大的局限性:高压拨弦方式激振中钢弦振动持续时间短,信号不易拾取,测量精度差,且高电压易使钢弦加速老化而致使传感器失效;低压扫频激振方式虽然采用了低电压激励,保护了钢弦,但是扫频信号是从频率下限到频率上限的连续脉冲信号,为了保证激振效果,每个频率的脉冲都要持续若干个周期,激振时间太长。

图 6.23 给出了典型的激发器电路结构。通电瞬间,激振电路输出一脉冲至激

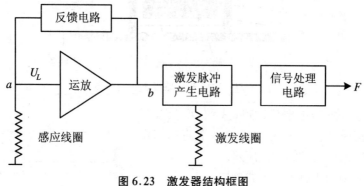

图 6.23 激发器结构框图

发磁头,扰动振弦,使之产生微振。在感应线圈中感应一微弱电压,经放大电路放大后,送激发脉冲形成级,输出激发脉冲。若相位条件满足,则加强振弦振动,从而又感应出更强的电压。如此反复激发,弦很快起振直到被限幅为止,形成一稳定的振动,并输出同频率的电信号。

6.4　谐振式微机械陀螺

　　微机械陀螺是敏感角运动的一种装置,它具有体积小、质量轻、功耗低等优点。微机械陀螺的种类很多,按振动方式可将陀螺分为角振动陀螺和线振动陀螺。按驱动方式可将微机械陀螺分为静电驱动陀螺、电磁驱动陀螺和压电驱动陀螺等。按检测方式可将微机械陀螺分为电容式陀螺、谐振式陀螺、压阻式陀螺、压电式陀螺、光学陀螺和隧道陀螺等。当今普遍使用的是电容检测方式,此检测方式具有一定的优点,但随着微器件结构尺寸的不断缩小,仪器灵敏度和分辨率大大降低;而且,检测输出信号的信噪比非常低,信号检测电路和处理电路极为复杂,不利于小型化和集成化。而采用谐振原理的微机械陀螺具有高灵敏度,高线性等优点,其准数字输出更易于与数字信号处理系统集成。

6.4.1　工作原理及理论公式

　　陀螺结构如图 6.24 所示,其主要组成部分为内外质量块、支撑梁、折叠梁、两级杠杆放大机构、双 DETF、质量块驱动梳齿、反馈检测梳齿、DETF 驱动和检测梳齿。

　　工作原理:外质量块通过梳齿驱动,在驱动方向做往复运动。由于科氏效应,当陀螺受到外加角速度时,外质量块会产生科氏力。科氏力通过折叠梁传入内质量块,然后被杠杆机构放大作用于 DETF 一端,从而改变 DETF 的固有频率。因此,通过解调正弦输出频率,可以得到外界输入的角速度。

6.4.2　理论分析

　　谐振式微机械陀螺的主要理论公式包括质量块驱动力的计算、科氏力的给出、灵敏度的计算、线性度的计算。

　　外质量块的驱动力可以描述为

$$F_{ec} = N \cdot \varepsilon \cdot \frac{h}{g} V_{dc} \cdot V_{oc} \sin(\omega_0 t + \theta)$$

其中,N 为驱动梳齿间隙的对数,h 和 g 分别为梳齿的厚度和间隙,V_{dc} 和 V_{oc} 分别是驱动电压的直流和交流分量的有效值,ω_0 是驱动电压的角频率,驱动电压加在固定梳齿和可动梳齿两端。如图 6.25 所示,梳齿产生的 y 方向上的交变驱动力使得质量块产生 y 方向的往复运动。

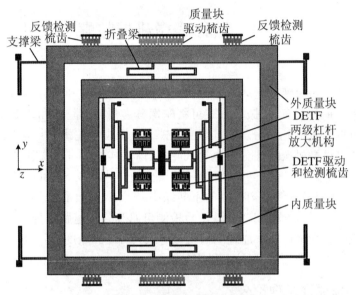

图 6.24　陀螺式结构示意图

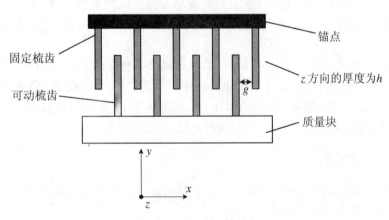

图 6.25　梳齿原理示意图

科氏力的矢量式为

$$F_C = 2Mv \times \boldsymbol{\Omega}$$

其中,M 为质量块的质量,v 为相对速度,$\boldsymbol{\Omega}$ 为外加角速度。上式中相对速度的值为

$$v = \dot{y} = \omega_0 \cdot y_0 \cdot \cos \omega_0 t$$

其中,y 为质量块的位移,y_0 为质量块的位移振幅,ω_0 为驱动频率。由于 v 和 $\boldsymbol{\Omega}$ 相互垂直,若 Ω 为一恒值,F_c 的代数值如下式所示:

$$F_C = 2Mv\Omega = 2M\Omega\omega_0 y_0 \cos \omega_0 t$$

灵敏度的计算需要利用软件仿真得到输入固定角速度下谐振梁受的轴向力,然后代入轴向力与谐振梁固有频率变化公式,即可得到陀螺的灵敏度(谐振梁频率变化与外加角速度的比值)。用能量法可得到受轴向力且有附加质量时 DETF 的谐振频率为

$$f = f_0 \cdot \sqrt{1 + \frac{0.024\,58 l^2}{EI} F}$$

其中,$f_0 = \dfrac{1}{2\pi} \sqrt{\dfrac{198.457EI}{(0.396\,5\,m + M) l^3}}$,$F$ 是轴向力,m 是谐振梁的质量,M 是谐振梁的附加质量,l 是谐振梁的长度。

陀螺谐振频率的计算公式为

$$f = f_0 \cdot \sqrt{1 + \frac{0.024\,58 l^2}{EI} F} = f_0 \cdot \sqrt{1 + SF}$$

其中,$S = 0.024\,58 l^2 / (EI)$。把上式泰勒展开后取线性项近似,得

$$f = f_0 \cdot \left(1 + \frac{1}{2} SF\right)$$

陀螺的测量范围选为 $\pm 300°/\text{s}$,直线与准确值之间的相对偏差为

$$e = \left| \frac{f_0 \sqrt{1 + SF} - f_0(1 + 0.5SF)}{f_0 \sqrt{1 + SF}} \right|$$

参 考 文 献

[1] 李平,文玉梅,何振江,等.精密石英谐振式位移传感器[J].传感器技术,1995(3):35 – 38.

[2] 丁天怀,李源,冯冠平.硅谐振式传感器研制中的关键技术[J].仪器仪表学报,1996,17(1):59 – 62.

［3］ 吴浩扬,李炳乾,朱长纯,等.光激光拾硅微机械谐振传感器的进展[J].半导体光电,1999,20(1):7-10.

［4］ 樊尚春,刘广玉.热激励谐振式硅微结构压力传感器[J].航空学报,2000,21(5):474-476.

［5］ 陈敏.石英谐振式压力传感器的研制[J].宜春学院学报,2002,24(4):10-12.

［6］ 贾玉斌,郝一龙,钟莹,等.基于谐振原理的硅微机械加速度计[J].微纳电子技术,2003(7/8):271-273.

［7］ 郑丰隆,王晓宁,刘春晖,等.矿用振弦式称重压力传感器的设计[J].煤矿机械,2008,29(2):13-15.

［8］ 周吴,何晓平,苏伟,等.静电刚度式谐振微加速度计设计[J].传感器与微系统,2009,28(6):92-94.

［9］ 沈雪瑾.静电梳状硅微单侧直脚谐振器的力学性能[J].机械工程学报,2009,45(5):49-56.

［10］ 樊尚春,王路达,郭占社.新型谐振式微机械陀螺设计与仿真[J].中国惯性技术学报,2009,17(1):63-66.

［11］ 高志宏,唐一科,周传德.用零相位的方法检测微加速度计的谐振频率[J].机械制造,2009,47(541):78-80.

第7章 声表面波传感器

声表面波(surface acoustic wave,SAW)是一种在固体浅表面传播的弹性波,对它的认识起源于英国科学家瑞利在 19 世纪末期研究地震波过程中发现的一种集中于地表面传播的声波。声表面波存在若干模式,主要包括瑞利波(声表面波技术所应用的绝大部分是这种类型的波。瑞利波有两个性质:一是瑞利波速度与频率无关,即瑞利波是非色散的;二是瑞利波速度比横波要慢)、乐甫(Love)波(这是一种色散波,即波速与频率有关)、拉姆(Lamb)波(这是一种在薄板中传播的板波。拉姆波也是一种色散波)、B-G 波(电声波是一种质点振动垂直于传播方向和表面法线的横表面波。由于它是 Bleustein 及 Gulyaev 首先于 1968 年发现的,因此又称 B-G 波)以及漏剪切声表面波、快速声表面波模式的准纵漏声表面波等。

声表面波技术起始于 20 世纪 60 年代末期,是声学、电子学、光学、半导体材料和工艺相结合的一门学科。我国对于声表面波技术的研究是从 1970 年前后开始的,经过 40 多年的研究和发展,已形成了从理论研究、材料开发到器件设计及制作、系统应用的完整体系。目前,商品化的声表面波器件工作频率处于 30 MHz 到 3 000 MHz 的范围。5 000 MHz 的声表面波滤波器产品的研制已有报道。

当声表面波器件由于所处的环境改变或受到待测量的作用而引起波速或器件结构尺寸变化时,其谐振频率或回波延时则产生偏移。这就是声表面波器件作为传感器使用的最浅显的原理。使 SAW 器件对传感器应用有吸引力的原因是它具有尺寸小、价格低、灵敏度高、可靠性好等优点,且其制作工艺与集成电路工艺兼容,便于把传感器与信号处理电路制作在同一块芯片上。此外,由于该传感器的信号是以频率形式输出的,不需要 A/D 转换即可与计算机连接,易于进行遥测、遥控,因此受到人们的极大关注。

7.1 叉指换能器

叉指换能器(interdigital transducer,IDT)是目前用得最广泛且很有效的瑞利表面波换能器。

7.1.1 基本结构

叉指换能器的基本结构如图 7.1 所示,叉指呈周期性排列,W 是声孔径(声表面波波束的宽度),其长短决定了谐振器的振幅大小,P 为 SAW 波长。在 SAW 器件中,频率的大小为

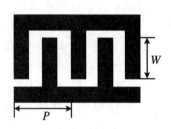

$$f = \frac{v}{\lambda}$$

式中,v 和 λ 分别是 SAW 在压电材料中的传播速度和波长。由此公式可以得出,在压电材料不变的情况下决定 SAW 谐振器频率的是 SAW 波长,即 IDT 的周期长度 P。所以可以通过改变 P 的大小来确定所需的频率。

图 7.1 叉指换能器的基本结构示意图

对于均匀(等指宽、等间隔)叉指换能器而言,带宽可以简单地由下式决定:

$$\Delta f = f_0/N$$

式中,f_0 为中心频率,N 为叉指对数。由上式可知,当中心频率一定时,带宽只决定于叉指对数。叉指对数愈多,换能器的带宽愈窄。

7.1.2 声表面波激励

在一具有适当频率的交变电信号施加到叉指换能器上后,在压电基片内部的电场分布如图 7.2 所示。这个电场可分解为垂直与水平两个分量(E_v 和 E_h),由于基片的压电效应,这个电场使叉指电极间的材料发生形变(即质点发生位移)。E_h 使质点产生平行于表面的压缩(膨胀)位移,E_v 则使支点产生垂直于表面的切变位移。这种周期性的应变就使得有沿叉指换能器两侧的表面传播出去的声表面波(通常讨论的是瑞利型声表面波,或叫作瑞利波),其频率等于所施加电信号的频

率。一侧无用的波可以用一种高损耗介质吸收；另一侧的波传播至输出换能器，借逆压电效应可转换为电信号输出。

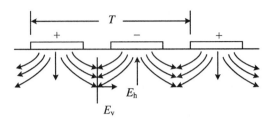

图 7.2　叉指电极的瞬态电场分布

7.1.3　基本分析模型

为计算 yz 平面内的 SAW 速度随方向变化的规律，建立如图 7.3 所示的坐标系。晶面法线方向沿 z 轴，SAW 的传播方沿 y 轴。下面对表面波晶体声学基本方程和表面波力学边界条件方程进行推导、计算。

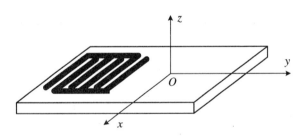

图 7.3　SAW 坐标系

利用晶体的胡克定律和牛顿定律，可得到晶体的性能方程为

$$c_{ijkl}u_{k,il} = \rho\ddot{u}_j$$

式中，c_{ijkl} 为晶体的弹性系数，是 4 阶张量；u_k 为位移梯度矢量，逗号表示对后面下标所对应的坐标求导；ρ 为晶体的密度。

按照图 7.3 所示的坐标系，SAW 基本解的形式为

$$u_j = A_j\mathrm{e}^{\mathrm{j}(\Omega t - Kb_i x_i)}$$

式中，K 为声波矢，Ω 为声频率，A_j 为 u_j 在表面 $z=0$ 处的振幅，b_i 为由衰减系数 b 构造出的 1 阶张量，形式与坐标系有关，在图 7.3 所示的坐标系中，$b_i=(\begin{array}{ccc}0 & 1 & b\end{array})$。

上述求解 SAW 的过程过于复杂，从工程角度看并不必要。为了分析叉指换能器的机理和设计出满足要求的声表面波器件，最好能找到一种估计换能器特性

的(如频率响应、相位特性、输入输出阻抗、传输特性等)简便而又准确的方法。实践中常用的叉指换能器分析模型有δ函数模型、脉冲响应模型和等效电路模型。

1. δ函数模型

叉指换能器截面的电场分布如图7.4(a)所示。如果我们只近似地认为垂直表面的电场在激励声表面波,可简化为图7.4(b)的形式。这时,认为电场仅存在于叉指电极的下方,而电极间无电场分量作用(这是一个近似假设),并且各电极的电场是正负交替出现的。沿 x 方向的电场分布如图7.4(c)所示,而电场梯度最大的地方是在电极边缘处,如图7.4(d)所示,是一系列脉冲,并且两两同号相间。也就是说,将每条叉指的每个边缘看成是相互独立的δ函数声源。每个δ脉冲源发射一个向 $\pm x$ 方向传播的平面声波,其振幅与δ脉冲声源的强度有关,相位则与边缘位置有关。总输出为各δ脉冲声源输出的叠加。

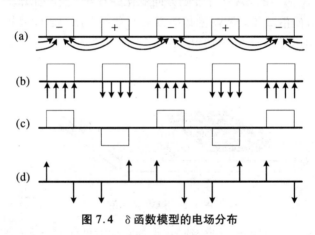

图7.4 δ函数模型的电场分布

2. 脉冲响应模型

在图7.5所示的一对换能器中,其接收换能器为一宽带换能器,有足够的孔径将全部发射声波束收集起来,则总的频率响应

$$H(\omega) = H_1(\omega) \cdot H_2(\omega)$$

按卷积定理,总脉冲响应

$$h(t) = \int_{-\infty}^{\infty} h(\tau) h_2(t - \tau) \mathrm{d}\tau$$

利用脉冲响应模型,可求得换能器的传递函数。若将换能器看作并联等效电路,则从能量角度出发就可求得换能器的输入导纳、带宽、辐射等参数。

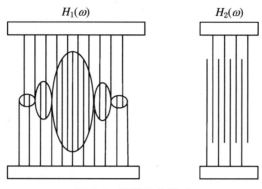

图 7.5 叉指换能器对

3. 等效电路模型

根据交叉场理论,叉指换能器的一个周期段叉指可采用梅森(Mason)等效电路模型来等效,如图 7.6 所示。图中 R_0 为叉指换能器的特性阻抗,β 为压电基片声表面波波数,L 为叉指换能器周期,C_s 为叉指换能器的一个电极对静电容,I_1,V_1 和 I_2,V_2 分别为两声学端的等效电流和电压。

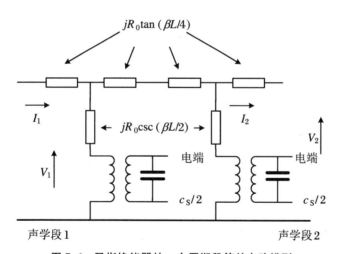

图 7.6 叉指换能器的一个周期段等效电路模型

7.2 SAW 传感器的结构及等效电路

SAW 振荡器通常有延迟线型(DL 型)和谐振器型(R 型)两种结构。自 Marnes 于 1969 年提出延迟线型振荡器结构后,国外报道的 SAW 传感器大部分都采用了这种设计,直到最近几年,谐振器型振荡器才得到了开发利用,并证明是能在甚高频和超高频段实现高 Q 值的 SAW 器件。由于 Q 值是决定振荡器频率稳定性的重要参数之一,因此这种新型的高 Q 值谐振器结构进一步提高了 SAW 传感器的灵敏度和分辨率。

目前的声表面波器件所用的压电基片有压电单晶、压电陶瓷和压电薄膜。对这些材料的共同要求大体如下:

① 为了能形成叉指电极,必须有尽可能良好的表面,希望表面平整度最好在微米级以下;

② 为了提高换能效率,要求其机电耦合系数尽可能地高;

③ 传播损耗要小,希望其值在 $0.2\,\mathrm{dB}/\lambda$ 以下;

④ 传播速度的温度系数要小;

⑤ 重复性要好,可靠性要高,且适合于批量生产;

⑥ 成本要低。

7.2.1 延迟线型结构

SAW 延迟线型振荡器是 Marnes 于 1969 年提出的,是一种反馈型振荡器,以 SAW 延迟线作为振荡器的反馈网络。图 7.7 所示的延迟线型 SAW 振荡器由发射电极 IDT1、接收电极 IDT2 和反馈放大器组成,其振荡频率为

$$f_0 = \frac{V_\mathrm{R}}{L}\left(n - \frac{\Phi_\mathrm{E}}{2\pi}\right) \tag{7.1}$$

式中,V_R 为 SAW 传播速度,L 为 IDT1 与 IDT2 之间的距离,Φ_E 为放大器相移量,n 为正整数(与电极形状及 L 值有关)。由式(7.1)可知,当 Φ_E 不变,外界被测参量变化时,V_R,L 的值发生变化,从而引起振荡频率改变 Δf,

$$\frac{\Delta f}{f_0} = \frac{\Delta V_\mathrm{R}}{V_\mathrm{R}} - \frac{\Delta L}{L} \tag{7.2}$$

因此,根据 Δf 的大小即可测出外界参量的变化量。

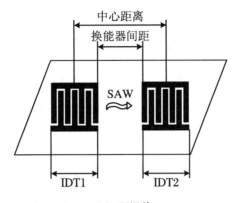

（a）延迟线

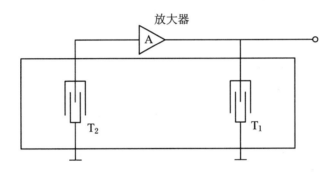

（b）振荡器

图 7.7　延迟线型振荡器结构

7.2.2　谐振器型结构

图 7.8 所示的谐振器型 SAW 振荡器在基片材料表面中央做成叉指换能器,并在其两侧配置两组反射栅阵。在采用金属条带反射栅的情况下,当条宽和间隔相等且都等于 1/4 波长时,就达到最大的相干反射。谐振器型 SAW 振荡器的振荡频率 f_0 与叉指电极周期长度 T 及声表面波传播速度 V_R 有关:

$$f_0 = \frac{V_R}{T}$$

因此,外界待测参量的变化会引起 V_R, T 的变化,从而引起振荡频率改变 Δf,

$$\frac{\Delta f}{f_0} = \frac{\Delta V_R}{V_R} - \frac{\Delta T}{T} \qquad (7.3)$$

所以,测出振荡频率的改变量即可求出待测参量的变化,这是谐振器型 SAW 传感器的基本原理。

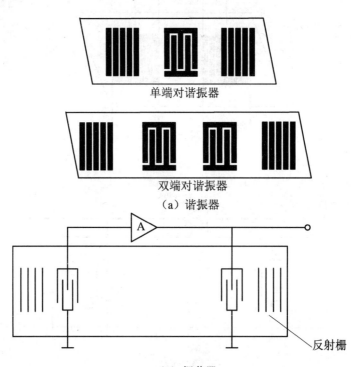

（a）谐振器

（b）振荡器

图 7.8　谐振器型振荡器结构

当一个频率适当的电压加到 IDT 上时,基片的压电效应激励起声表面波,并向两个方向传播出去。当遇到反射栅时,由于声阻抗的不连续,表面波发生反射。合理设计反射栅的结构和位置,使反射的声表面波和激发的声表面波同相位相加形成驻波,则在两个反射栅之间就构成一个谐振腔。驻波形成时 IDT 与反射栅的位置如图 7.9 所示。

由图 7.9 可知,发生谐振的必要条件为

$$d = \lambda/2$$

式中,d 为叉指中心距,λ 为声波的波长。

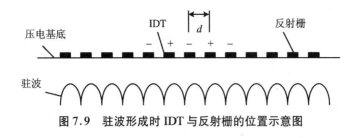

图 7.9　驻波形成时 IDT 与反射栅的位置示意图

7.2.3　SAW 器件等效电路

四参数 SAW 器件的集总参数等效电路如图 7.10 所示。L_1C_1 支路中的损耗电阻 R_1 代表机械损耗。

由于 SAW 器件是封装在金属壳内的,其电极由细金属线引出壳体外,这些附加成分必然会引入一些杂散分布参数。在高频范围,这些分布参数对器件的电性能将产生较大的影响,因此应引入电感 L_2 和电阻 R_2。另外,应增加一个并联电阻 R_0 以代表 SAW 器件在通带响应中心所产生的声辐射。这样,图 7.10 的四参数等效电路就应改为图 7.11 所示的七参数等效电路。

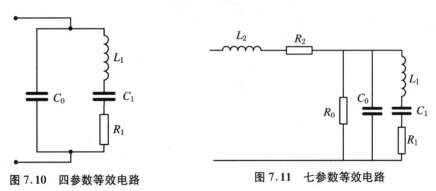

图 7.10　四参数等效电路　　　　图 7.11　七参数等效电路

7.2.4　SAW 传感器封装

SAW 器件经历金属封装、塑封和表面贴装的陶瓷无引脚的封装,器件的最小尺寸可制作到 3 mm×3 mm×1 mm,它们均采用金属引线键合作为内部互连方式。随着 SAW 器件向高频、小型化方向发展,采用以上工艺制作的器件难以实现小于 3 mm×3 mm×1 mm 的封装尺寸,因此,出现了声表器件芯片级封装(CSP)和尺寸更小的晶圆级(WLP)封装技术。

　　采用倒装焊接技术的 SAW CSP 级器件和晶圆键合工艺的 WLP 级不仅有更小的占用面积和更薄的封装外形,而且有更好的性能。国外 CSP 封装的 SAW 器件已广泛应用于移动通信。WLP 级封装的 SAW 器件从 2011 年开始批量供货。国内还无厂商生产类似封装的 SAW 器件。

　　SAW 器件封装必须保证:

　　① 器件有源表面有一空间;

　　② 衬底和封装材料有良好的热匹配;

　　③ 防止湿气浸入和微粒粘污;

　　④ 机械性能牢固,耐温度冲击。

1. 金属封装

　　各种封装形式之间的最大区别就在于实现的方法。金属封装(图 7.12)由包含着绝缘和接地脚的金属底座以及金属帽子所组成。芯片被装架在便于键合的区域,在键合和盖帽之后,放入脉冲点焊封帽机进行封帽,得到密封性能良好的半成品。金属封装用普通的成本就可以制造出精确的高频滤波器,同时由于机械性能强度高,可以封装体积非常大的芯片。

图 7.12　金属封装 TO39 和 F11

2. 塑料封装

　　塑料封装(图 7.13)大部分由两个塑料包装单元组成,就像槽和帽子。装架好的芯片通过键合连接到引线框上,金属的引线框从一边伸入槽中,最后将两个部分粘在一起。包含引线框的槽可以用热固型或热塑型塑料在成型工艺中制造出来。典型应用就是卫星电视接收装置用滤波器以及无绳电话用中频滤波器。在户内使用该种器件,其密封性是足够的。这种封装技术的主要优势就在于低成本。上述两种封装都存在共同的缺点,就是有比较长的引脚,导致器件的体积太大。

　　一般来讲,塑料封装抑制电磁干扰的能力比金属盒与 SMD 封装的能力差,主要用于中频滤波器。其频率为 30~150 MHz。

图 7.13　塑料封装 SIP5D

3. SMD 封装

在 SMT 技术下的陶瓷 SMD 封装(图 7.14)的好处是显而易见的。在第一层陶瓷底部焊接引脚,这样就不会增加封装的尺寸。第二层陶瓷包含用于键合的电极以及用于装架芯片的腔体。在陶瓷层的最上沿必须有金属化层,以便于和金属上盖焊接。这样才能保证器件的密封性能。键合电极与焊接引脚间的电连接是通过在陶瓷层间穿孔,填充金属介质实现的。

图 7.14　SMD 封装 3 mm×3 mm 和 13.3 mm×6.5 mm

金属盖板的 SMD 封装的陶瓷管座和金属的上盖,就像是给芯片造了个房子(图 7.15)。由于不需要引线焊点台阶,而且焊球的高度要小于引线空间高度,所以 SMD 管壳面积减小,高度也能减小。但由于需要管壁,尺寸不能进一步减小。

4. 芯片级封装

芯片级封装(chip size package 或 chip scale package,CSP)目前尚无确切定义,不同厂商有不同说法。JEDEC(联合电子器件工程委员会(美国 EIA 协会))的 JSTK‑012 标准规定:芯片封装面积小于或等于芯片面积120%的产品称为 CSP。日本松下电子工业公司将芯片封装每边的宽度比其芯片大 1 mm 以内的产品称为 CSP。总之,CSP 是接近芯片尺寸的封装产品。

5. 晶圆级封装

晶圆级封装(wafer level package,WLP)是指在晶圆上完成器件的封装技术,并不是传统的在晶圆切割后再分别对每个芯片进行封装制作。

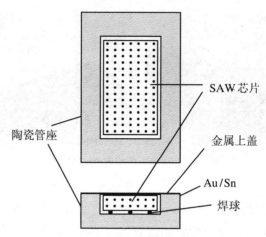

图 7.15　芯片倒装的陶瓷 SMD 封装

7.2.5　SAW 传感器测量方法

　　声表面波传感器的常用测量方法有四种,如图 7.16 所示:(a) 网络分析仪测量频谱变化;(b) 矢量电压表测定相位变化;(c) 谐振回路测定频移;(d) 双通道差分方法测定频移,可消除环境变化(如温度变化)引起的误差,测量更准确、更方便。在实际测量中,可根据具体条件选择适当的方法。

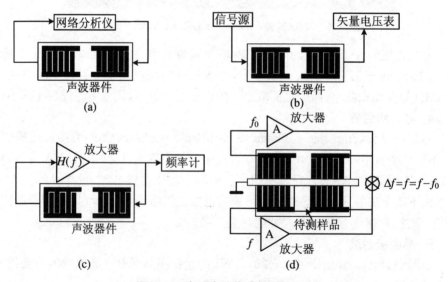

图 7.16　表面声波传感器测量方法

7.3 典型 SAW 传感器

20 世纪八九十年代,利用 SAW 技术研制的 SAW 传感器在欧美和日本发展得十分迅速,目前已出现了十几种类型的 SAW 传感器,例如 SAW 加速度传感器、压力传感器、温度传感器等。

7.3.1 SAW 加速度传感器

国外自 20 世纪 70 年代末就开始对声表面波加速度计进行研究,其发展速度很快。1981 年法国研制出第一台声表面波加速度计的实验样机,到 1988 年为止,法国 Thomson CSF 研究中心已研制出四种类型的声表面波加速度计,其分辨率已达 $10^{-5}g$。1985 年美国 Anderson 实验室非常成功地研制出了用于导弹的声表面波加速度计,测量范围为 $\pm 50g$。Rockwell International 公司研制出了快速响应声表面波加速度计,其中的声表面波谐振器稳定性的典型值优于 10^{-10},在军用温度范围内使用补偿电路,可使标准频漂小于 10^{-4},加速度的测量范围从 $10^{-6}g$ 至 $10g$。

一般来讲,声表面波加速度传感器的组成如图 7.17 所示。悬臂梁式加速度传感器具有较高的灵敏度,目前已出现的声表面波加速度传感器也多采用这种结构。它的力学模型是单端固定的悬臂梁,自由端受集中载荷的作用,如图 7.18 所示。自由端同一惯性质量块相连,在梁长度方向的上下两侧采用光刻法制作声表面波器件(延迟线或谐振器)。由于压电基片制成的悬臂梁很薄,当载体具有加速度时,质量块的惯性作用使压电基片受力而弯曲,造成 SAW 振荡器频率的变化,从而实现对加速度的测量。

悬臂梁式 SAW 加速度计可等效为弹簧-质量-阻尼器的二阶机械系统(图7.18)。如果不外加阻尼措施,SAW 加速度传感器的阻尼主要靠空气阻尼和石英悬臂梁的内阻尼,这些阻尼力很小,因此,加速度计工作时很难稳定下来。所以如何有效地对 SAW 加速度传感器提供阻尼是其走向工程化、实用化的关键步骤。

传感器的阻尼方式通常分为三大类:液体阻尼、气体阻尼与电磁阻尼。液体阻尼是通过液体的黏滞性来获得阻尼力的,现在大多数摆式加速度计都采用液体阻尼。气体阻尼利用通过与振动系统连接的活塞或翼板和外壁之间所产生的黏滞力

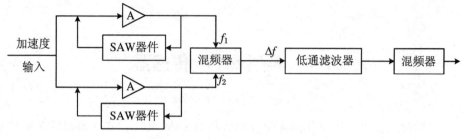

图 7.17 双通道 SAW 加速度计的基本原理图

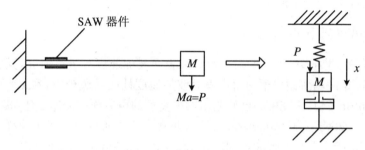

图 7.18 SAW 加速度计力学模型

与压力来产生阻尼力,比较典型的应用是精密天平中的阻尼器,但其加工较复杂,成本高。近年来,随着微机械加工技术的发展,压膜阻尼得到了广泛的应用,它是一种特殊的气体阻尼,其阻尼原理与传统的气体阻尼已有了很大的差别。电磁阻尼主要利用电流与磁场之间的相互作用来产生阻尼力。

悬臂梁式 SAW 加速度传感器可以采用如下两种阻尼方案制作,第一种是采用腔内充阻尼液的方法,这是目前多数加速度计采用的一种有效的阻尼方式。但其缺点是结构和工艺比较复杂,存在气泡和油液渗漏问题,不易彻底解决,以至影响加速度计的性能。对于 SAW 加速度传感器,硅油会严重污染 SAW 器件,从而使 SAW 加速度传感器性能严重恶化。针对这一问题,国外将 SAW 器件密封在梁的表面以使它与阻尼液隔离。具体做法是用全石英封装方法把 SAW 器件密封起来,为了不影响 SAW 器件的性能,要求各密封件尽可能地薄,并尽可能贴近 SAW 器件,但其工艺非常复杂,不易实现。第二种方法是利用在相对运动的两个表面间的微间隙中的空气黏性来实现阻尼,这就是所谓的"压膜阻尼"。它比通常的液体阻尼具有更好的动态特性,而且阻尼系数随温度的变化更小。

7.3.2　SAW 压力传感器

当压电基片受到外力作用时,其弹性常数和密度因发生变化而产生形变,从而引起 SAW 的传播速度发生变化。压力引起薄膜变形时,延迟时间发生微小变化,从而使输出频率随着压力的改变而做线性变化,通过测量 SAW 振荡器输出频率的偏移,可得知压力的大小,从而实现压力的精确测量。

SAW 延迟线型压力传感器结构如图 7.19 所示,将两个 SAW 延迟线分别连接到放大器的反馈回路中,构成输出频率信号相近的 SAW 振荡器,使其环境温度保持一致,可近似认为它们的振荡频率随温度的变化量相等,使其中一个在所测压力下工作,另一个在所受压力下不变。将两路输出的频率经混频、低通滤波和放大,得到一个与外加压力有对应关系的差频信号输出。这种传感器在 $0 \sim 100$ kPa 范围内线性较好,压力灵敏系数为 0.55×10^{-9} kPa/cm^2。

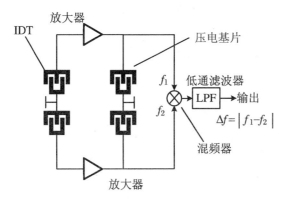

图 7.19　SAW 延迟线型压力传感器原理图

图 7.20 为谐振式压力传感器的基本结构,图 7.21 为差动式双谐振器 SAW 压力传感器的原理图。声表面波谐振式压力传感器的敏感膜片,是在同一圆形石英薄膜片上制备两个完全相同的声表面波谐振器,以便进行有效的温度补偿,并提高传感器的抗干扰能力。两个声表面波谐振器分别连接到放大器的反馈回路中,构成具有一定输出频率的振荡器,两路输出的频率经混频、低通滤波和放大,得到一个与外加压力有确定对应关系的差频信号输出。由图 7.21 可知,该结构采用了差动电路形式进行误差补偿。由于敏感膜片上的两个谐振器相距很近,环境温度变化对两个振荡器的影响所引起的频率偏移近似相等,经混频器以后,可以减小温度变化引起的误差。图中 A 为低噪声单片集成放大器,混频级采用双平衡混频器,差频信号经有源低通滤波器输出,经放大后送至显示仪表。

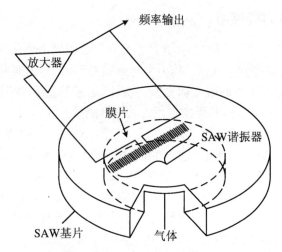

图 7.20 谐振式压力传感器的基本结构

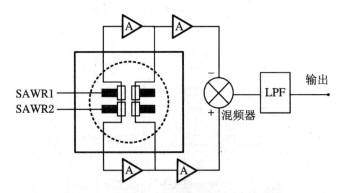

图 7.21 差动式双谐振器 SAW 压力传感器

由于 SAW 谐振器的 Q 值比 SAW 延迟线的 Q 值高得多,所以 SAW 延迟线型传感器的灵敏度和稳定性没有谐振器型传感器好。SAW 压力传感器的主要难点是温度补偿问题,在较宽的温度范围和较大的压力范围内,要求温度随压力的变化最小。

SAW 压力传感器已广泛地用于信号处理、雷达、通信、电子对抗和广播电视领域。在医学上,可用来监视病人的心跳,用射频振荡器把信号发射出去,实现遥测;可用来控制汽车的点火,以保证燃料的充分利用,减少污染;可监测汽车轮胎的压力;可做成水下听诊器,监测水下动静;还可用于防盗报警器等。

7.3.3 SAW 温度传感器

SAW 温度传感器是根据温度变化会引起表面波速度改变从而引起振荡频率变化的原理设计而成的。由于外界温度变化所引起的基片材料尺寸变化量很小，在式(7.2)、式(7.3)中，

$$\frac{\Delta L}{L} \ll \frac{\Delta V_R}{V_R}, \quad \frac{\Delta T}{T} \ll \frac{\Delta V_R}{V_R}$$

因此

$$\frac{\Delta f}{f_0} = \frac{\Delta V_R}{V_R} \tag{7.6}$$

选择适当的基片材料切型，可使表面波速度 V_R 只与温度 T 的一次项有关：

$$V_R(T) = V_R(T_0) \cdot \left[1 + \frac{1}{V_R(T_0)} \cdot \frac{2 V_R}{2 T} \cdot (T - T_0) \right] \tag{7.7}$$

其中，T_0 为参考温度。

将式(7.7)代入式(7.6)，可得

$$\frac{\Delta f}{f_0} = \frac{V_R(T) - V_R(T_0)}{V_R(T_0)} = \frac{1}{V_R(T_0)} \cdot \frac{2 V_R}{2 T} \cdot (T - T_0)$$

即温度变化与振荡频率变化量之间成线性关系。若预先测出频率-温度特性，则由振荡频率的变化量可检测出温度变化量，从而得到待测温度 T。

SAW 温度传感器可以制成接触式和非接触式两种。前者要求将传感器与被测物体直接接触，由于基片、电池与元件的限制，其测量温度不能太高，而且会破坏被测温度场的分布，因此有一定局限性。非接触式温度传感器不要求将传感器与被测体接触，因此有更大的优点。它主要利用被测物体辐射出的红外线使 SAW 振荡器的传播通路的表面温度升高，伴随振荡频率发生变化，通过测量振荡频率的变化来获得温度变化值。由于这种方法采用测辐射温升方式，接收红外辐射部分的热容必须很小，否则灵敏度不高；另外，在室温附近测量温度时，易受环境温度影响，所以应使用两个元件进行差分，将它们安装在同一个底座上封入同一外壳中。它们的振荡频率相同，一个作为温度探头，另一个作为频率参考，将其混频后取出频率差即可。

传感器中 SAW 感温探头直接与被测对象接触，以获得待测对象的温度变化值。接口电路一般采用两级正反馈形式，见图 7.22。第二级约有 6 dB 的功率增益，以补偿声表面波器件的插入损耗。该电路在 6～15 V 范围内均可正常工作。注意封装，避免受环境的影响。

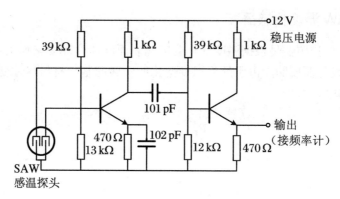

图 7.22　SAW 温度传感器的接口电路

7.3.4　SAW 无源无线传感器

在传感器技术迅猛发展的今天,对于许多传感器应用的特殊场合,传感器和被测单元间的连线通常是无法实现的。例如,用连线传感器进行滑环、电刷、电机转子和许多运动物体的参量测量时,会产生许多机械问题和电路问题,会出现中断、噪声,甚至根本无法进行测量。再如,直升机旋转时螺旋桨尖端速度和角速度的测量,汽车碰撞时车内加速度的测量,汽车轮胎内部压力、温度和摩擦的测量等,也是不能采用连线方式的,因此,必须采用无线传感器来实现测量。

无线传感器按供能方式不同可分为两种:有源传感器和无源传感器。前者由于有电池等电源供电,传感距离非常远,可采用各种电路,控制和处理方便、灵活,目前已广泛应用。然而,对于许多不能提供电源、需长期监测的场合,或电池不易更换的传感位置和易燃易爆等危险场合的应用,这种有源的无线传感器显然不能使用。无源传感器没有电源(如电池)直接供电,它是靠电磁波的能量维持传感器工作的。该类传感器根据能量耦合方式又可分为两类:电感线圈耦合型和天线型。

利用电感线圈耦合供能的传感器和应答器作为身份监测器,已广泛用于商场、图书馆、机场的物品管理和智能化的交通系统中。然而采用线圈等电磁耦合方式,能量主要集中在线圈中心很近的区域,其传感的距离很近,1 m 的距离已是遥耦合,1 m 以上远距离系统更是非常罕见;并且,耦合的电能直接提供给传感器和处理电路,因此,要求发射的能量非常大 。

天线型传感器利用天线收集空间的电磁能量,然后高效地转化为其他形式的能量。它能感知被测量的大小,然后,将被调制的传感量通过天线高效地转化成电磁能量发送给远端的接收系统,实现无源无线的传感和测量。由于能量转换方式的不同,从理论上它比电感耦合的传感器有更远的测量距离。目前,声表面波器件是将天线的电磁能直接、高效地转换为声能进行传感的最佳器件之一。

SAW 标签主要是利用光刻、真空镀膜(一般为铝膜)等工艺在压电基片上制出叉指换能器、反射栅而形成的,其主要结构见图 7.23。

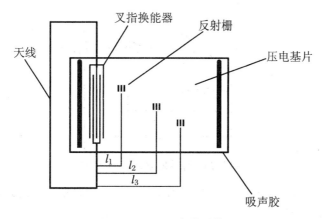

图 7.23　SAW 标签结构

读出器通过天线向标签发出一个射频电磁脉冲,标签的天线接收到该询问信号后通过叉指换能器将其转换为声表面波信号,被一系列反射栅反射后,返回到换能器的是一系列反射脉冲序列,即应答信号,再经标签天线、读出器天线返回,为读出器所解读。

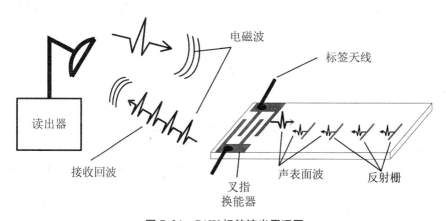

图 7.24　SAW 标签读出原理图

由于传感器无源且能遥测,可将其方便地粘贴于旋转部件进行温度、扭矩等参数的测量。对应于图 7.24 的发射、返回脉冲的时序见图 7.25。脉冲返回的时间主要由换能器与反射栅的中心距和 SAW 速度决定。

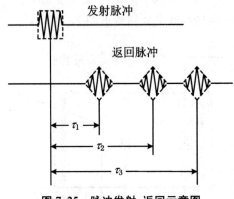

图 7.25　脉冲发射、返回示意图

假定换能器到反射栅的中心距离为 $l_i(i=1,2,3)$，SAW 速度为 V，则 SAW 在基片上的传播时间

$$\tau_i = \frac{2l_i}{V}$$

一般来说，SAW 速度 V 或栅距 l_i 为某个被测量 Φ 的函数，

$$\tau(\Phi) = \frac{2l_i(\Phi)}{V(\Phi)}$$

因此，只要测得 τ_i 的变化量就可以间接测得 Φ 的值。利用该原理可以对多种类型的 SAW 传感器进行遥测。

参 考 文 献

[1]　吴连法.第二讲:声表面波叉指换能器:一[J].压电与声光,1983(6):91-99.

[2]　徐恭勤,朱文章,阎南生,等.声表面波温度传感器的研究[J].传感技术学报,1996(2):29-32.

[3]　徐恭勤,朱文章,阎南生,等.声表面波温度传感器的集总参数等效电路[J].传感技术学报,1997(3):48-52.

[4]　李源,冯冠平,丁天怀.一种新型声表面波温度传感器的研究[J].清华大学学报:自然科学版,1997(11):100-103.

[5]　王锋,史国伟,陈明.压膜阻尼在声表面波加速度传感器中的应用[J].测控技术,2001,20(3):20-23.

[6]　邹梁,杨渊华,王保卫.SAW 器件封装技术概述[J].电子工业专用设备,2007,149：7-11.

[7]　张淑仪,周凤梅,范理.表面声波传感器及其应用[J].应用声学,2008,27(6)：413-418.

[8]　王昊,吴浩东,康阿龙,等.声表面波射频标签码容量的最大化[J].声学学报,2011,36(2):207-211.

第8章 薄膜传感器

严格地说,薄膜是指附于基体(又称衬底)上,厚度的上下限有限制的一类薄层材料,与基体在组分或结构等方面存在着差异。厚度大于 10^4 nm 的材料可称为体材料,但当我们深入到对更小厚度的材料进行分析时,材料就将呈现出薄膜所具有的特性,如很高的磁化率和矫顽力等。而当我们更深入地研究厚度小于 0.1 nm 的材料性质时,量子效应就不可忽略,这时物质材料又会呈现如量子小尺寸效应等特征。一些研究者曾提出了这个限制,认为厚度 0.1~10 000 nm 这个范围对于绝大多数材料来说是合适的。更小的厚度,如一个原子层和两个原子层则属量子阱的范围;厚度大于 10 000 nm 的薄层材料往往会部分甚至全部丧失薄膜固有的性质。

8.1 薄膜的测量与分析

8.1.1 薄膜的方块电阻

薄膜的膜层电阻通常以方块电阻(或面电阻、薄层电阻)来表示。我们已知欧姆定律:

$$R = \rho \times \frac{L}{S}$$

式中,R 代表样品电阻,ρ 代表样品电阻率,L 代表电流方向上的样品长度,S 代表样品垂直于电流方向上的截面积。如图 8.1 所示,G 表示玻璃原片,ITO 表示被溅射在玻璃原片上的氧化铟锡膜层,D 表示膜层的厚度,I 表示平行于玻璃原片表面而流经膜层的电流,L_1 表示在电流方向上被测膜层的长度,L_2 表示垂直于电流方向上被测膜层的长度。膜层电阻 R 为

$$R = \rho \times \frac{L_1}{L_2 \times D}$$

式中，ρ 为膜层材料的电阻率。当上式中 $L_1 = L_2$ 时，定义这时的膜层电阻 R 为膜层的方块电阻 $R_\square$：

$$R_\square = \rho/D \quad （单位：\Omega/\square）$$

它表示膜层的方块电阻值仅与膜层材料本身和膜层的厚度有关，而与膜层的表面积大小无关。这样，任意面积的膜层电阻 R 可由下式计算得出：

$$R = R_\square \frac{L_1}{L_2} \quad （单位：\Omega）$$

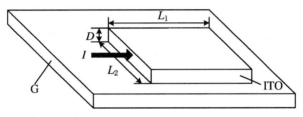

图 8.1　膜层电阻

目前在实际的测量中，通常测量的是膜层的方块电阻。在线检测的仪器基本上采用"直排四探针"方法对膜层的方块电阻进行测量。原理如图 8.2 所示。图中 1～4 表示四根探针，S 表示探针间距，I 表示从探针 1 流入、从探针 4 流出的电流（mA），ΔV 表示探针 2 和探针 3 间的电位差（mV）。

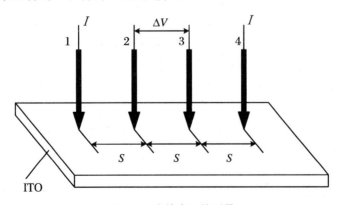

图 8.2　方块电阻的测量

只要在测量时给样品输入适当的电流 I，并测出相应的电位差 ΔV，即可得出膜层的方块电阻 $R_\square$：

$$R_\square = 4.53 \times \Delta V / I \quad (单位:\Omega/\square)$$

8.1.2　薄膜的附着力

薄膜的附着力是镀层最重要的性能之一,因为它决定了镀层能否可用,因此为了保证镀层质量,迫切需要对薄膜的附着力作定量的检测。由于影响薄膜附着力的因素较多,薄膜与基底接触界面的性质复杂,所以由不同测试手段得到的薄膜附着力数据的可比性较差,至今仍然没有一种统一的评价手段。目前,广泛使用的附着力黏结测试技术有以下几种。

1. 拉脱法

拉脱法是一种较早被使用的薄膜结合力测量方法。由于其原理简单,操作简便,至今仍被广泛使用。用黏结剂或焊料把杆状零件黏结在薄膜表面后,借助拉力试验机对其施加拉力。当薄膜从基底上脱落时,所测得的力用来表征实际附着力。由于施力方向不同,该方法主要有直接牵引和垂直牵引两种形式。

(1) 直接牵引

直接牵引即垂直于膜面且施加拉力。以下是其常见的三种结构。

在早期,R. Jacobsson 等人在薄膜表面和基底背面上黏结两个完全相同的小钢柱,得到了图 8.3 所示的对准结构。这种结构的优点是可以通过基底上的标记"+"进行对准。

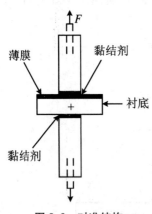

图 8.3　对准结构

Donnelly 采用图 8.4 所示的双层结构测试薄膜附着力。该双层结构有两个经过相同工艺制备的薄膜系统,其中薄膜表面用胶黏结,两个基底表面再用环氧胶与拉杆和底盘相连接。这种结构的优点在于,其上下薄膜都会受到力的作用。

Lalitkumar Bansal 等人按照美国 ASTM D-4541 拉脱测试标准搞出的测试结构如图 8.5 所示。他们采用一个自对准样品夹具,用 3M DP-460 胶将直径为 12.7 mm 的圆柱拉杆与薄膜黏结,再利用固定环进行对准。

(2) 垂直牵引

垂直牵引即平行于膜面施加拉力,其中黏结的杆件通常是圆柱体或方柱形杆件。图 8.6 所示的方柱形杆件的附着力为

$$P = \frac{6h}{a^3}F$$

式中,a 为方柱形杆件的截面边长,h 为柱体的高度。

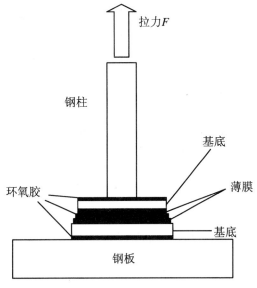

图 8.4　双层结构

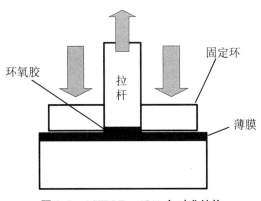

图 8.5　ASTM D‐4541 自对准结构

假设薄膜在剥离前的变形都是弹性变形,则圆形杆件的垂直牵引的附着力计算公式为

$$P = \frac{32}{\pi} \frac{lF}{D^3}$$

式中,l 为圆形杆件的高度,F 为垂直拉脱时所施加的力,D 为圆形杆件的直径。

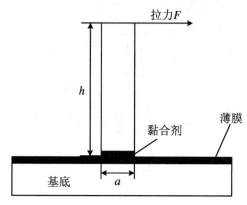

图 8.6　方柱形杆件的垂直牵引

2. 压带剥落法

压带剥落法(scotch tape test 或 peel test)是目前比较热门的一类研究方法，最初主要用于测量黏结胶带的黏结力。如果把薄膜附着在基底上理解为黏结，该方法就可以用于测量薄膜附着力。

压带剥落法的原理如图 8.7 所示，当拉的速度较快时，薄膜很容易从基底上脱落下来。因此，人们可在薄膜表面粘贴具有一定宽度的压力胶带，然后沿着某个特定方向(通常与膜面成 60°～90°角)，并以一定的速度牵引胶带的一端，最后根据附着胶带被拉下来后的薄膜剥离情况来判断附着力的大小。

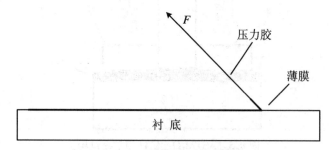

图 8.7　压带剥落法示意图

试验中通常可观察到三种胶带与膜面分离的情况：薄膜与基底完全分离、薄膜与基底完全不分离、薄膜与基底部分分离。因此，压带剥落法在使用时具有一定要求，即胶带与薄膜之间的黏附力要大于薄膜与基底之间的附着力，而测量结果通常又会与胶带类型、所施加的压力以及拉带的速度和方式有关。

3．薄膜检测

薄膜应用的可能性与可靠性很大程度上取决于薄膜的附着性能。已提出测量薄膜附着力的方法达 20 余种，如拉伸法、压痕法、划痕法和弯曲法等。

激光层裂法不同于以往的测量方法，其加载在非常高的应变率条件（约 $10^7/s$）下完成，这样大大抑制了基体与薄膜的弹塑性行为，因而可以认为该方法的测量值为结合面的附着力。

强激光冲击靶材时产生强冲击波，该冲击波以应力波的形式在靶内传播并衰减，到达靶后表面时发生反射。反射波与入射波相互作用产生拉应力，一旦满足断裂准则，就会在材料内部形成裂纹。当平行于波阵面方向的裂口足够大时，整个裂片便带着陷入其中的动量飞离，这是激光冲击诱导的层裂现象。根据激光层裂现象，设计适当外形尺寸试样，选用合适的功率、波长、脉冲宽度的激光器，可以定量测出薄膜的附着力。该实验方案如图 8.8 所示。

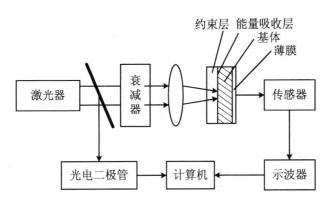

图 8.8　激光层裂法测量薄膜附着力实验方案示意图

高能量短脉冲的激光穿过约束层打在表面涂有能量吸收层的基体时，基体表面的爆炸性气化产生压缩应力波，应力波透过基体薄膜界面到达薄膜的自由表面，反射形成拉应力波将薄膜剥离。根据相应的临界应力判断准则，判定薄膜初始脱黏的临界状态。放置在自由表面的测量设备记录出自由表面的应力情况，进一步推算出薄膜发生初始脱黏临界状态时结合面处的应力值，该值可以认为是薄膜的附着力。试样表面涂有能量吸收层，理想能量吸收层要求有高吸收率、高熔点、高热膨胀系数、高弹性模量和低热扩散率。金是理想的能量吸收材料，但由于其价格昂贵，实际往往采用其他材料代替，目前采用较多的是铝，并且在实验中得到比较好的效果。约束层作用是增加冲击波强度的有效方法。最常采用的材料是透明熔凝石英、有机玻璃和水。但这些约束层与试样并非自然接触，因而为更好地优化应力波,在一些研究中开始采用水玻璃为约束层。

8.1.3 薄膜的硬度

硬度表征了材料的抗塑变能力或屈服强度。对于耐磨性的硬质膜,硬度是最重要的力学性能指标之一。对薄膜进行硬度试验时,一般采用显微硬度计,用显微镜测出压痕对角线的长度,根据压头形状按公式计算出硬度值。近年来发展起来的超显微硬度仪为薄膜的硬度测量提供了方便。超显微压痕装置可以安装在SEM 的试样室内,也可作为单独装置使用,通常是一种位移传感压痕测量设备,由于其位移测量精度可达纳米量级,往往也称之为纳米力学探针。

图 8.9 为一种超显微压痕系统的结构示意图。压头主轴悬挂在精巧的弹簧臂上,其底端固定金刚石压头,该弹簧臂在加载方向上是挠性的,而在横向上为刚性的。当压头尚未接触样品时,压头主轴由弹簧悬臂和主轴上端固定的电磁线圈所施加的磁力共同维持平衡,减小线圈磁力则压头在重力作用下向下运动,因而线圈磁力的大小可以反映压头所受的载荷。该设备的载荷的最小刻度为 $0.25~\mu N$,最大施加载荷可达 120 mN,可作总压入深度低达 20 nm 的压痕测量。

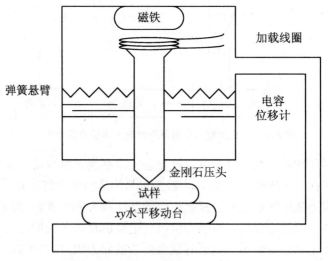

图 8.9　超显微压痕系统结构示意图

8.1.4 薄膜的厚度

在通常情况下,薄膜的厚度指的是基片表面和薄膜表面的距离,而实际上,薄膜的表面是不平整、不连续的,且薄膜内部存在着针孔、微裂纹、纤维丝、杂质、晶格缺陷和表面吸附分子等。因此薄膜的厚度大致可以分成三类:形状厚度、质量厚度、物性厚度。形状厚度指的是基片表面和薄膜表面的距离;质量厚度指的是薄膜的质量除以薄膜的面积所得到的厚度,也可以是单位面积所具有的质量(g/cm^2);物性厚度指的是根据薄膜材料的物理性质的测量,通过一定的对应关系计算而得到的厚度。

随着科技的进步和精密仪器的应用,薄膜厚度的测量方法有很多,按照测量的方式可以分为两类:直接测量和间接测量。直接测量指应用测量仪器,通过接触(或光接触)直接感应出薄膜的厚度,常见的直接法测量有螺旋测微法、精密轮廓扫描法(台阶法,Dekdeck2A 型台阶仪的误差范围为 $\pm 5 \times 10^{-9}$ m)、扫描电子显微法(SEM);间接测量指根据一定对应的物理关系,将相关的物理量经过计算转化为薄膜的厚度,从而达到测量薄膜厚度的目的。常见的间接法测量有称量法、电容法、电阻法、等厚干涉法、变角干涉法、椭圆偏振法。按照测量的原理可分为三类:称量法、电学法、光学法。常见的称量法有天平法、石英法、原子数测定法;常见的电学法有电阻法、电容法、涡流法;常见的光学方法有等厚干涉法、变角干涉法、光吸收法、椭圆偏振法。

8.1.5　薄膜的分析

薄膜材料密度测量常用两种方法:一种是称重和台阶仪测厚相结合的测量法(称重法),另一种是背散射技术和台阶仪测厚相结合测量法(背散射法)。

1. 称重法

称重法的原理比较简单。若整个薄膜样品的厚度及密度均匀,则薄膜的密度 ρ 可表示为

$$\rho = \frac{\Delta m}{\Delta s \cdot h}$$

这里,Δm 为膜的质量(Δm = 镀膜后的质量 − 镀膜前的质量),h 为膜的厚度,Δs 为膜的面积。因此,只要用电子微量天平测出膜的质量 Δm,用游标卡尺测量面积 Δs,用台阶仪测出膜厚 h,就可以求出薄膜的密度。

2. 背散射法

背散射法是 20 世纪 60 年代发展起来的一种分析技术。这种技术具有灵敏度高、不损坏样品、图形直观、数据可靠等优点,是分析固体表面层元素成分、杂质含量、杂质浓度分布及表面结构等特性的重要手段。

薄膜分析常用方法见表 8.1。

表8.1　薄膜分析常用方法

名　称	分析对象
SEM(扫描电子显微镜)	薄膜表面形貌,晶粒尺寸
HREM(高分辨率电子显微镜)	晶粒尺寸,多层膜调制层层厚,界面状态,晶体结构/织构
AFM(原子力显微镜)	薄膜表面形貌
XRD(X射线衍射)	多层膜调制层层厚,调制比,界面状态,晶体结构/织构,薄膜应力状态
SADP(选区电子衍射)	晶体结构/织构
AES(俄歇电子能谱)	表面几个原子层深度的元素分析,适合于除H和He以外的元素
EDX/EELS(X射线能量色散谱/电子能量损失谱)	空间分辨率为几纳米微区内的成分分析
XPS(光电子能谱)	除H元素以外表面几个原子层元素的价态和化学状态分析
SIMS(二次离子质谱)	表面几个原子层全元素和同位素分析

8.2　薄膜温度传感器

　　薄膜温度传感器是随着薄膜技术的成熟发展而发展起来的一种新型微传感器,具有体积小、热响应时间短、精度高、便于集成等特点,它可以替代传统的温度传感器,而且更适用于物体表面快速和小间隙场所的温度测量。温度传感功能薄膜按传感机理可分为:热电阻传感薄膜和热电偶传感薄膜。传统的传感器与其相比,因功能差,体积大,已很难再满足要求而将被逐渐淘汰。发展高性能的、先进微薄膜传感器已成为必然。

8.2.1　热电阻传感薄膜

金属薄膜热敏电阻是基于纯金属材料的电阻率随温度的升高而增加的原理来测量温度的。大量的事实证明:纯金属的电阻率在很宽的范围内可用布洛赫-格林艾森公式来描述

$$\rho(T) = \frac{AT^5}{M\Theta_D^6}\int_0^{\Theta_D} \frac{x^5}{(e^x-1)(1-e^{-x})}\mathrm{d}x$$

式中,A 为金属特性常数,M 为被测金属材料的原子量,Θ_D 为金属的德拜温度,如镍的 $\Theta_D = 450\,\mathrm{K}$,$T$ 为被测器件的温度,x 为材料的温度积分变量,$\rho(T)$ 为被测金属材料在温度 T 时的电阻率。

在德拜温度附近,金属的电阻率可由下式表示:

$$\rho(T) = \frac{AT}{4M\Theta_D^2} = KT$$

所以电阻率随温度的变化近似成线性关系。

热敏薄膜的敏感材料大多数为金属,如铜、钛、银、铝、铂、镍等。铝薄膜热敏电阻作为温度传感器的热敏元件有许多优点:工艺简单,热处理温度低(铝的再结晶温度低,只有 150 ℃),而且又可以直接作为内连线和压焊点。但是铝膜作为传感器的热敏元件的缺点是:其灵敏度和电阻率低,耐腐蚀性差,这些都限制了它的使用。银的电阻率比铝还低,因此作为热敏电阻灵敏度低,但银的线性度比铝好。银与保护膜的黏附性较差,可以采用多层结构解决这一问题,例如铬-镍-银多层膜。铂薄膜热电阻测温范围大,性能稳定,线性度好,缺点是铂价格昂贵。为降低成本,人们正在寻求用其他金属代替铂金属。在金属材料中,镍的电阻温度系数大,约为铂电阻温度系数的 1.7 倍,作为温度传感器,镍有较高的灵敏度,其可焊性好,资源丰富,价格只有铂材料的千分之一,以上优点使镍逐渐代替铂成为优选的热敏材料。

通常作为保护膜的膜材为碳化硅、氮化硅、氧化铝,而用作绝缘层的是氧化铝膜或氧化铝与氧化镁复合膜。

热敏电阻薄膜的标定采用动态升温法。首先在 0 ℃ 时测量薄膜热电阻的阻值,然后将热敏电阻薄膜浸入到三甲基硅油液中,并同时测量油液的温度。在对油液进行的加热-冷却过程中,每当其温度达到某一预定值时便恒温 20 min,然后测取并记录薄膜的电阻值和油液的温度值,对各测点进行温度-电阻曲线拟合,即可得到热敏电阻薄膜的温度-阻值标定曲线。只要热敏电阻的灵敏度和所标定曲线的电阻率线性度和稳定性能满足设计要求,即可用于实际测量。

热敏电阻薄膜传感器稳态精度高,更适于物体表面、快速和小间隙场所的稳态温度测量。图8.10为热敏电阻薄膜传感器的结构示意图。

温度传感功能薄膜可以直接镀制在被测基体(如轴承、发动机燃烧室内腔)表面上,也可以先沉积在基片上,然后粘贴到被测部件上。当被测基体表面快速升温时,温度传感薄膜就产生阻值变化,从而测量出被测表面的温度。

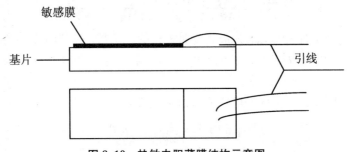

图 8.10 热敏电阻薄膜结构示意图

8.2.2 薄膜热电偶

与普通热电偶的原理一样,薄膜热电偶也是基于物质的热电效应原理的,是用于测量瞬变温度的一种接触测量仪器。其测温原理为热电效应(或泽贝克效应):当两种不同的金属组成的闭合回路两端存在温差时,在回路中产生热电势。由于薄膜热电偶的热接点多为微米级的薄膜,其性能独特,具有体积小(热容量小)、灵敏度高、便于安装、温度测量范围宽、响应快、集成度高和稳定性强等优点,特别适于测量物体表面和小间隙场所快速变化的温度,符合温度传感器技术小型化、集成化、阵列化、多功能化、智能化、系统化及网络化的发展趋势。近年来,薄膜热电偶广泛应用于航空发动机热端部件的瞬态温度测试,以及燃气涡轮元件附面层行为的监测。

1. 薄膜热电偶的关键技术

(1) 临界厚度的确定

根据薄膜的尺寸效应理论,在厚度方向上表面、界面的存在使物质的连续性具有不确定性。当薄膜的厚度小于某一值时,薄膜连续性发生中断,从而引起电子输运现象发生变化,因此,薄膜热电偶的厚度不是越薄越好,而是要存在一个临界厚度。当薄膜厚度 d 大于临界厚度时,金属薄膜电阻率 ρ_f 与厚度之间存在一定关系,即 $\rho_f d$ 值与 d 成线性关系,可以根据这一关系来确定金属薄膜的临界厚度。

（2）扩散现象

薄膜热电偶温度传感器的工作核心是由两个热电极薄膜相互搭接而成的热结点，不同于体块型热电偶，由于薄膜材料之间普遍存在相互扩散的现象，而这种金属薄膜之间的相互扩散势必会对薄膜的各项性能产生影响，因此，研究薄膜热电偶电极材料之间的扩散现象对于研制薄膜热电偶传感器具有重要意义。

在薄膜热电偶的热结点处，两层金属薄膜之间所形成的界面通常既不完全混乱，也不完全有序，而是具有一种相当复杂的结构。在界面中会产生各种各样的缺陷，如空位、替位或填隙杂质等，而这些缺陷会通过扩散向金属薄膜的内部转移。金属薄膜相互扩散现象通常可分为可互溶的单晶薄膜扩散和多晶薄膜间的扩散两种类型，金属薄膜之间的扩散类型不同所导致的费米能级的变化也不同，进而引起不同的电学特性的改变。

（3）制备工艺

当前制备功能薄膜的技术很多，主要是物理气相沉积（PVD）和化学气相沉积（CVD）两大类方法。不同的薄膜制备技术各有其特点，其中，属于物理气相法的溅射镀膜技术，由于具有高速、低温、低损伤等优点，同时还可以很好地解决热电极材料在热结点处的交叉复合等问题，所以，非常适合用来制备热电偶薄膜。同时，薄膜在制备过程中不可避免地会产生各种各样的缺陷，这些缺陷会影响薄膜热电偶的电学性能，而热处理可以有效地消除缺陷，改善薄膜的内部组织，提高其性能，所以，薄膜的热处理工艺也是薄膜热电偶制备工艺重要的研究领域。

2. 薄膜热电偶的结构

制作薄膜热电偶的技术关键在于解决镀膜牢固性问题，以及膜层与基体、导线与基体间的绝缘问题。目前薄膜热电偶的绝缘方法大致有五种：① 氧化处理法，即对热电偶导线或金属箔表面进行阳极化处理，使其生成致密的氧化物绝缘层以达到绝缘目的；② 云母片绝缘法，如图 8.11 所示，用机械方法将云母夹在热电偶材料中间并固定，将其端部抛光镀膜；③ 绝缘黏结剂法，使用了绝缘黏结剂涂敷于

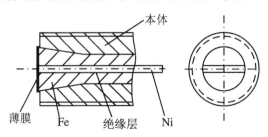

图 8.11　夹板式薄膜热电偶

热电偶材料表面达到绝缘目的;④ 多层镀膜绝缘法,即在膜层与基体以及热电偶材料表面预镀绝缘膜,使其绝缘;⑤ 喷涂陶瓷绝缘法。

西北工业大学研制的 BMP‑Ⅰ型薄膜热电偶选用了陶瓷薄片材料作为基体,直接在非金属材料基体上固定热电偶导线并镀膜。该陶瓷材料可以经受 1 600 ℃高温,具有良好的耐热冲击性,经过抛光可以达到镀膜所需的表面粗糙度要求。通过激光加工将陶瓷片制成如图 8.12 所示的形状,其中部两孔直径为 0.2 mm。将 Φ0.2 mm 标准镍铬‑镍硅热电偶丝分别嵌入小孔,使其与小孔达到过盈配合,从金相显微镜下基本看不到间隙,以保证薄膜桥部很短。然后在陶瓷片背面用高温无机绝缘胶将热电偶丝固定。再经过研磨,使热电偶丝端面与陶瓷片平齐并达到镀膜所需的光洁度要求。

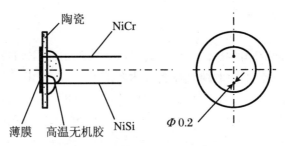

图 8.12　BMP‑Ⅰ型薄膜热电偶

3. 薄膜热电偶的静态标定

薄膜热电偶的静态标定在 WJT‑2 热电偶校验装置中进行。如图 8.13 所示,薄膜热电偶放入 YT‑8B 管式炉中加热,管式炉炉温由标准铂‑铑热电偶控制,热电偶冷端分别插入装有变压器油的试管中。试管置于有冰水混合物的冰瓶以保持冷端温度为 0 ℃。

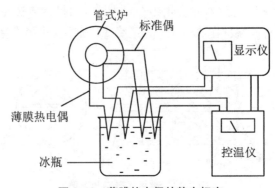

图 8.13　薄膜热电偶的静态标定

4. 薄膜热电偶动态标定

薄膜热电偶动态时间常数非常小(微秒量级),用丝式热电偶的标定方法来动
态标定薄膜热电偶必然产生很大误差。图 8.14 所示的测量方法采用 PIJ－Nd³⁺钕玻璃脉冲激光器发射类矩形激光脉冲。激光光束由分光镜分为两束:一束被 PIN 硅光电二极管(动态响应时间≤20 ns)接收,经放大单元输入 SBR－Ⅰ型双线示波器(Y 通道带宽≥20 MHz,灵敏度可达 200 μV/cm;X 轴扫描速度可达 1 μs/cm,并可扩展 20 倍);另一束投射到薄膜热电偶上,产生热电势同样输入 SBR－Ⅰ型双线示波器,通过计算从示波器上拍

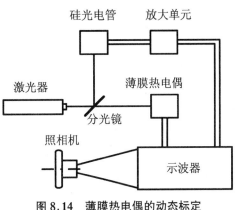

图 8.14　薄膜热电偶的动态标定

摄的薄膜热电偶和 PIN 硅光电二极管同时测取激光脉冲的波形,即可求得薄膜热电偶的动态响应时间常数。

8.3　薄膜力传感器

薄膜应变片测量原理是薄膜敏感材料的压阻效应,即在应变的作用下,一方面薄膜材料发生几何形变,引起材料的电阻发生变化;另一方面因材料晶格变形等因素引起薄膜材料的电子自由程发生变化,导致材料的电阻率发生变化,从而使材料的电阻发生变化。

8.3.1　超低温薄膜压力传感器

传统的应变片是采用金属丝或硅扩散的办法制成敏感栅贴片,然后粘贴镶嵌在测量部位。由于粘贴使应变片的敏感层与基片之间的形变传递不好,存在诸如蠕变、机械滞后、零漂等问题,影响了它的测量精度。合金薄膜具有温度系数小、应变基本成线性、抗腐蚀性强、在－200 ℃下能保持性能稳定等特点,合金薄膜电阻式压力传感器可用于超低温下的压力测量。

为了保证传感器在 $-200\sim100$ ℃温度范围内能进行精确测量并能长期有效地工作,弹性元件材料和薄膜材料的性能相当重要。弹性元件主要影响传感器的迟滞、重复性、非线性、灵敏度等静态性能,应选取在 $-200\sim150$ ℃温度范围内耐腐蚀、无磁性、高弹性极限、低弹性模量并具良好工艺性的恒弹材料,这种材料将为传感器高精度测量提供基础保障。

由于合金薄膜"生长"在弹性元件上,因此薄膜材料和弹性元件材料一样影响传感器的静态性能。作为应变电阻材料,合金薄膜材料还应具有低的温度系数、高的稳定性等特点。经实验证明,当合金薄膜电阻的膜达到一定厚度时,薄膜为连续膜,薄膜电阻的性能与溅射原材基本接近。薄膜电阻应选取在 $-200\sim150$ ℃温度范围内温度系数小、稳定性高、性能优良的精密电阻材料。

除了原材料与工艺设计外,在传感器的结构设计上主要考虑外引信号、环境性能要求、外形尺寸要求及现场环境对传感器的要求。为了适应现行设备、设施的集成化与智能化,传感器的外形尺寸应小巧且易于安装,并能保证在强腐蚀、高振动、超低温度等恶劣环境下可靠工作。结构上所用材料基本是金属材料,采用激光焊接和等离子焊接将主结构件"熔"为一体,这种一体化结构保证了传感器的线性、可靠性、抗震性、抗腐蚀性等,能在 -200 ℃温度下可靠工作。

弹性元件上沉积的四种功能膜分别是 Ta_2O_5 与 SiO_2 绝缘膜、NiCr 电阻膜、SiO_2 保护膜、Au 膜,具体的分布情况如图 8.15 所示。

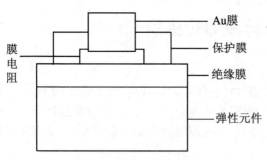

Au膜
保护膜
绝缘膜
膜电阻
弹性元件

图 8.15　弹性元件上功能膜的分布

将在绝缘膜上的合金电阻膜刻蚀成栅条形式,均匀分布在弹性元件的不同应变区,然后将它们连接成 Wheastone 全桥应变电路而作为传感器的工作电路,如图 8.16 所示。

因合金膜电阻相当于"生长"在弹性元件上,当弹性元件受压形变时,膜电阻随之产生拉伸或压缩形变,电阻阻值发生相应改变,使桥路输出改变。当采用恒流源或恒压源供电时,桥路输出与电阻的应变基本成正比,即与所测试的压力值大小基本成正比。

8.3.2　单点力传感器

压力传感器按结构形式可分为四大类:电容式、压阻式、应变式、压电式,其中,压阻式、电容式压力传感器应用最普遍。因为压阻式传感器结构简单,承受载荷大,受温度影响较小。薄膜单点力传感器所采用的材料为绝缘保护 PET 薄膜、碳二硫化钼压敏电阻油墨、银导电电极。其检测原理是利用实心轴向柱式压阻效应实现检测,传感检测点的受力如图 8.17 所示。

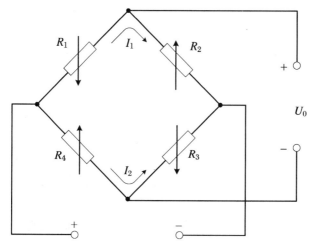

图 8.16　恒压电桥电路

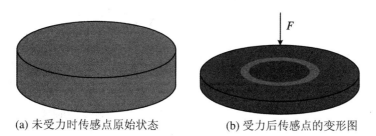

(a) 未受力时传感点原始状态　　　　(b) 受力后传感点的变形图

图 8.17　薄膜单点力检测的受力

当外力作用于传感点处时,由于传感点受外力挤压而产生轴向变形,材料的导电电子密度增大,电阻率减小。由电路知识可知,电阻值与电阻率成正比关系,同时电阻率又受外力大小的影响,因此根据某一传感点阻值的变化可判断和计算出外力的大小。电阻与传感点处线应变的关系为

$$\frac{\Delta R}{R} = \left[(1 + 2\mu) + \pi E \right] \varepsilon$$

式中,μ 为泊松比,E 为碳二硫化钼压敏材料的弹性模量,ε 为线应变,R 为某一传感点处没有受到外力时的电阻值。对于弹性体而言,由外力与线应变的关系,可知

$$\varepsilon = \frac{F}{EA}$$

式中，F 为传感点处轴向作用力，A 为传感点处的横截面积。因此，轴向外力 F 的大小与传感点处阻值的变化量 ΔR 的关系式为

$$\frac{\Delta R}{R} = \left[(1 + 2\mu) + \pi E \right] \frac{F}{EA}$$

若传感点压力为 p，则有

$$\frac{\Delta R}{R} = \left[(1 + 2\mu) + \pi E \right] \frac{p}{EA}$$

基于上述检测原理，设计其检测结构。由于传感检测点受到外力后，其电阻值会发生变化，因此若将传感点通过银导电电极放置于检测电路，则由被测电阻值的变化量即可知外力的大小。薄膜单点力传感器结构图如图 8.18 所示。

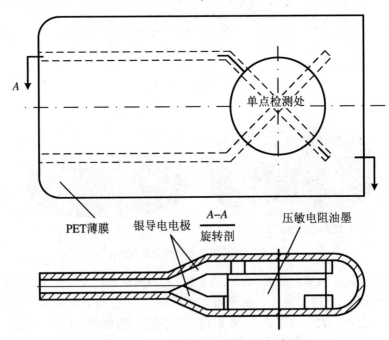

图 8.18　薄膜单点力传感器结构示意图

8.4　薄膜磁敏电阻传感器

　　铁磁性物质在磁化过程中的电阻值将沿磁化方向随外加磁场的增强而增大，最后达到饱和，这种现象称为磁阻效应。

　　当外加磁场方向和电流流向成 θ 角时，其电阻 $R(\theta)$ 将随 θ 变化而出现各向异性的变化。当磁化方向平行于电流流向时，电阻值最大；当磁化方向垂直于电流流向时，电阻值最小。其表达式为

$$R(\theta) = R_A \sin^2\theta + R_B \cos^2\theta$$

式中，$R(\theta)$ 为磁化方向与电流流向成 θ 夹角时的电阻值，R_A 和 R_B 分别为磁化方向与电流流向平行和垂直时的阻值，θ 为磁化方向与电流流向的夹角。图 8.19 为薄膜磁阻元件的结构示意图。

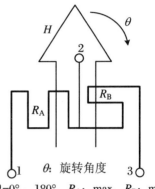

θ: 旋转角度

$\theta=0°$，$180°$，R_A: max，R_B: min
$\theta=90°$，$270°$，R_A: min，R_B: max

图 8.19　薄膜磁阻元件结构

　　薄膜磁敏电阻元件的电阻-磁场特性曲线如图 8.20 所示。

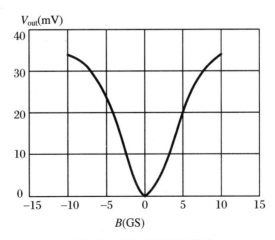

图 8.20　电阻-磁场特性曲线

8.4.1　电流传感器

　　磁阻元件可以构成最简单的电流传感器,例如,用磁阻传感器可以测量载流导体周围的磁场。还可以用磁阻元件测量电流,电流可根据公式 $B = 2 \times 10^{-7} I_x / x$ 计算。其中,B 是离载流导体的距离为 x 处测得的磁场。这种方法对于非接触测量很有用,若导体的直径为 1 mm,在离半径的距离为 x 的点处的转换系数为 $S = 1.5$ mV/mA。如图 8.21 所示,当采用补偿电路时,可以得到最高的精度。

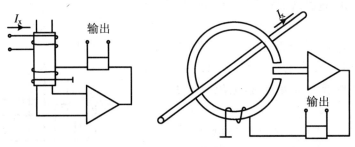

图 8.21　电流传感器

8.4.2　机械量传感器

　　磁阻传感器被大量应用的场合是汽车工业,其中包括电气点火,速度、压力和加速度的测量。磁阻传感器与永磁体一起可以构成测量几何尺寸的系统,包括角度的测量和线性位移的测量。测量位移的系统稍加改进后,还可以用来测量振荡、压力、加速度等。另外的应用是非接触开关。与另外一些非接触传感器,如霍尔传感器、电感式或光学式传感器相比较,磁阻式非接触开关具有以下优点:尺寸小,分辨率高,灵敏度高,工作频带宽,耐油耐尘能力强。图 8.22(a)表示最简单的永磁-传感器构成的测量几何尺寸的系统,其工作原理是基于永磁体位置的改变。图 8.22(b)表示用一个永磁体来改变磁场的对称性而使位于两侧的传感器输出信号,

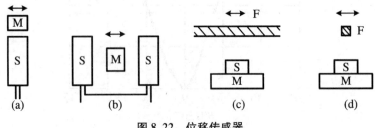

图 8.22　位移传感器

以显示 M 的位置。图 8.22(c)和(d)表示软磁体 F 向左右位移时的位移量,可以通过传感器 S 读出。永磁体 M 产生磁激励,以提高传感器的灵敏度及线性度。

图 8.23 为加速度传感器。

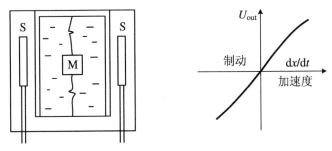

图 8.23 磁阻型加速度传感器

图 8.24 为旋转式薄膜磁阻传感器,除可以测量速度外,还可以测量角位移。在鼓上安装有永磁体,这样的传感器起检测器的作用。这类器件的应用十分广泛。

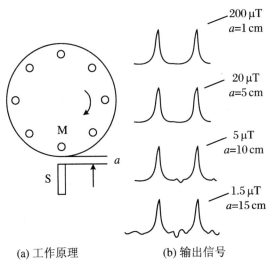

(a) 工作原理   (b) 输出信号

图 8.24 旋转式薄膜磁阻传感器

8.4.3 薄膜磁敏电阻元件 KMZ10

KMZ10 系列薄膜磁敏电阻(KMZ10 magneto-resistive sensor)采用的 Barber 结构的桥式电路元件结构示意图及等效电路如图 8.25 所示。由于磁阻条长度比宽度大得多,且形状各向异性,从而使得磁化强度沿着磁阻条长度的取向,这使得电流流向与磁阻条长度方向不再平行而成 45°的结构。从而极大地提高了弱磁场下的灵敏度,改进了磁阻特性,扩大了线性区,并且可以鉴别作用磁场的极性。

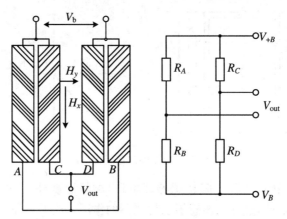

图 8.25 KMZ10 薄膜磁敏电阻的桥式电路元件结构与等效电路

KMZ10 系列薄膜磁敏电阻元件所具有的主要特性如下:

① 在弱磁场下,具有较高的灵敏度。

② 方向性强,当外加磁场平行于薄膜平面时,器件的灵敏度大;而当外加磁场垂直于薄膜平面时,器件的灵敏度最小且不敏感;利用这一特性可检测外加磁场的大小和方向。

③ 具有饱和特性,磁阻元件的阻值随外加磁场强度的增大而增加,当外加磁场达到一定值时,KMZ10 系列薄膜磁敏电阻元件的阻值不再增加而达到饱和。利用该特性可以检测磁场方位,因而可用于 GPS 导航等系统。

④ 内置偏置磁场极大地提高了磁阻元件的抗干扰能力和磁阻特性的稳定性,扩大了磁阻元件线性检测范围。

⑤ 具有较高的工作频率特性和倍频特性。

⑥ 具有较宽的工作温度范围和稳定的工作温度性能。

KMZ10 系列薄膜磁敏电阻元件可广泛用于磁性编码、磁阻电流传感器和磁阻接近开关等电路。其主要应用领域如下:

① 可制成不同规格的磁阻电流传感器,具体规格有 1A、2A、5A、10A、20A 等,该磁阻电流传感器的电流输入端和信号输出端绝缘,无任何电的联系,且具有体积小、结构简单、响应快、温度特性好、价格低廉等特点。

② 可制成磁阻齿轮传感器和接近开关,该器件具有优良的温度特性,特别适用于环境条件比较苛刻(如汽车发动机的高温和低温)的地方。

③ 可制成无接触电位器。

④ 可制成磁性编码器。

⑤ 可制作磁性墨水文字图形识别传感器。

8.4.4 MR‑400,ER‑450 磁阻器件

MR‑400,ER‑450 分别是日本 KASEI 公司生产的薄膜合金磁敏电阻元件和薄膜磁阻开关集成电路。薄膜磁敏电阻集成开关电路 ER‑450 是在薄膜磁阻元件 MR‑400 的基础上,将信号放大器、比较器、施密特触发器、输出驱动器等集成在同一硅片上制成的,输出开关信号可与 TTL 和 CMOS 兼容。它们在弱磁场下具有灵敏度高、噪声低、工作温度和频率特性好、有效检测距离远等特点,可广泛应用于工业机械、电力、汽车电子、仪器仪表等领域的位移、位置、转速、计数、电流测量、漏电保护等检测和控制系统。

ER‑450 的原理框图如图 8.26 所示,其特点如下:

① 在弱磁场下灵敏度高,噪声电平低;

② 工作频率特性好,0~10 kHz;

③ 工作温度范围宽;

④ 有效检测距离达 30 mm;

⑤ 体积小,结构简单,SMT 封装;

⑥ 耐油污粉尘、高低温、振动冲击等恶劣工作环境。

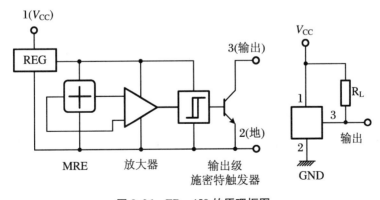

图 8.26 ER‑450 的原理框图

参 考 文 献

［1］ 许俊华,李戈扬,顾明元,等.薄膜成分、微结构及力学性能表征［J］.理化检验:物理分册,1998,34(12):28-32.

［2］ 王凤翔,谭春雨,刘继田,等.几种金属薄膜密度的测量［J］.山东大学学报:自然科学版,1998,33(4):388-392.

［3］ 黄新平,陈浩.薄膜磁敏电阻元件［J］.国外电子元器件,1999(12):36-37.

［4］ 黄新平,应振洲.薄膜磁阻元件及电流传感器［J］.传感器世界,1999(1):39-41.

［5］ 曾丹勇,周明,张永康,等.激光层裂法定量测量薄膜附着力的研究进展［J］.表面技术,2000,29(4):27-30.

［6］ 黄新平,刘清华.薄膜磁敏电阻元件 KMZ10［J］.国外电子元器件,2001(5):67-68.

［7］ 张以忱,巴德纯,马胜歌.薄膜热阻微传感器技术［J］.真空,2004,41(5):24-28.

［8］ 何迎辉,张修如,张舸.超低温薄膜压力传感器的研制［J］.传感器世界,2004(9):21-23.

［9］ 周高峰,赵玉龙,蒋庄德.薄膜单点力传感器［J］.机械工程学报,2009,45(7):238-242.

［10］ 谢鸿波.导电薄膜电阻测量技术的可靠性研究［J］.真空,2009,46(3):53-56.

［11］ 钱大憨,贾嘉,陈柳炼,等.光电器件薄膜附着力评价方法的研究进展［J］.红外,2011,32(1):10-15.

［12］ 赵源深,杨丽红.薄膜热电偶温度传感器研究进展［J］.传感器与微系统,2012,31(2):1-7.

第9章 隧道传感器

在经典物理学中,当一个微观粒子进入到一个势垒时,如果势垒的势能大于粒子的动能,则粒子被束缚在势垒中,穿越势垒的概率等于零。但在量子物理学中,由于粒子具有波动性,这一概率并不为零,如图9.1所示。粒子在其能量小于势垒高度时仍能穿过势垒的现象,称为隧道效应。

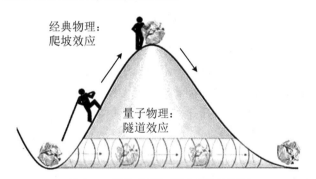

图9.1 经典力学与量子力学的区别

（http://images.search.yahoo.com/images/view）

由于电子的隧道效应,导体中的电子并不完全局限于表面边界,电子密度并不在表面处突变为零,而是在表面以外呈指数形式衰减,衰减的长度约为1 nm。因此,只要将原子尺度的极细探针以及被研究物质的表面作为两个电极,当样品与针尖的距离接近(<1 nm)时,它们的表面电子云就可能重叠(图9.2)。若在样品与针尖之间加一微小偏压 U_b,电子就会穿过两个电极之间的势垒,流向另一个电极,形成隧道电流。偏压的作用主要是提高针尖上电子的能量,使针尖上的电子比样品上的电子更容易越过势垒,从而形成隧道电流。这种隧道电流 I_s 的大小是电子波函数重叠程度的量度,与针尖和极板之间的距离 x 以及极板表面平均势垒的高度 Φ 有关,电流 I_s 与 x 之间满足如下关系:

$$I_s \propto U_b e^{-A\sqrt{\Phi}x}$$

式中，I_s 为隧道电流（A），U_b 为隧道电极两端的电压（V），$A=10.25/(\mathrm{nm \cdot eV^{1/2}})$，$\Phi$ 为隧道结的势垒高度（eV），x 为两金属电极间的距离（nm）。

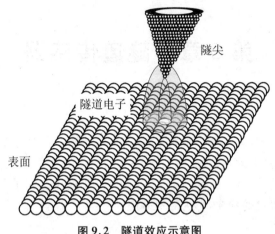

图 9.2　隧道效应示意图

隧道电流在皮安量级到纳安量级之间变化，如此小的电流很难测量，有时电路噪声甚至可以超过隧道电流。因此检测电路的设计至关重要，天津大学李梦超等选用 TI 公司的超低偏置电流单片运算放大器 OPA128，这种单片集成运放具有超低偏置电流、低失调、低漂移、高开环增益、高共模抑制比等特性（图 9.3）。由于采集的是纳安量级甚至更小的电流，需要放大到 mV 的电压，因此电路的反馈电阻需要达到 100 MΩ，电路的增益需要达到 10^9，实现 −1 V/1 nA 的放大关系，并且电流的分辨率能够达到 1 pA。反馈电阻对于检测电路的精密和稳定性非常重要，如此高倍率的放大电路特别容易受到其他因素的影响，特别是工频电网的影响。实验中使用毫伏计和 10 MΩ 电阻生成纳安量级的电流，当把电路放置在外部环境中时，输出总是包含 50 Hz 的信号，并且不稳定，经过分析是供电对反馈电阻的影响造成的。因此在设计时，反馈电阻单独放置，并且远离其他器件，电路板两面使用屏蔽层。在实验的过程中将电路完全屏蔽起来，隔绝市电影响，电源采用直流电池供电，所有的输入线、输出线采用屏蔽线，输出信号结果十分精确，并进行静态和动态的放大实验，分辨力达到 1 pA，有效地解决了干扰信号的影响。电路有很好的频率响应，可以达到 10 kHz 的频率响应。

当电子隧道传感器的传感元件位置发生变化时，隧道电流将变化。通过对隧道电流进行检测或对隧道间隙进行反馈控制，可以检测加速度、红外辐射、磁场等物理量，并能获得很高的灵敏度。由于电子隧道传感器的灵敏度与几何尺寸无直接关系,所以不存在随着尺寸微型化、灵敏度大大下降的问题。这一优点为传感器技术的发展开创了一个崭新的领域。

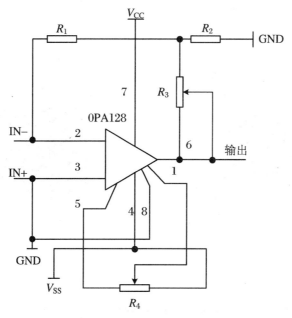

图 9.3　隧道电流检测原理图

从 20 世纪 80 年代中期开始,将电子隧道原理应用于传感器设计;同期,微电子机械系统技术的发展有力地支持了传感器的微型化、集成化。以美国为代表,开发和制成了基于电子隧道原理的微型加速度计、红外探测器、磁强计、触觉传感器。电子隧道传感器具有灵敏度高、体积小、能耗低、易集成的特点,有着良好的科研和实用前景。

9.1　隧道加速度计

微机械隧道加速度计是基于电子隧道效应设计的一种加速度传感器,具有分辨率和灵敏度高的特点。隧道加速度计主要用于高精度的测试场合,如卫星微重力测试、惯性制导、水下测试、声学测试、地震检测等场合。

9.1.1 JPL 设计原型

隧道加速度计首先由 JPL 实验室的 T. W. Kenny 等人研制成功。最初的设计原型如图 9.4 所示。

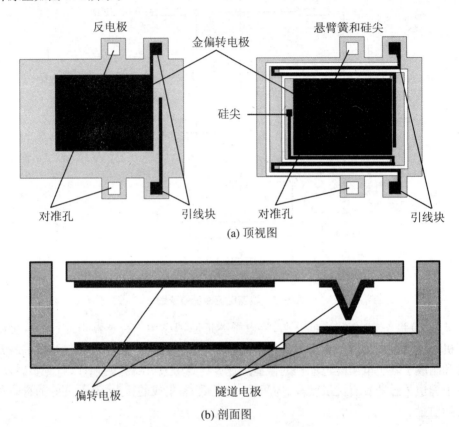

(a) 顶视图

(b) 剖面图

图 9.4　隧道加速度计设计原型

加速度计由两片微机械加工的硅片组成。上面一片包括由悬臂簧支撑的检验质量隧道硅尖、偏转电极和隧道电极引线;下面一片包括支撑衬底、反偏转电极和隧道的另一电极引线。隧道电极的位置由加在两偏转电极上的静电力控制。静电力使悬臂簧向下偏转,当隧道两电极的距离达到 1 nm 以内时,就产生隧道效应,同时产生隧道电流。通过静电反馈回路调节偏转电压来控制悬臂簧的位置,使隧道电流始终保持恒定值。当检验质量具有加速度时,检验质量发生位置移动,即悬臂簧发生偏转。这时,反馈回路通过调节静电偏转电压来迫使检验质量回到原位,这样,通过检验偏转电压的大小就可以测量加速度了。

在这里,使用静电执行器非常必要,因为它对热漂移和蠕变不敏感,而且静电执行器的响应仅是器件几何尺寸和机械特性的函数,而压电执行器还依赖于材料的特性。这种最初的加速度计的灵敏度在 10 Hz 时可达 $1 \times 10^{-7} g/\sqrt{\mathrm{Hz}}$。

就这种电子隧道加速度计而言,首先折叠的悬臂簧片和检验质量的谐振频率非常低,使隧道电极间的距离不易控制,而且还限制了加速度计的工作频率。另外,外界的机械振动或碰撞很容易使硅尖碰到衬底而损坏。其次,由于一开始隧道两电极的距离较远,控制悬臂运动的偏转电压很高(大于 200 V),限制了这种加速度计的应用范围。最后由于采用体硅结构,特别是折叠的悬臂簧的制作,工艺难度加大,且重复性较差。为了解决这些问题,有不少研究小组提出了改进措施。

9.1.2 JPL 改进型

美国 JPL 实验室的 T. W. Kenny 及其合作者,对他们最初的微机械隧道加速度计进行了改进,研制出了一种双元件隧道加速度计。这种改进的加速度计由一个谐振频率小于 100 Hz 的悬挂检验质量和一个谐振频率可高于 10 kHz 的高频悬臂梁组成,如图 9.5 所示。

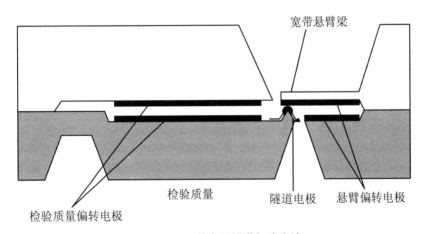

图 9.5　双元件电子隧道加速度计

隧道效应发生在检验质量上的硅尖与高频悬臂梁上的反电极之间。反馈控制电路通过控制高频悬臂梁跟踪检验质量的运动,使隧道电流保持恒定。因为反馈控制部分是加在高频的悬臂梁上的,所以其工作带宽不受检验质量谐振频率的限制,很容易得到从几赫兹到几千赫兹的工作频率。这种改进的加速度计在 100 Hz

时的灵敏度接近 $10^{-8}g/\sqrt{Hz}$。由于省去了折叠的悬臂簧和采用高频、低弹性系数的悬臂梁,这种加速度计的制作难度有所降低,驱动电压有所减小,振动噪声减小,灵敏度提高。

9.1.3 力平衡式

如图9.6所示,力平衡式隧道加速度传感器(又称扭摆式隧道加速度传感器)主要结构如下:桥墩、挠性轴、质量板块、反馈电极、硅尖和对面玻璃衬底上的电极。

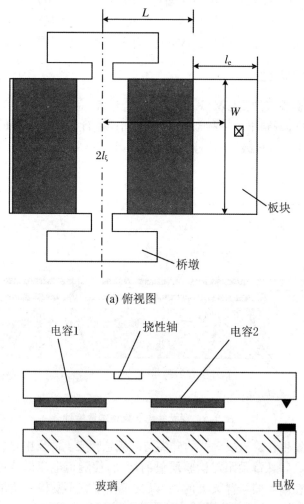

(a) 俯视图

图9.6 力平衡式隧道加速度传感器结构

硅尖与衬底电极间的距离只有几埃($1\text{Å} = 10^{-10}\,\text{m}$),加上隧道电压后,将有隧道电流产生。使用时,将加速度计固定在被测物体上,当有加速度作用在物体上时,因惯性质量板块相对于挠性轴线呈非对称的,所以惯性力使挠性轴发生扭转,这时由于板块偏转使隧道电极间距离的变化而引起隧道电流发生变化,电流的变化量经放大器放大后分成两路:一路信号经处理输出到显示器,另一路输出到静电力发生器,使其产生与惯性力矩相等而方向相反的静电力矩,而使惯性质量块很快回到原位。

9.2　隧　道　陀　螺

采用电子隧道效应作为微机械陀螺的敏感方式有利于提高陀螺仪的灵敏度。

9.2.1　悬臂梁式微机械隧道陀螺仪

悬臂梁式微机械隧道陀螺仪的信号敏感方式采用了电子隧道效应原理,其结构如图 9.7 所示,平面图如图 9.8 所示。

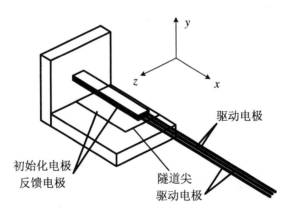

图 9.7　悬臂梁式微机械隧道陀螺仪结构图

在两对驱动电极上分别加上直流偏置交变电压,使悬臂梁沿着 y 方向产生谐振,当整个系统沿着 x 方向有输入角速度 Ω 时,受到科氏力的作用,使得悬臂梁沿着 z 方向振动,引起隧道电极间距的变化,改变隧道电流的大小,从而通过测量隧道电流的变化来检测输入角速度 Ω 的大小。

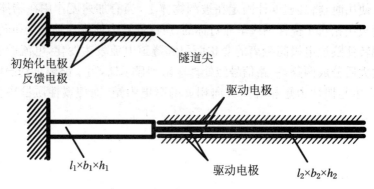

图 9.8　悬臂梁式微机械隧道陀螺仪平面图

9.2.2　正交梁式隧道效应微机械陀螺仪

正交梁式隧道效应微机械陀螺仪的信号敏感方式采用了电子隧道效应原理，其结构如图 9.9 所示，剖视图如图 9.10 所示，由框架、驱动梁、连接元件、检测梁、隧尖电极、活动梳齿和固定梳齿组成。驱动梁和检测梁的轴线重合并相互垂直，它们由方形连接元件连成一体，检测梁固定在基座上，基座可通过弹性支撑元件将整个敏感元件固定在传感器的外框架上，弹性支撑元件可用杨氏模量高的材料制成，

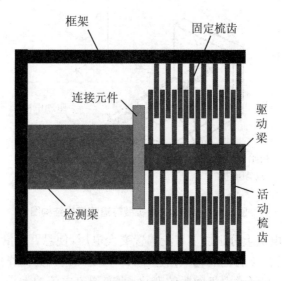

图 9.9　正交梁式隧道效应微机械陀螺仪结构图

它和基座一起可以吸收如噪声、重力、加速度和外界振动等干扰,提高陀螺的信噪比。这种正交梁式角速度敏感元件充分利用了驱动梁和检测梁在 y 轴和 z 轴方向上的刚度具有极大的差异这个特点,使得驱动振动模式和敏感振动模式有各自独立的振动梁,互不干扰。

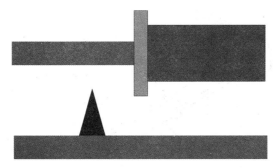

图9.10　正交梁式隧道效应微机械陀螺仪的剖视图

在该结构中,检测梁与隧尖相对的电极作为陀螺的反馈控制电极,驱动梁与衬底相对的平面上贴的电极作为陀螺的驱动检测电极。驱动梁在激励模态下振动,当角速度沿垂直于振动方向的对称轴,在科氏惯性力的作用下,检测梁将在科氏力方向上振动,导致检测电极板与隧尖电极板之间的距离发生变化,从而产生隧道电流,通过测试检测电极与隧尖电极之间的电流变化量就可以判定被测角速度的大小,正交梁式隧道效应微机械陀螺仪处理电路框图如图9.11所示。

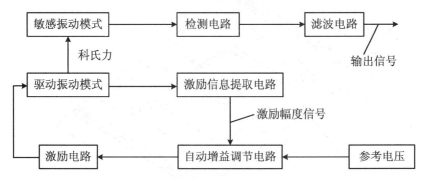

图 9.11　正交梁式隧道效应微机械陀螺仪处理电路框图

在陀螺开始工作之前,首先在对控制电极上施加控制电压将悬臂梁下拉到与隧尖的间距能够产生隧道电流的工作范围的位置,并在隧尖处产生隧道电流;接着在驱动电极两侧加上直流偏压和相位相反的交流偏压使悬臂梁的末端沿 y 方向产生振动,这时陀螺处于工作状态,当敏感到绕 x 方向有输入角速度 Ω 时,由于科氏力的作用,梁将在 z 方向上产生振动,从而引起隧道电流变化,在检测电路得到微小电流变化的同时将这种变化趋势通过反馈控制电路在控制电极上加上反相变化的电压,使隧道间距处于平衡状态;最后反相电压即反映角速度 Ω 的变化。

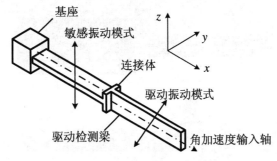

图 9.12　敏感元件结构原理图

9.2.3　隧道角速度传感器

基于隧道效应的微机械角速度传感器的机械部分结构如图 9.13 所示。传感

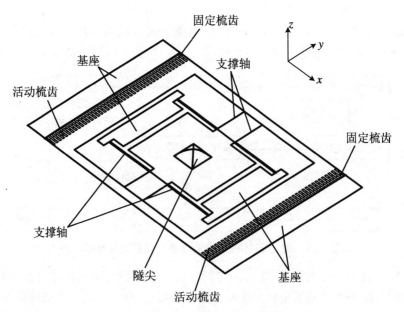

图 9.13　隧道角速度传感器的机械部分结构

器采用硅-玻结构。机械部分结构制作在硅片上,而电极以及屏蔽线等布置在玻璃上。机械部分结构包括两个固定梳齿、一对活动梳齿、隧尖以及支承轴等。活动梳齿沿 x 方向受静电力的驱动,该静电力是由施加在固定梳齿上的驱动电压 V_d(包括直流偏置电压 V_D 和交流驱动电压 $V_s\sin\omega t$)产生的。当壳体角速度方向为 y 方向时,就会在 z 方向产生科氏力,并使得梳状谐振器在 z 方向振动。由于驱动支承轴在 z 方向的抗弯刚度较大,可以认为在 z 方向梳状谐振器与隧尖部分是刚性连接,即梳状谐振器在 z 方向振动时会使得隧尖部分与之一起振动。该振动位移由隧道传感器产生的隧道电流来测量。在正常工作时,隧尖与检测电极的间距约为 1 nm,因此必须施加一静电吸力保证其工作间距。

1. 静电梳状驱动

图 9.14 为平行梳齿静电驱动的示意图。它通过一对梳齿差分驱动(推-拉)。驱动力正比于梳齿电容 C 随结构横向位移 x 的变化率。当横向位移 x 的数值远小于固定梳齿与活动梳齿的交错部分的长度时,该变化率对某一特定结构尺寸的梳齿为一常值。x 方向的静电驱动力可由下式求出:

$$F_x^e = 4\varepsilon_0 N_e \frac{h}{g} V_d V_s \sin\omega t$$

式中,h 为梳齿高度,g 为梳齿间隙,N_e 为一个活动梳齿的齿数,ω 为驱动角频率。

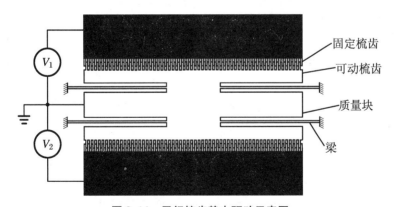

图 9.14　平行梳齿静电驱动示意图

假设梳状谐振器的质量为 M,在静电驱动力、弹簧恢复力以及阻尼力的作用下,沿 x 方向的运动方程为

$$M\ddot{x} + C_x\dot{x} + K_x x = F_{x0}\sin\omega t$$

式中,C_x 为阻尼系数,K_x 为活动梳齿的支承系统沿 x 方向的刚度系数,$F_{x0} =$

$4\varepsilon_0 N_e \dfrac{h}{g} V_d V_s$。当梳状谐振器的固有频率与驱动频率一致时,位移 $x(t)$ 为

$$x(t) = \frac{F_{x0} Q_x}{K_x} \sin \omega t$$

式中,Q_x 为品质因数。

2. 固有频率

活动梳齿的支承系统为双端固定梁结构,因此刚度系数

$$K_x = \frac{2Ehb_1^3}{l_1^3} N_{kx}$$

式中,E 为杨氏模量,b_1 和 l_1 分别为支承轴的宽度和长度,N_{kx} 为支承轴的数目。

驱动轴固有频率的精确解析表达式为

$$f_x = \frac{1}{2\pi} \sqrt{\frac{K_x}{M + 0.375m_s}} = \frac{1}{2\pi} \sqrt{\frac{2Eh(b_1/l_1)^3 N_{kx}}{M + 0.375m_s}}$$

式中,m_s 为驱动支承轴的质量。

同理,可得检测轴的固有频率为

$$f_x = \frac{1}{2\pi} \sqrt{\frac{2Eh(b_2/l_2)^3 N_{kx}}{M + M_t + 0.375m_s}}$$

式中,b_2 和 l_2 分别为检测支承轴的宽度和长度,N_{kx} 为支承轴的数目,M_t 为隧尖部分的质量,m_t 为检测支承轴的质量。

3. 静电吸力

在微机械角速度传感器不处于工作状态时,隧尖与检测电极之间的距离通常远远大于其工作间距,一般为 $1\sim2~\mu m$(与加工工艺有关)。因此,当检测角速度时,必须施加静电吸力使隧尖与检测电极在工作间距范围内。两平板电极间静电吸力的计算公式为

$$F_{el} = \frac{\varepsilon_0 A_b V_0^2}{2h_b^2}$$

式中,ε_0 为介电常数(在空气中为 8.854×10^{-12} F/m),A_b 为平板电极的面积,V_0 为施加的电压,h_b 为两平板电极之间的间距。假定传感器工作时,隧尖要向下移动距离 z_0,那么 z_0 与静电吸力的关系为

$$z_0 = \frac{\varepsilon_0 A_b V_0^2}{2K_z h_0^2}$$

由此可求得,位移为 z_0 时所需施加的电压为

$$V_0 = h_b \sqrt{\frac{2K_z z_0}{\varepsilon_0 A_b}}$$

4. 科氏力

当壳体有绕 y 方向的角速率 Ω 时,会在 z 方向产生科氏力,并使得梳状谐振器在 z 方向振动

$$F_z^G = 2M\Omega v_x = 2\Omega \frac{F_{x0}Q_x}{\omega}\cos \omega t$$

式中,F_z^G 为科氏力,Ω 为输入角速率,v_x 为梳状谐振器沿 x 方向的速度。受科氏力及静电吸力的作用,沿 z 轴方向的运动方程为

$$(M + M_t)\ddot{z} + C_z\dot{z} + K_z z = F_z^G + F_{el}$$

即

$$(M + M_t)\ddot{z} + C_z\dot{z} + K_z(z - z_0) = F_z^G$$

进一步,可得位移变化量为

$$\Delta z(t) = 2\Omega \frac{F_{x0}Q_xQ_z}{K_z\omega}\cos \omega t$$

式中,Q_z 为检测轴向的品质因数。在上式中假定了沿 x 方向和沿 z 方向的谐振频率相匹配。

5. 阻尼

驱动部分采用线振动结构,其阻尼作用主要包括两部分:① 活动叉齿与固定叉齿之间的黏滞阻尼;② 驱动部分与周围环境之间的黏滞阻尼。这里忽略了结构阻尼。根据流体力学并通过简化分析,可得驱动部分的阻尼系数为

$$C_x \approx \frac{\mu A_d}{h_b} + \frac{\mu A_c}{d_c}$$

式中,A_d 为驱动部分活动结构相对于底板的面积,A_c 为梳齿之间交错部分的面积,d_c 为梳齿之间的间距,h_b 为活动结构与底板之间的距离,μ 为气体黏滞系数(在空气中 20 ℃ 条件下为 18×10^{-6} kg/(m·s))。

检测部分由于沿 z 方向振动,因此分析时采用挤压薄膜理论。在这里,同样也没考虑结构阻尼。检测部分的挤压薄膜阻尼系数的近似计算公式为

$$C_z = \frac{0.421\,7\mu A^2}{h_b^3}$$

式中,A 为检测部分的面积。

通常为了提高品质因数,往往都采用抽真空的方法。实际上,对于侧向振动,抽真空对提高品质因数的意义不大,这是因为在空气中侧向振动的阻尼很小,但能很好地提高挤压方向振动的品质因数。

6. 最小分辨率

隧道效应的微机械角速率传感器的最小分辨率为

$$\Omega_{min} = \frac{2K_z \Delta z_{min}}{MQ_z\omega}x_0$$

式中，x_0 为驱动振幅。目前，据报道，在真空工作状态下，品质因数 $Q_z > 2\,500$。当 $\Delta z_{min} = 0.01\ \text{nm}$ 时，$\Omega_{min} = 0.05\,°/\text{h}$。

9.3　隧道磁强计

隧道磁强计是一种利用隧道效应测量磁场强度的新型磁强计。

9.3.1　隧道磁强计原型

图 9.15 给出了这类磁强计的一种典型结构。该磁强计的主要材料是硅，由一个硅衬底和一个氮化硅薄膜组成，硅衬底上有一个固定的电子隧道硅尖和一个偏置电极，薄膜上另有一个偏置电极。在静电驱动电极上施加一个电压，会使弹性薄膜拉至距硅尖 1 nm 范围之内，使得隧穿电流穿过势垒，一个前置放大装置将隧穿电流转变成隧穿电压，然后，将隧穿电压和预先设定的数字相比较，比较后的差值送回静电驱动器。

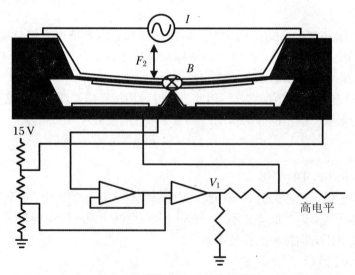

图 9.15　隧道磁强计结构示意图

在弹性膜的内侧通过电子蒸发制作出感应磁场的线圈,工作时在线圈上加交流电。当线圈通过垂直于纸面的磁场时,就产生了安培力,安培力使弹性膜发生偏转。同样,弹性膜的偏转由电子隧道传感器探测,偏转电压由反馈回路控制,比较器的输出 V_t 线性正比于垂直于薄膜的磁场力 F_z。这样,通过记录偏转电压的大小就可以得到磁场的强度。

对隧道磁强计而言,隧道间隙指的是隧尖和薄膜电极之间产生隧穿电流的间隙。如果这个间隙过大($\gg$1 nm),则隧道电流会过小以至于无法测量;如果这个间隙过小($\ll$1 nm),则隧尖和薄膜电极之间容易发生碰撞,导致隧尖损坏。因此,一般将该间隙定在 1 nm 左右。在驱动电压作用下,薄膜电极将通常被拉至距隧尖 1 nm,此时产生大约 1.4 nA 的电流。

按照隧道电流计算公式,隧道电流 I 和隧道间隙 S 成逆指数关系。这样一来,控制隧道电流的反馈控制电路就比较复杂,而且隧道电流和磁场强度也要成指数关系,这对通过隧道电流或偏置电压来计算和检测磁场强度是不利的。因此,有必要将隧道间隙控制在一个较小的范围内,使得隧道电流和隧道间隙近似成线性关系。

将基体上的电极和薄膜上的电极看作两平板电极(图 9.16),基体看作定极板,薄膜看作动极板,该动极板简化为一弹簧系统,系统的力弹性常数为 k。

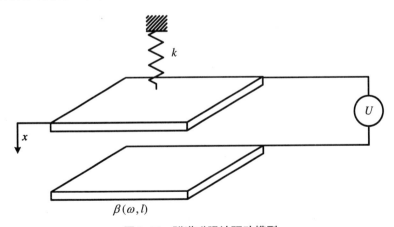

图 9.16　隧道磁强计驱动模型

两平板电极之间静电吸力的计算公式为

$$F = \frac{\varepsilon A V^2}{2d^2}$$

式中,$\varepsilon = \varepsilon_0 \varepsilon_r$ 为介电常数(ε_0 为真空介电常数,ε_r 为相对介电常数),A 为平板电

极的面积($A = wl$，w 和 l 分别为极板的长和宽)，V 为施加的电压，d 为两平板电极之间的间距。假定在静电力的作用下，磁强计薄膜向下移动了距离 x_0，那么静电力和弹簧力达到平衡的条件如下：

$$F_{10} = \frac{\varepsilon A V_0^2}{2(d - x_0)^2} \quad \text{（两极板间的静电力）}$$

$$F_{20} = kx_0 \quad \text{（动极板受到的弹簧力）}$$

式中，V_0 为未加磁场且隧穿间隙为 1 nm 时的驱动电压。薄膜位移为 x_0 时的平衡方程(图 9.17(a))为

$$F_{10} = F_{20}$$

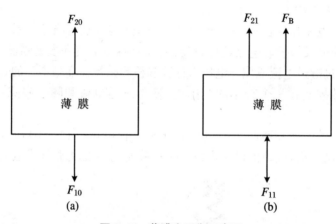

图 9.17 薄膜力平衡示意图

薄膜通电后，在静电力、安培力(F_B)和弹性力的作用下，薄膜位移为 x_1 时平衡方程(图 9.17(b))为

$$F_{11} = F_{21} + F_B$$

$$F_{11} = \frac{\varepsilon A V^2}{(d - x_1)^2}$$

$$F_{21} = kx_1$$

$$F_B = nILB$$

式中，n 为线圈匝数，I 是线圈中通入的高频电流，L 是线圈在薄膜上的长度，B 是磁场强度，V 为加磁场后的驱动电压。由于 $F_{11} = F_{21} + F_B$，按照隧道间隙的讨论，可知 $x_0 \approx x_1$。因此

$$\frac{\varepsilon A V^2}{2(d - x_0)^2} = kx_0 + nILB$$

将 V 对 B 求导,可得隧道磁强计灵敏度的表达式

$$\frac{\partial V}{\partial B} = \frac{nILB(d - x_0)^2}{\varepsilon AV}$$

考虑到驱动电压的变化不大,这里的 V 可以用 V_0 代替,这样给出的灵敏度是个确定值,更加便于评价隧道磁强计的性能。故隧道磁强计的灵敏度额修正为

$$\frac{\partial V}{\partial B} = \frac{nILB(d - x_0)^2}{\varepsilon AV_0}$$

9.3.2　水平式隧道磁强计

图 9.18 为水平式隧道磁强计结构简图。该磁强计工作时,首先由梳齿电极将质量弹簧系统往左拉一个期望位移(约 $3\,\mu m$,检测电极与硅尖间的原始距离为 $3\,\mu m$),再将检测电极与硅尖间距调整到 $1\,nm$(即隧道间隙为 $1\,nm$),此时在驱动电压作用下,产生约 $1.4\,nA$ 的隧道电流,然后再给线圈通入交流电,通电线圈在被测磁场(磁场方向垂直于纸面)的作用下将产生安培力,该力使质量弹簧系统做谐振运动,导致隧道间隙发生变化,使得隧道电流的大小也跟着变化。通过测量隧道电流的变化量可确定磁场强度的大小。

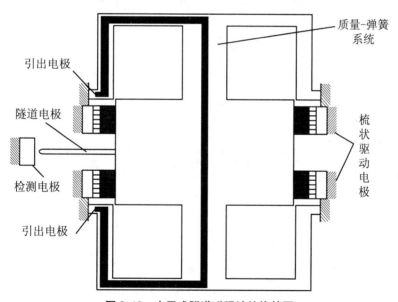

图 9.18　水平式隧道磁强计结构简图

191

9.4　触觉传感器

触觉传感器如图9.19所示。这种触觉传感器是在硅的基体上,加工出针尖并蒸镀上一层金属作为阴极,针尖半径≤500 Å,阳极板为 $2\,\mu m$ 厚的铝片。当阳极板在外来压力作用下产生变形时,电流将会发生变化。这一传感器的原理与隧道原理不完全一致。阳极板与阴极针尖间隙为1 000 Å,极间偏置电压 $V_b>\varphi/e(\varphi$ 为势垒高度)。其电流关系不符合式(9.2),未准确得出,电流大小取决于电压 V_b、间隙 S、势垒 φ 和针尖发射面积 A。

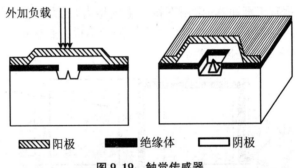

图 9.19　触觉传感器

这一传感器也可设计成阵列式结构。图9.20为一个针尖阵列的SEM图。

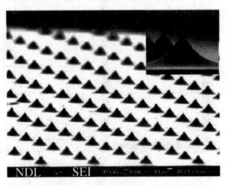

图 9.20　针尖阵列的 SEM 图

(http://images.search.yahoo.com/images/view)

这一传感器中不对电极间隙进行反馈控制,电流通过引出线进行检测。通过调整电极间的电压,以及在加工时改变间隙、针尖发射面积等参数,可以使电流对作用于阳极上的外界压力产生一个灵敏而强度适当的响应。

9.5 隧道红外探测器

红外探测器是电子隧道传感器的一个重要应用。用隧道结构对传统的戈利盒(Golay cell)的变形进行检测和控制,使红外探测器技术向前发展了一大步。

9.5.1 JPL 设计原型

最早的微机械电子隧道红外探测器也是由 JPL 实验室的 T. W. Kenny 等人研制成功的,其结构与隧道加速度计最初的设计原型类似,只是把加速度计下部的支撑衬底变成一个由一对微机械加工的硅片组成的密闭小腔体。腔体内封闭有常压下的空气,腔体上部为一厚 $0.5\ \mu m$ 的氮氧化硅弹性薄膜,如图 9.21 所示。

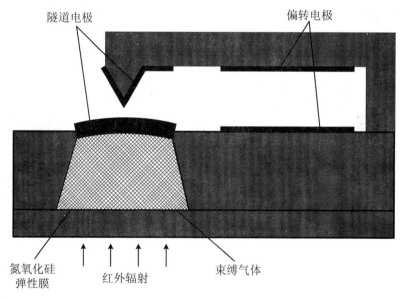

图 9.21 微机械电子隧道红外探测器设计原型

传感器敏感部件具有戈利盒结构。薄膜的外层覆盖一层约 7 nm 厚的金层,作为隧道电极和红外辐射的有效吸收膜。红外辐射从底部入射,器件吸收红外辐射使密闭在小腔体内的束缚气体膨胀,从而使弹性膜发生偏转。弹性膜的运动由上部的电子隧道传感器探测。这样,通过记录偏转电压的变化就可以监测红外信号。这种红外探测器的最大特点就是不需要制冷,而且对整个红外波段都很灵敏。

9.5.2 JPL 改进型

为了解决振动噪声对红外探测器性能的影响并使设计和制造简化,T. W. Kenny 等人对设计原型进行了改进。改进后的红外传感器省去了所有的悬臂,直接从反馈电路给弹性膜施加平衡力,如图 9.22 所示。器件的工作方式是在弹性膜上施加偏转电压,把它拉到能够与硅尖发生隧道效应的距离。一个标准的宽带反馈回路用来控制偏转电压以保持隧道电流为一恒定值。器件吸收了红外辐射,束缚气体的压力变化直接影响加在弹性膜上的平衡力。反馈电路通过调节平衡力使弹性膜保持在同一位置,以对此作出反应。

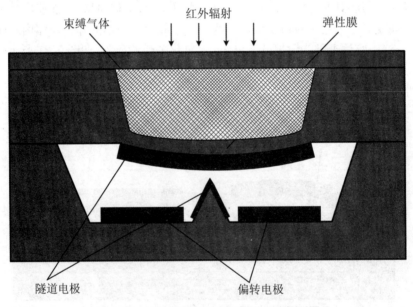

图 9.22 改进型微机械电子隧道红外探测器

这种改进的设计比原来的体积减小,运动部分的谐振频率大大提高,带宽增加两个数量级,而且改进型易于制造和集成为阵列。其 NEP(等效噪声功率)的值可降至$(2\sim4)\times10^{-10}$ W/$\sqrt{\text{Hz}}$,优于目前最好的商用热红外探测器。由于这种红外探测器不需制冷,对整个红外波段都敏感,且灵敏度高,因此它有许多潜在用途,非常适合那些得益于或必须使用非制冷探测器的中、远红外探测。

参 考 文 献

[1]　杨拥军.微机械电子隧道传感器研究进展[J].半导体情报,1997,34(2):23-27.

[2]　龙志峰,薛实福,李庆祥.电子隧道传感器的原理、现状与发展[J].光学精密工程,1998,6(2):1-6.

[3]　裘安萍,苏岩,周白令.基于隧道效应的微机械角速率传感器[J].中国技术惯性学报,2000,8(4):75-79.

[4]　张旭.一种力平衡式隧道加速度传感器的特性研究[J].电子器件,2001,24(4):295-200.

[5]　汤学华,尤政,杨建中.谐振式隧穿磁强计的理论研究[J].微纳电子技术,2003(7/8):407-409.

[6]　汤学华,尤政,杨拥军.水平式隧穿磁强计的建模与仿真[J].压电与声光,2005,27(5):566-568.

[7]　李文望,孙道恒.悬臂梁式微机械隧道陀螺的结构设计与性能分析[J].传感器技术,2005,24(2):48-50.

[8]　罗源源,刘俊,李锦明.正交梁式隧道效应微机械陀螺仪的设计与仿真[J].传感技术学报,2007,20(2):317-320.

[9]　李文望,孙道恒,王凌云.新型微机械隧道陀螺仪的设计和工艺制备[J].厦门大学学报,2009,48(4):528-531.

第 10 章　光学传感器

所谓光学传感器就是指利用从红外线到紫外线,以至 X 射线的光能量,并将光能转换成电信号的器件。图 10.1 给出了几种常见的光敏元件的相对灵敏度曲线。光学传感器具有非接触性、不受电干扰、高灵敏度、高精度、高时空分辨率、可进行全场三维测试等有别于其他传统传感器的显著特点。因此,它的应用领域十分广泛,凡是能与光波(场)相互作用而引起光波特性或参数改变的物理量(场)、生物量、化学量皆可使用。

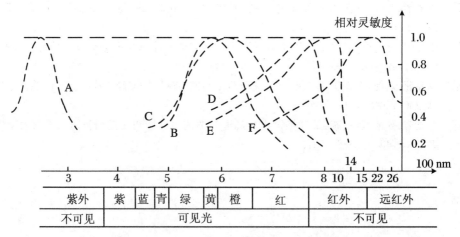

图 10.1　几种常见光敏元件的相对灵敏度曲线

A. GD‐18 紫光外光管;B. 视觉;C. CdS 光敏电阻;D. CdSe 光敏电阻;
E. Si 光电二极管/光敏 Z 元件/Si 光电池;F. PbS 光敏电阻

光学传感器通常可分为两大类:一类是直接将光能转换为电信号的器件,也称为光探测器,主要利用光电效应、光导效应和光伏效应工作,如各种光管、光敏器件等;另一类是光波(束)传感器,即现代光学传感器。现代光学传感器的原理可用图 10.2 的原理框图表示。

这里,光波(束)起着敏感器的作用,而光探测器及专用检测器起着传感与变换元件的作用。按光束与待测量的相互作用时引起的某一参量(如振幅、相位、频率、时间、波振面等)变化,以及光学敏感与传感方式、机理不同,大致可分为以下几类:

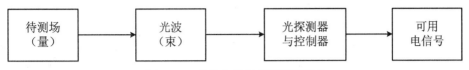

图 10.2　现代光学传感器原理框图

① 光的反射或散射传感器,如材料的振幅特性传感器、均匀介质厚度与长度传感器、粒子粒径与分布传感器;

② 光波相位传感器(干涉传感器),如介质折射率分布传感器、透明介质厚度与面型传感器、光波相位距离传感器;

③ 光波频率传感器,如光波多普勒速度传感器、光波光谱介质成分传感器、激光拉曼频移传感器;

④ 光波偏振传感器,如激光偏振厚度传感器、光学偏振浓度传感器;

⑤ 光波飞行时间传感器,如激光飞行时间距离传感器;

⑥ 激光全息相位传感器;

⑦ 激光散斑位移传感器;

⑧ 激光三维传感器。

除此之外,光纤传感器是光学传感器的一种特殊情况,它是利用光纤直接与待测场相互作用而感受信息的。从理论上讲,利用光纤可构成 70 多种物理量的传感器。因此,有人称之为万能传感器。

10.1　光电传感器

光电传感器是将被测量的变化通过光信号变化转换成电信号的传感器,具有这种功能的材料称为光敏材料,做成的器件则称为光敏器件。而光敏元件和光传感器是光电元件中的核心元件,是光电系统的重要组成部分,主要包括光敏材料制作的探测器件、光电二极管和光电倍增管,利用内光电效应的光导管,以及应用光生电势效应的光敏二极管、光敏三极管、光电池等。

光电传感器的物理基础就是光电效应。光电效应包括外光电效应和内光电效应:在光线作用下,电子逸出物体表面向外发射称外光电效应,即经典的爱因斯坦光电效应;当光照射在物体上,使物体的电阻率发生变化,或产生光电动势的效应叫作内光电效应。内光电效应又可以分为以下两类。

(1) 光电导效应

半导体材料受光照时,材料的电导率增大,这种现象称为光电导效应。几乎所有高电阻率的半导体都有这种效应,这是由于在入射光线作用下,电子吸收光子能量,电子从价带被激发到导带上,过渡到自由状态。同时价带也因此形成自由空穴,使导带的电子和价带的空穴浓度增大,引起电阻率减少。为使电子从价带激发到导带,入射光子的能量 E_0 应大于禁带宽度 E_g(图 10.3)。基于光电导效应的光电器件有光敏电阻。

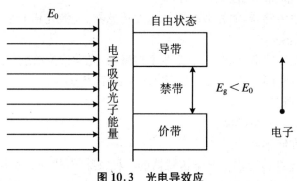

图 10.3 光电导效应

(2) 光生伏特效应

光生伏特效应是半导体材料吸收光能后,在 pn 结上产生电动势的效应。为什么 pn 结会因光照产生光生伏特效应呢? 有下面两种情况。

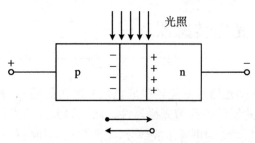

图 10.4 pn 结因光照产生电动势

不加偏压的 pn 结:当光照射在 pn 结时,如果电子能量大于半导体禁带宽度($E_0 > E_g$),可激发出电子-空穴对,在 pn 结内电场作用下空穴移向 p 区,电子移向 n 区,使 p 区和 n 区之间产生电压(图 10.4),这个电压就是光生伏特效应产生的光生电动势。基于这种效应的器件有光电池。

处于反偏的 pn 结：当无光照时，p 区电子和 n 区空穴很少，反向电阻很大，反向电流很小。当有光照时，光子能量足够大，产生光生电子-空穴对，在 pn 结电场作用下，电子移向 n 区，空穴移向 p 区，形成光电流，电流方向与反向电流一致（图 10.5）。具有这种性能的器件有光敏二极管、光敏晶体管。从原理上讲，不加偏压的光电二极管就是光电池。当 pn 结两端通过负载构成闭合回路时，就会有电流沿着由 p 区经外电路到 n 区的方向流动。只要辐射光不停止，这个电流就不会消失。这就是 pn 结被光照射时产生光生电动势和光电流的机理。

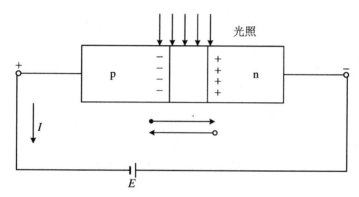

图 10.5　pn 结加反向偏压

光生伏特效应的两点小结：

① pn 结产生光生伏特的条件是 $h\nu \geq E_g$；

② 光生伏特的大小与照射光的强度成正比。

10.1.1　光敏电阻

光敏电阻是一种典型的光电导器件。该电阻具有光电导效应，即其组成材料（或器件）在受到光辐射以后，它的电导率（或阻值）会发生变化。

根据光敏电阻的光谱特性，有紫外光敏电阻器、红外光敏电阻器和可见光光敏电阻器三种。紫外光敏电阻器对 $180 \sim 400$ nm 的紫外线较灵敏，用于探测紫外线；红外光敏电阻器对大于 780 nm 的红外线较为灵敏，广泛应用于导弹制导、天文探测、非接触测量、人体病变探测、红外光谱和红外通信等国防、科学研究和工农业生产中；可见光光敏电阻器对于 $400 \sim 780$ nm 的可见光敏感，主要用于各种光电控制系统。

光敏电阻与其他半导体光电器件相比，有以下优点：

① 光谱响应范围相当宽；

② 工作电流大,可达数毫安;

③ 所测光强范围宽,既可测强光,也可测弱光;

④ 灵敏度高,光导电增益大于1;

⑤ 偏置电压低,无极性之分,使用方便。

缺点是:

① 在强光照射下光电转换线性较差;

② 光电弛豫过程较长(何为光电导的弛豫现象? 即光照后,半导体的光电导随光照时间逐渐上升,经一段时间到达定态值。光照停止后,光电导逐渐下降);

③ 频率响应(器件检测变化很快的光信号的能力)很低。

光敏电阻有两种分类方法。

① 按半导体材料分

本征型光敏电阻;

掺杂型光敏电阻,性能稳定,特性较好,故目前大都采用它。

② 按光谱特性及最佳工作波长范围分

对紫外光敏感的光敏感电阻,如硫化镉和硒化镉等;

对可见光敏感的光敏电阻,如硫化铊等;

对红外光敏感的光敏电阻,如硫化铅等。

图 10.6 为光敏电阻的工作原理。图中,在光敏电阻的两极间加上一定电压 V,当光照射在光敏电阻上时,其内部被束缚的电子吸收光子能量而成为自由电子,并留下空穴。光激发的电子-空穴对在外电场的作用下同时参与导电,从而改变了光敏电阻的导电性能。

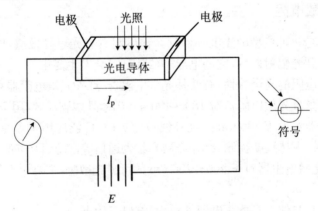

图 10.6 光敏电阻的工作原理图

随着光强的增加,导电性能变好,即光敏电阻的电导率增加,流过其中的电流(光电流)增加,其本身的电阻值减小。随着光强的减小,导电性能变差,即光敏电阻的电导率减小,流过其内的电流(光电流)减小,其本身的电阻值增加。

光敏电阻的主要特性参数有光导电增益、光谱响应率、光电特性和照度指数、前历效应及温度特性等。

① 光导电增益 M。它表示长度为 L 的光导电体在两端加上电压 V 后,由光产生的光生载流子在电场的作用下所形成的外部光电流与光电子形成的内部电流之间的比值。M 越大,灵敏度就越高。光导电增益通常可大于 1。

② 光谱响应率。它表示某一特定波长下,输出光电流(或电压)与入射辐射能量之比。增大增益系数可得到很高的光谱响应率。实际上,常用的光敏电阻的光谱响应率小于 1 A/W。根据光电导材料的不同,光谱响应可从紫外光、可见光、近红外线扩展到远红外线,尤其在红外辐射和红光灵敏度更高。

③ 光电特性和照度指数 r。光敏电阻的光电流与入射光通量之间的关系称为光电特性。所有的光敏电阻几乎都具有非线性的光电特性。在实际使用中,往往将此特性曲线画成电阻和照度的关系曲线。照度指数 r 表示光敏电阻光电特性的非线性程度。

④ 前历效应。就是测试前光敏电阻所处的状态(无光照或有光照)对光敏电阻特性的影响。大多数光敏电阻在稳定的光照下,阻值有明显的漂移现象,而且经过一段时间间隔后复测阻值还有变化。这种现象叫作前历效应。光敏电阻无光照时的电阻值称为暗电阻,光照后的电阻值称为亮电阻,亮电阻随光照强度的改变而改变。

⑤ 温度特性。光敏电阻的特性参数受工作温度的影响较大,只要温度稍有变化,其他参数都会发生变化。

CdS 光敏电阻是一种电阻值随入射光的强弱而改变的半导体电阻器。它是利用半导体内光电效应制成的光电转换器件,其结构如图 10.7 所示。

CdS 光敏电阻的特点如下:

① 梳状感光面积较大,有利于通过大的电流,可直接控制电器工作;

② 响应速度慢(数毫秒量级),不适于高频下的应用;

③ 适用于可见光光谱范围;

④ 价格低廉。

光敏电阻在实际使用中须在外加电压作用下,才能在光敏电阻输出回路中产生随光照度变化的光电流或光电压。图 10.8 是它的基本偏置电路。

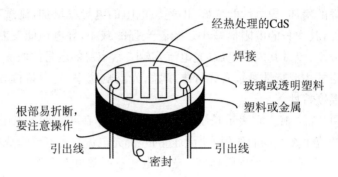

图 10.7　CdS 光敏电阻结构图

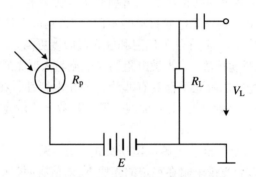

图 10.8　光敏电阻的基本偏置电路

10.1.2　光电池

　　光电池是利用半导体光伏效应制成的光电转换器件。它既可以作为电源,又可以作为光电检测器件。光电池实质是一个大面积 pn 结,结构如图 10.9 所示。上电极为栅状受光电极,栅状电极下涂有抗反射膜,用以增加透光,减小反射,下电极是一层衬底铝。当光照射 pn 结的一个面时,电子-空穴对迅速扩散,在结电场作用下建立一个与光照强度有关的电动势,一般可产生 0.2~0.6 V 电压、50 mA 电流。

　　作为电源使用的光电池,主要是直接把太阳的辐射能转换为电能,称为太阳电池。太阳电池不需要燃料,没有运动部件,也不排放气体,具有质量轻、工作性能稳定、光电转换效率高、使用寿命长、不产生污染等优点,在航天技术、气象观测、工农业生产乃至人们的日常生活等方面都得到了广泛的应用。作为光电检测器件使用的光电池,具有反应速率快、工作时不需要外加偏压等特点,一般用于近红外探测器、光电耦合器、光电开关等。

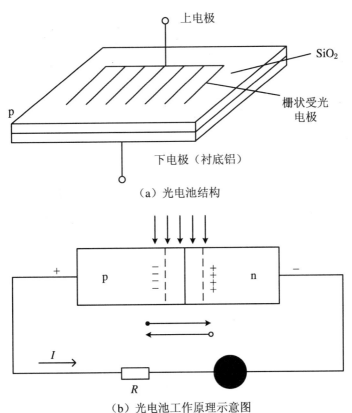

（a）光电池结构

（b）光电池工作原理示意图

图 10.9　光电池

　　光电池的制作材料有许多种,例如硅、硒、锗、硫化镉、砷化镓等,其中最常用的是硅光电池。硅光电池响应时间短($10^{-3} \sim 10^{-6}$ s),光电转换效率高。硅光电池的基本结构如图 10.10 所示,它的基片用低阻 n 型硅单晶制成,再用扩散硼(或磷)的方法在基片上形成 p 型膜,构成 pn 结。当光照射到 pn 结时,一部分被反射,其余部分被 pn 结吸收,被吸收的辐射能有一部分变成热,另一部分以光子的形式与组成 pn 结的原子价电子碰撞,产生电子-空穴对。产生

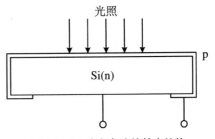

图 10.10　硅光电池的基本结构

在 pn 结势垒区的电子空穴对,在势垒区内建电场的作用下,将电子驱向 n 区,空穴

驱向 p 区,从而使得 n 区有过剩的电子,p 区有过剩的空穴。这样在 pn 结附近就形成与内建电场方向相反的光生电场。光生电场除一部分抵消内建电场外,还使 p 型层带正电,n 型层带负电,在 n 区和 p 区之间的薄层产生光生电动势,这种现象称为光生伏特效应,简称光伏效应。若分别在 p 型层和 n 型层焊上金属引线,接通负载,在持续光照下,外电路便有电流通过。如此形成的一个个电池元件经过串联和并联,就能产生一定的电压和电流,输出电能,从而实现光电转换。

利用硅光电池的光生电流和电压随受光面积变化的特性,可以制成灵敏光电探测头。电子清纱器中的光电探测头就是利用这个原理制成的,如图 10.11 所示。当均匀纱线通过光电探测头时,硅光电池输出某一信号电压,执行机构不动作。当纱线上出现纱疵时,由于纱疵比纱线粗,硅光电池的受光面积减小,输出电压也就减小,当小到一定程度时,执行机构动作,控制剪刀剪断纱线,实现自动清纱。

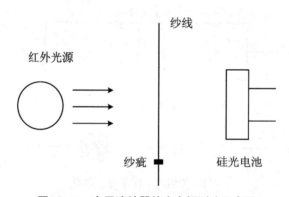

图 10.11　电子清纱器的光电探测头示意图

10.1.3　光敏晶体管

光电晶体管有二极管、三极管,其结构也与一般二极管、三极管相似。它们的原理与光电池很相似。在光的照射下,光子打在 pn 结处,如图 10.12 所示,使 pn 结附近产生电子-空穴对,形成定向的内电场,接电路形成光电流。对光敏二极管来说,不受光照时处于截止状态,受光照时处于导通状态;对光敏三极管来说,光照下发射结产生的光电流相当于三极管的基极电流,这就使得集电极电流比光电流放大 β 倍,故光敏三极管比光敏二极管灵敏度更高。

1. 光电二极管

光电二极管是利用硅的 pn 结的光电效应,基本上和一般的 pn 结二极管具有同等构造的光传感器。光电二极管的构造如图 10.13 所示。

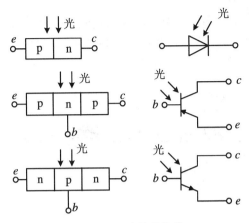

图 10.12　光敏晶体管

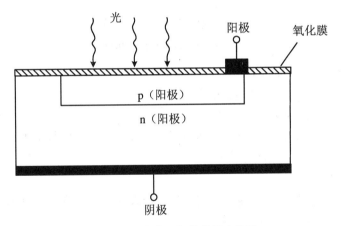

图 10.13　光电二极管的基本构造

光电二极管的特征：

① 入射光量和光输出电流具有良好的线性关系,但光电流很小,为微安级；

② 响应速度快,适合于高频响应用途,响应时间一般在数百纳秒以下；

③ 光谱敏感度波长范围广,适用于紫外线(200 nm)、可见光(550 nm)、近红外线(1 100 nm)的波长范围；

④ 输出误差小(约±20%以内)；

⑤ 温度变化对输出影响小(约±0.8%/℃以内)；

⑥ 硅光电二极管是应用最广泛,也是最便宜的光电器件。

2. 光敏晶体三极管

光敏晶体三极管是采用 n 型单晶硅做成 npn 结构的光敏元件。为了适应光电器件的要求,光敏晶体三极管的管芯基区面积较大,发射区面积较小,入射光主要被基区吸收,其构造如图 10.14 所示。

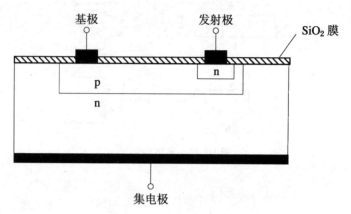

图 10.14　光敏晶体三极管

光敏晶体三极管的特征如下:

① 输出电流大(一般是毫安量级);

② 响应速度慢(约为微秒量级);

③ 适用广,可见光(400 nm)至近红外线(1 100 nm)的波长范围;

④ 大批量生产,价格便宜。

3. 光电 IC

光电 IC 就是把光电二极管和信号处理电路聚集在一个芯片上构造的光传感器。其基本构造如图 10.15 所示。

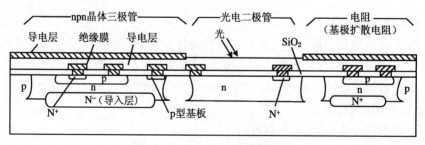

图 10.15　光电 IC 的基本构造

光电 IC 的特征如下：

① 电路设计容易；

② 微机接口性好,可用微机直接驱动；

③ 不受电磁噪声和电源线的噪声影响；

④ 由于外围电路装在光电 IC 芯片中,故光电 IC 具有小型、低价和高可靠等优点。

具有代表性的光电 IC 有以下几种。

（1）数字输出式

数字输出式是把光电二极管及稳压电路、放大电路、施密特触发电路等集成在一起,根据入射光量,以高电压或低电压输出的光传感器,如图 10.16 所示。

（2）线性输出式

线性输出式是把光电二极管及稳压电路、放大电路装在一起,可以得到

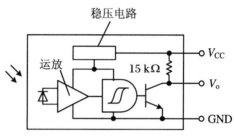

图 10.16　IS486 的内部线路图

和入射光量成正比的输出电流的光传感器,如图 10.17 所示。

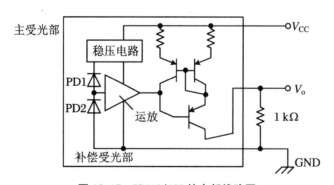

图 10.17　IS445/455 的内部线路图

（3）光调式

光调式是把光电二极管及发光侧脉冲驱动电路、同期检测电路等装在内部,用同期光进行工作,因此,光调式是不受干扰光影响的光传感器,如图 10.18 所示。

10.1.4　光电倍增管

光电倍增管（photomultiplier tube,PMT）于 1934 年被研制成功,是光子技术

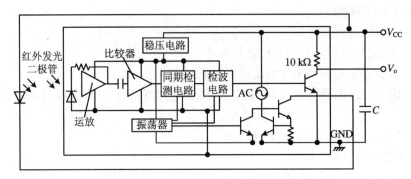

图 10.18　IS471F 的内部线路图

器件中的一个重要产品,它是一种具有极高灵敏度和超快时间响应的光探测器件,可广泛应用于光子计数、极微弱光探测、化学发光、生物发光研究、极低能量射线探测、分光光度计、旋光仪、色度计、照度计、尘埃计、浊度计、光密度计、热释光量仪、辐射量热计、扫描电镜、生化分析仪等仪器设备中。

　　由于光电倍增管的应用范围很广,所以从 19 世纪 30 年代问世至今已发展成几百个品种的光电倍增管系列。以入射光形式可分为端窗式和侧窗式;以探测光谱不同可分为紫外、可见光、近红外等;以倍增系统的不同可分为打拿极和微通道板等,图 10.19(a)和图 10.19(b)分别为打拿极光电倍增管和微通道光电倍增管的结构示意图;以外形不同可分为球形、圆柱形以及方形;以阳极输出的不同可分为单阳极和多阳极等;以聚焦方式不同又可分为静电聚焦和近贴聚焦型,等等。

　　微通道板光电倍增管是一种新型的光电倍增管。与传统光电倍增管相比,微通道板光电倍增管所使用的电子倍增系统为微通道板,它的结构如图 10.20 所示。

　　微通道板由上百万根微细玻璃管构成。玻璃管孔径一般在几到几十微米,微孔内壁敷有二次电子发射材料,单块板的厚度在常规状态下为微孔直径的 40 倍。单块微通道板一般能获得 1 000 倍以上的电子增益。基于微通道板的薄片式结构,以此作为倍增极的光电倍增管通常采用近贴聚焦的方式,这样各电极间的距离大大缩短,极间电场分布均匀,同时为实现近贴聚焦而采取的真空转移工艺技术,减小了碱金属对器件内部的污染。这样,微通道板光电倍增管在基本参数、应用参数和运行性能方面较之传统光电倍增管都有了较大的提高,具体表现在以下几个方面:

　　① 较低的暗电流和较好的稳定性。由于真空转移技术的应用,游离的碱金属在管内的数量急剧下降,从而大幅提高了暗电流性能;同时,由于管内无多余的碱金属,避免了管壁上吸附的碱金属元素再分布导致的光电阴极灵敏度的变化,阴极

的稳定性得到提高。

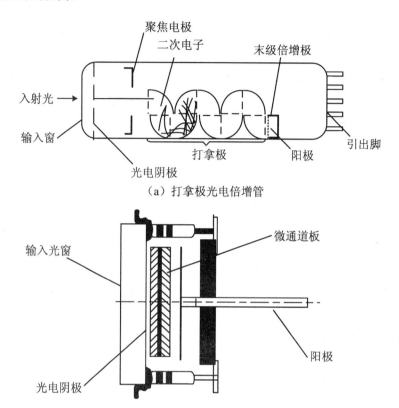

（a）打拿极光电倍增管

（b）微通道光电倍增管

图 10.19 光电倍增管结构示意图

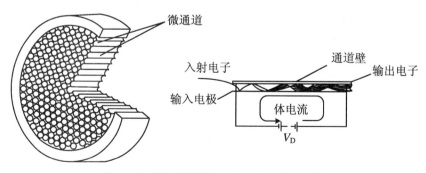

图 10.20 微通道板的结构和工作原理示意图

② 优异的时间响应特性。由于采用近贴聚焦结构,极间距离很小,微通道板的厚度很薄,光电子在器件内运行的距离大大缩短,很好地优化了电子渡越时间。同时近贴聚焦场是纵向均匀电场,这样由于电场不均匀而造成的渡越时间零散大大减小,即微通道板光电倍增管的时间分辨率较之传统光电倍增管有很大的提高。这一特性在某些应用中是至关重要的。另外,微通道板光电倍增管的脉冲上升时间也得到改善,目前国际上最快的微通道板光电倍增管的上升时间已达到 70 ps,而且在超快脉冲探测、时间相关单光子计数、激光雷达等应用方面具有很大优势。

③ 良好的抗振动、耐冲击和抗电磁干扰能力。与传统光电倍增管的玻璃外壳不同,微通道板光电倍增管一般采用金属-陶瓷封接的管壳,具有良好的抗振动耐冲击性能;而近贴聚焦的结构使得电子的运动距离很短,外界电磁场对真空内电子的干扰亦大幅下降。

④ 易于实现多路探测和位置分辨。当光电阴极价带中的电子吸收入射光能量后跃迁到导带并克服电子亲和势进入真空后,其初速度基本为零,在外加平行电场的作用下,电子沿轴向运动进入微通道板小孔。微通道板的小孔是相互独立的,因此经过倍增,电子从微通道板另一端输出,其位置基本与入射到阴极上的位置相对应。输出的二次发射电子流的初速度同样基本为零,再经过微通道板输出电极与阳极间的近贴平行电场的作用,电子被阳极收集形成电流信号。若将阳极制作成相互独立的若干单元,则各个单元阳极所收集的电子与阴极的位置是相互对应的,这样就能在一只光电倍增管内实现多路探测,并可以进行入射信号的位置分辨。目前除分立式多阳极以外,采用编码型阳极如精细式高密度矩阵阳极、楔条阳极、延迟线阳极和电阻阳极等多阳极结构,可实现单光子计数成像,具有良好的空间和时间分辨率。

光电倍增管的基本参数主要包括阴极灵敏度、阳极灵敏度、电流增益、暗电流、光谱响应范围以及阴极均匀性等。光电倍增管的应用参数主要包括上升时间、半高宽、渡越时间和时间分辨率等时间特性,脉冲幅度分辨率、噪声能当量和计数坪特性等闪烁计数特性,暗噪声计数、单电子分辨率和峰谷比等单光子计数特性等。光电倍增管的运行特性主要包括稳定性、温度特性、最大线性电流、抗电磁干扰能力、抗振动耐冲击能力等。

10.2　光波传感器

基于光的波动效应的传感器称作光波传感器。

10.2.1　红外温度传感器

红外线是位于可见光和微波之间的电磁波,其波长范围从 $0.75\ \mu m$ 到几百微米,波长上限并不确定。

热辐射场与普通的可见光场相比,有两个显著的特征。首先,在大部分应用中,仪器用于探测常温甚至低温的物体。热辐射光强极大值对应的波长 λ_{max} 与热力学温度 T 的关系为

$$\lambda_{max} = 2\,898/T\ (\mu m)$$

例如,300 ℃的物体在 $5\ \mu m$ 处有最强的辐射,而接近室温物体的 λ_{max} 在 $10\ \mu m$ 附近。由于常用的光学玻璃的截止频率约为 $3\ \mu m$,所以红外测温仪的聚焦镜通常有两类。

一类是反射型。红外测温仪由聚焦光学部件、调制器、探测元件和信号处理系统构成,如图 10.21 所示,主要缺点是光学镜头过于复杂,信号从调制器到探测器的动作过慢,时间常数较大,仪器整体尺寸和质量偏大等。

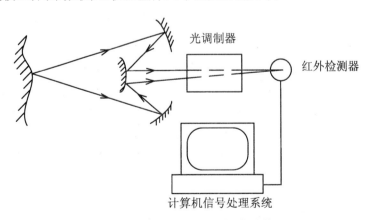

图 10.21　反射型红外测温仪结构

另一类是透射型,镜头用晶体材料制成,例如硅、砷化镓等,这些材料在中红外甚至远红外都是透明的。热辐射场一般比较弱,加上红外探测器的灵敏度很低,为了提高灵敏度,聚焦光学系统的孔径都必须做得较大。而短焦距大孔径的晶体透镜厚度很大,不仅质量大,而且价格昂贵。近年来,衍射型光学元件 DOE(即二元光学元件 BOE)发展很快,其特点如下:

① 容易做到超薄化、集成化;

② 集光特性好,衍射效率高,实现了广角、高数值孔径化;

③ 由于采用大规模集成电路制造技术,所以能成批处理,可大量生产,成本低,有均一性。

这些特点完全适用于红外检测技术,因而 DOE 已成为红外测温仪新一代的聚焦镜,衍射型微型镜头集光原理如图 10.22 所示。

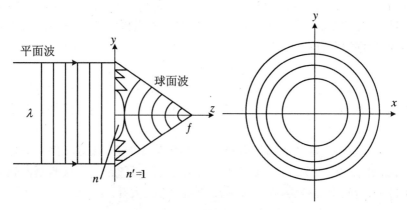

图 10.22 衍射型微型镜头集光原理

镜头通常用硅作为基本材料,从工作原理上来看,聚焦型 DOE 透镜与传统的菲涅耳透镜相似,它由许多同心的圆环构成,每个圆环在 yz 截面上的图形都是一个小棱镜,把光线折转射向共同的焦点。为了适应于半导体集成电路的制作工艺,棱镜的斜面(实际上是曲面而不是平面)制成 $2^N (N \geqslant 3)$ 个台阶,形成锯齿状,锯齿形进一步简化为内接齿形的台阶形。随着 N 的增大,焦点处光斑变小,衍射效率提高。一般 $N = 4$ 时,可达到 81% 的衍射效率,用在红外检测仪中已足够。

10.2.2 电光传感器

人们发现,沿着某些晶体的某一轴线传播的入射光,会在外加电场作用下产生双折射现象,这种寻常光(o 光)与非常光(e 光)的折射率变化由外加电场引起并与外加电场强度成正比的现象,称为线性电光效应。由于 o 光和 e 光的折射率不同,两光束在晶体中的传播速度也不相等,出射晶体后两者产生相位差 $\Delta\Phi$,随外加电场按线性变化。对于体电光晶体,$\Delta\Phi$ 与外加在晶体极板上的电压 V 成正比,与晶体的半波电压 V_π 成反比,两光束出射时干涉生成强度调制波,通过探测输出光强度就可以获得外加电场(信号)的波形、幅度等信息。体电光晶体的原理应用光路图如图 10.23 所示。

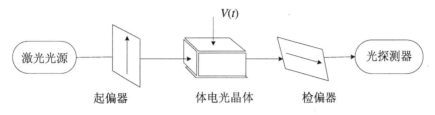

图 10.23　体电光晶体的原理应用图

在光探测器上得到的光强 I_o 可以表示为

$$I_o = I_i \sin^2(\Delta\Phi/2) = I_i \sin^2\left(\frac{\pi V}{2V_\pi}\right) \tag{10.1}$$

式(10.1)可用图 10.24 所示的传输函数曲线来表示。

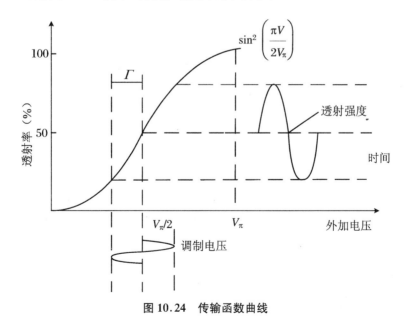

图 10.24　传输函数曲线

为了使输出光强与外加电压成线性关系,通常在起偏器和电光晶体之间加一$\lambda/4$ 波片,从而使两双折射光束之间施加 $\pi/2$ 的固定相移。此时式(10.1)变为

$$I_o = I_i \sin^2(\Delta\Phi + \pi/2)$$

$$= \frac{I_i}{2}[1 + \sin(\pi V/V_\pi)] \tag{10.2}$$

当外加电压 V 较小时,$V \ll V_\pi$,$\sin(\pi V/V_\pi) \approx \pi V/V_\pi$,上式变为

$$I_o = \frac{I_i}{2}(1 + \pi V/V_\pi)$$

因此,外加电压 V 和光探测器输出(去除直流分量)近似成线性关系。依据上述原理,可以设计出各种电光式传感器应用系统。

一种用来测高电压的基于体电光晶体的传感器系统如图 10.25 所示。

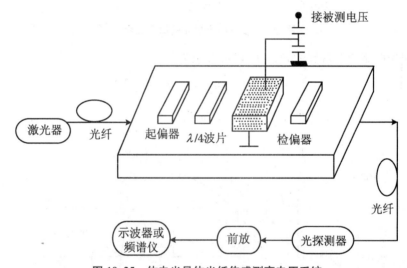

图 10.25 体电光晶体光纤传感测高电压系统

在电光晶体的两对应截面镀上金属膜做成电极极板,被测电压经电容分压后接到电光晶体的金属电极上。当一定强度的激光通过光纤射入传感器时,首先通过偏振器变为线偏振光,$\lambda/4$ 波片把线偏振光变为圆偏振光,光束进入电光晶体后,由于极板间电场的存在,引起线性电光效应,圆偏振光变为椭圆偏振光,椭圆偏振光的椭圆度与外加电压大小直接相关。椭圆光出射晶体后经过检偏器再入射到光纤中,通过探测此时光纤中的光强就可以推算出外加电压的大小。

把天线连接到电光晶体的电极上,就可以进行电磁信号的测试,较常采用的是用金属偶极子天线,偶极子天线作为电小天线等效为一电容 C_a,而体电光晶体也

等效为一电容 C_b，经两电容分压后加到电光晶体上的实际电压为

$$V = \frac{C_a}{C_a + C_b} \cdot V_a \quad (V_a \text{ 为天线感应电压}) \tag{10.3}$$

这时，测得的信号波形与频率无关，可直接探测得到电磁信号的真实原波形。

基于体电光晶体的传感器由于大多采用分立光学元件，且由于电光晶体的温度稳定性差，在实际用于传感测试时，系统要达到很高的可靠性和稳定性比较困难。因此，随着近年来集成光学的进展，根据电光效应的原理，制作了各种光波导电光调制器，如马赫-曾德尔式幅度调制器，它是在铌酸锂单晶衬底上，用微细加工方法制造的钛扩散条形光波导干涉仪，根据光波的工作波长控制波导参数，使其成为只传播基模的单模波导。在对称的调制电极上加上调制电压，则两臂中的光波将受到大小相等、符号相反的电场的相位调制。经相位调制的两束光在第二个分支处再汇合进入输出段光波导，并发生干涉而生成强度调制波，通过探测其强度，就可推算出外加在调制器上电压的大小。实际用于传感测试时，如图 10.26 所示，马赫-曾德尔式光调制器的两臂相差波导波长的 1/4，使合并光束互相有 $\pi/2$ 的相位差，从而使器件自然偏置点位于线性区中部，保证系统最佳工作和有最高的动态范围，以获得最佳的线性。

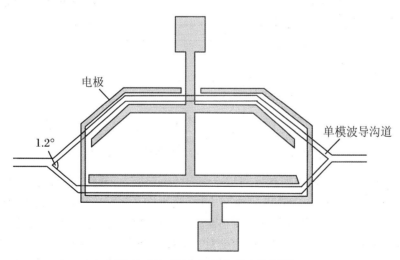

图 10.26 马赫-曾德尔式光调制器

当用于探测空间电磁信号时，把调制器的两电极分别与偶极子天线相连。系统工作时，偶极子天线把空间电磁信号感应出的电压通过光调制器调制输入光束，两光束在出射时发生干涉而形成强度调制波。其输出光强 P_o 与输入光强 P_i 之间

的传输函数为

$$P_o = P_i \cdot \cos^2(\Delta\Phi/2)$$

$$= \frac{P_i}{2} \cdot [1 + \cos(\Phi_0 + \pi V/V_\pi)]$$

式中,$\Delta\Phi$ 为光出射时,两光束总相位差,Φ_0 为两臂光程差引起的固有相移。当 $\Phi_0 = \pi/2$ 时,上式变为

$$P_o = \frac{P_i}{2} \cdot [1 + \sin(\pi V/V_\pi)]$$

这样,接收天线上感应出来的反映电磁信号幅度等信息的电压波形就调制到光载波上,从而通过探测输出光强度就可以获得电磁信号的波形、幅度信息。其典型应用系统如图 10.27 所示。

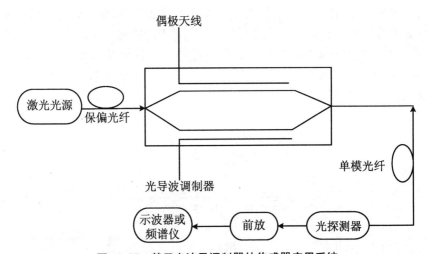

图 10.27　基于光波导调制器的传感器应用系统

采用设计合理的集成光波导调制器作为传感核心,可靠性大大提高。全系统,尤其是传感器体积很小,应用非常灵活方便,具有许多一般传感器无法比拟的突出优点。但是,偶极子天线与光波导调制器之间的连接往往产生一个小电感,从而影响了全系统的工作带宽。20 世纪 90 年代初,Kuwabara 等人又设计了一种新型传感器,把金属镀在铌酸锂衬底上,做成锥形偶极天线与光调制器电极相连,使得传感器更加集成化,灵敏度很高,且提高了带宽(100 Hz～2.5 GHz),可用来测试人体及辐射源附近的电场强度。

10.2.3　磁光传感器

磁光效应(即法拉第旋光效应)是指物质中传输光的偏振面因受到外加磁场的作用而产生旋转的现象。图 10.28 中一线性偏振光通过置于磁场的法拉第旋光材料后,若磁场方向与光的传播方向平行,则出射线性偏振光与入射线性偏振光的偏振平面将产生旋转角 θ,其值满足下式:

$$\theta = \mu V_d HL$$

其中,μ 为法拉第旋光材料的通光率,V_d 为弗尔德常量(rad/A),H 为磁场强度(A/m),L 为通过法拉第旋光材料的光程长度(m)。

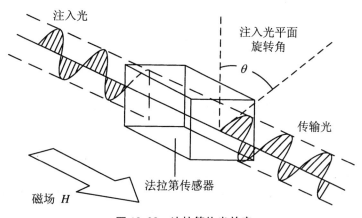

图 10.28　法拉第旋光效应

磁光薄膜电流传感器由磁光薄膜、偏振片、光导纤维和壳体等构成,其结构类似于光纤活动连接器。不同之处在于内部置有两个透振方向成 $45°$ 角的偏振片,磁光薄膜和两个小型凸透镜,其光路如图 10.29(a)所示,外形如图 10.29(b)所示。图 10.29(a)中 P_1,P_2,M 就是图 10.28 中的起偏器、检偏器和磁光薄膜,L_1,L_2 为凸透镜,凸透镜的作用是对光纤出射的发散光束会聚成平行光束,然后通过另一透镜 L_2 会聚到出射光纤中。图 10.29(b)中磁光薄膜电流传感器的壳体为磁屏蔽体,设计时只让配网输电线电流的磁场通过光传播的方向,这样可最大限度地避免杂散磁场的干扰。如果起偏器、检偏器用德国卡尔·蔡司(耶那)公司生产的近红外型偏振片 HR,再对凸透镜镀增透膜,这种传感器的插入损耗可做到小于 3 dB。

设磁光薄膜的相对磁导率为 μ_r,无限长通电直导线中的稳恒电流为 I_s,则在距通电直导线 r 处磁光薄膜内的磁感应强度为

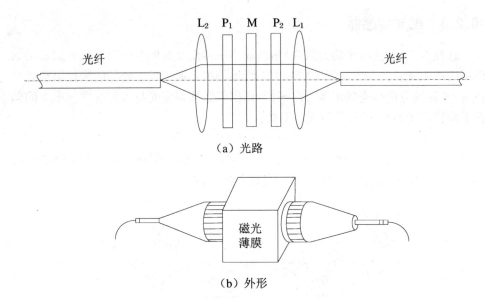

（a）光路

（b）外形

图 10.29　磁光薄膜电流传感器的结构与外形

$$B = \frac{\mu_0 I_s}{2\pi r} \tag{10.4}$$

因为 $B = \mu_0 \mu_r H$,且磁光薄膜为非铁磁物质,所以相对磁导率 $\mu_r \approx 1$。工频电流的频率很低,可近似视为稳恒电流。在不考虑工频电流的初相位时,设工频电流随时间做正弦变化,即 $\tilde{I} = I_{max} \sin \omega t$,式(10.4)又可写成

$$H = \frac{\tilde{I}}{2\pi r} = \frac{1}{2\pi r} I_{max} \sin \omega t \tag{10.5}$$

当取 $\varphi = \pi/2$ 时,光强由下式给出:

$$I = I_0 \cos^2 \left(\frac{\pi}{2} \pm \frac{V I_{max} \lambda}{2\pi r} \sin \omega t \right) \tag{10.6}$$

由式(10.6)可以看出透射光是稳恒电流 I_s 或工频流电流峰值 I_{max} 和时间 t 的函数,与压电无关。因此,利用磁光薄膜可制成直流高低压、交流高低压及超高压电流传感器。图 10.30 是光强 I 与 Φ 及交流电流 $\tilde{I}$ 的调制关系曲线。

10.2.4　多普勒传感器

根据多普勒效应,如果一束波的发射位置和观察位置有相对移动,则在观察点接收到的波频率会发生变化,频率变化的大小取决于两者相对移动速度的大小和方向。

如图 10.31 所示,激光束遇到一静止物体,经该物体反射后,接收处接收到的激光频率与原来的激光束频率相同;但是,如果该物体相对于光的接收点(或称观察点)有相对移动,则接收到光的频率会产生变化,变化的大小不但取决于物体的速度,而且取决于相对位移的方向。设发射光与物体运动方向的夹角为 α_0,反射

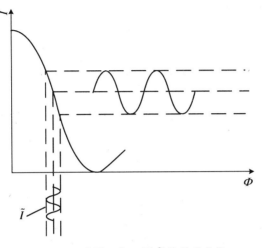

图 10.30　光强 I 与 Φ 及 $\tilde{I}$ 的关系曲线

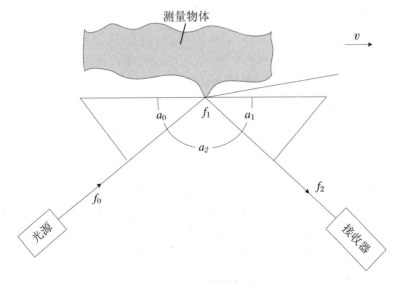

图 10.31　测量基本原理

光与物体运行方向的夹角为 α_1,发射光与接收光之间的夹角为 α_2,f_0 为激光的初始频率,f_1 为在反射点处激光的频率,f_2 为所接收的激光频率,物体运行速度为 v,c 为光速,则反射点处光的频率为

$$f_1 = f_0[1 - (v\cos \alpha_0)/c]$$

从反射点到接收点,光的频率变为

$$f_2 = f_1[1 + (v\cos \alpha_2)/c]$$
$$= f_0[1 - (v\cos \alpha_0)/c][1 + (v\cos \alpha_2)/c]$$

按图 10.32 所设计的光路,发射光与接收光之间的夹角为 0,图 10.32 中的 $\alpha_2 = 180° - \alpha_0$,则

$$f_2 = f_0[1 - 2v\cos \alpha_0/c + (v\cos \alpha_0/c)(v\cos \alpha_0/c)]$$

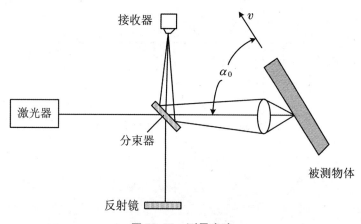

图 10.32　测量光路

由于 $v \ll c$,所以

$$f_2 = f_0(1 - 2v\cos \alpha_0/c)$$

接收到的反射光频率与光源的频率差为

$$F = f_0 - f_2 = 2v\cos \alpha_0/c \tag{10.7}$$

F 称为多普勒测量频率。从式(10.7)可看到 α_0 对测量的结果有比较大的影响,α_0 越大,测量得到的多普勒频率 F 越大。但在实验中发现,过大的 α_0 会带来较大的误差,特别是速度较慢时测量误差更大;当 α_0 在 $70°\sim 80°$ 之间时误差较小。如果在测量过程中使得物体与发射光之间的夹角不变,即式(10.7)中的 α_0 和 c 为恒定的常数,则 F 仅取决于物体的运行速度。

10.3　光纤传感器

光纤(optical fiber)是光导纤维的简称,是一种传输光波的介质波导。光纤是一种具有多层介质结构的透明且易弯曲的长纤维,其粗细程度与人的发丝相仿。光纤不仅径细、质轻、透光性好和韧性好,还具有抗电磁干扰、抗腐蚀、防燃、防爆、信息容量大、并行无串扰等许多应用上的优点。

光纤有多种分类方法。① 按制作材料分:高纯度石英玻璃光纤、塑料光纤、多组分玻璃光纤;② 按传输模式分:单模光纤、多模光纤;③ 按光纤折射率的径向分布分:阶跃光纤、梯度光纤;④ 按用途分:通信光纤、非通信光纤(低双折射率光纤、高双折高射率光纤、涂层光纤、液芯光纤、激光光纤、红外光纤等)。

光纤传感器是利用光在光纤中传播引起光干涉、衍射、偏振、反射、损耗等物理特征的变化,进行各种物理量测量的装置和器件。光纤传感器一般由光源、接口、光导纤维、光电探测器、光调制机构和信号处理器等组成。其工作原理是:来自光源的光通过接口进入光纤,光调制机构将检测参数调制成幅度、相位、色彩或偏振信息供光电探测器测量,最后利用微处理器进行信号处理。

光纤传感器有三种分类方法。

① 按光纤与光的作用机理分,可分为本征型(传感型、功能型)和非本征型(传光型、非功能型),前者是利用被测对象调制或改变光纤的特性,所以只能用单模光纤;后者则是将光纤作为传送和接收光的通道,然后在光纤外部调制光信号,多数使用多模光纤,以传输更多的光量。

② 按模数分,光纤传感器也可分为单模器件和多模器件。前者的纤芯很细,光纤的折射率较为均匀,散射损耗较小,不存在模式色散,故能大大降低信号的失真和损失程度;后者能传输更多的光,但由于具有多个通道,并增加了对入射光的散射点数和存在模式色散,所以损失的信号较多,信号的失真也较严重。区分单模光纤与多模光纤的方法有多种。利用显微镜可以简单地进行端面观察、测量来进行判断;也可在将激光信号导入光纤以后,在光纤的一端观察光纤输出的光斑。单模光纤的输出光波为高斯分布,而多模光纤的输出光斑由大量的散斑构成,图样较为零乱。

③ 按信号在光纤中被调制的不同方式分,还可将光纤传感器分为强度调制、

相位调制、偏振态调制、频率调制和波长调制等多种不同类型。

10.3.1 通信光纤

1. 光纤的结构

光纤的结构如图 10.33 所示,主要由纤芯、包层、涂覆层和护套组成。纤芯位于光纤中心,直径为 5~75 μm,作用是传输光波;包层位于纤芯外层,直径为 100~150 μm,作用是将光波限制在纤芯中。纤芯和包层组成裸光纤,两者采用高纯度二氧化硅(SiO$_2$)制成,但为了使光波在纤芯中传送,两者有不同掺杂,使包层材料折射率 n_2 比纤芯材料折射率 n_1 小,即光纤导光的条件是 $n_1 > n_2$。涂覆层是为了保护裸纤而在其表面涂上的聚氨基甲酸乙酯或硅酮树脂层,厚度一般为 30~150 μm;护套又称二次涂覆或被覆层,多采用聚乙烯塑料或聚丙烯塑料、尼龙等材料。经过两次涂敷的裸光纤称为光纤芯线。

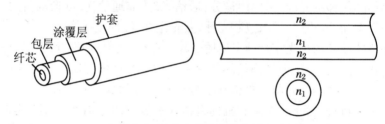

图 10.33 光纤结构示意图

我们知道,由于光在不同介质中的传播速度不同,光线经过两个不同介质的交界面时会产生折射。当光线由光密介质射向光疏介质时,其折射角将比入射角大。我们适当改变入射角时,会使折射角 $\theta_0 = 90°$,如图 10.34 所示。

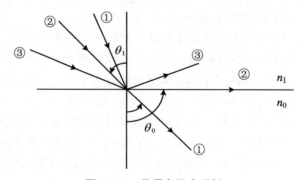

图 10.34 临界角及全反射

根据折射定律 $n_1 \sin \theta_1 = n_0 \sin \theta_0$，当 $\theta_0 = 90°$，则 $\sin \theta_1 = n_0 / n_1$，我们把折射角 $\theta_0 = 90°$ 时的入射角 θ_c 称为临界角。当光线的入射角大于临界角时，光会产生全反射现象。光纤就是利用光的这种全反射特性来导光的。从光源射出的光线分别以某一个合适的角度射到光纤的芯子与包层交界面（其折射率分别为 n_1 和 n_2，且 $n_1 > n_2$）。只要在光纤内光线入射角略大于临界角就会在交界面上得到全内反射。于是，这些光线将被束缚在纤芯中沿轴向传播（图 10.35）。

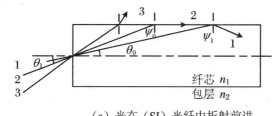

（a）光在（SI）光纤中折射前进

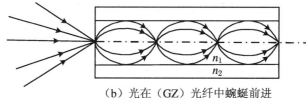

（b）光在（GZ）光纤中蜿蜒前进

图 10.35　光纤的导光原理

然而，光线在光纤中的传播连续改变入射角时，并不是只要满足全反射条件光线就可以在光纤中传输，而是根据光的波动性和光波的相位一致性，光波在光纤中必须既满足相位一致，又满足全反射条件时，光线才能真正传播。这样，入射光线在光纤中能得到真正传输的只有有限条离散光束，我们把这每一条光线称为一个传输模式（也叫传导模）。传导模有基模、低次模、高次模之分。多模光纤（MMF）是一种能够承载多个模式的光纤，沿光纤轴向传输相同距离，高次模比低次模需要的时间长，出现时延差，发生模式色散。单模光纤（SMF）只允许基模传输，因此，单模光纤不存在模间时延差，也就不存在模式色散，具有比多模光纤大得多的带宽，这对高码速的传输将是非常重要的。应明确的是，单模光纤和多模光纤只是一个相对概念。判断一根光纤是不是单模，除了它自身的结构参数外，还与它的工作波长等有关。

那么，模式又如何理解呢？事实上，光在光纤中的传播理论有光线传播理论（几何光学）、光波传播理论（波动光学）和光子流传播理论（量子光学）。

光线传播理论是一种近似理论,只有在光纤的芯径远大于光波波长时才能做比较理想的近似。按光线传播理论的观点,光纤内部的一组光线会以不同的传播角 θ 向前传播,θ 的取值可以从零到临界值。由于这一组光线的传播路径不同,我们把每一种传播路径称为一种传播模式,并且用传播角 θ 的大小来划分模式。光纤的传播角度 θ 越小,其模式的阶数越低。因此,我们称沿光纤中心轴线传播的模式为零阶模,也称基模;以临界角 θ_0 传播的模式是光纤中允许激励的最高阶模。

单模光纤和多模光纤外包层直径的典型值为 125 μm,单模光纤的芯径一般在 9 μm 以下,而多模光纤的芯径一般在 50~100 μm 以内。多模光纤与单模光纤相比,由于其芯径较大,所以便于与光源耦合,注入的光功率也较多。多模光纤的缺点是存在模间色散,使带宽变窄。一般多模阶跃折射率光纤比多模渐变折射率光纤的带宽要窄。

2. 光纤的损耗与色散

光纤的损耗现象是指光在光纤内传输的过程中,光功率会减少;光纤的色散现象是指输入光脉冲通过一根光纤传输时,由于光波的群速度不同,会发生时间上的分散,从而产生脉冲展宽的现象。若被展宽的脉冲与其相邻的脉冲发生重叠,则信号会失真。无论是单模还是多模光纤,光在其中传播的过程中总是伴随着传输损耗与色散,两者是表征光纤传输特性的重要参数。为了实现长距离光通信及有效的光传感,需要减少光的传输损耗与色散,来提高光通信效率或测量的灵敏度,同时降低信号传输的失真度。因此,我们有必要了解各种损耗机理和色散机理。

(1) 光纤的损耗

光纤损耗主要是由光纤材料本身的不纯净或光纤的不规则性等原因产生的,它表示了输出光功率的损失程度。光纤损耗一般用 γ 表示,单位为 dB(分贝),其定义式为

$$\gamma = -10\lg(P_o/P_i)$$

式中,P_i 为光纤输入端光功率,P_o 为光纤输出端光功率。显然,它不能反映出随光纤传输距离的增加而损耗光功率的情况。所以,我们通常引入光纤的衰减 γ_A 来表示光波在光纤中传输 1 km 所产生的光功率损耗。光纤的衰减 γ_A 的定义式为

$$\gamma_A = [-10\lg(P_o/P_i)]/L$$

这里,L 代表光纤长度。很显然,光纤的衰减是传输距离的函数。由此可以看出,即使两段光纤的损耗相同,它们也未必有相同的传输损耗特性,因为光纤的衰减还与光的传输距离相关。由此可见,光纤的衰减这个参数更能准确反映光纤的传输特性。

为了进一步研究光的传输特性,我们首先来了解一下光纤损耗的几种类型,它

们分别是吸收损耗、散射损耗和弯曲损耗。

① 吸收损耗

吸收损耗是指传输光与光纤材料相互作用,当光子能量与材料能级间的能量差相等时,便产生光子跃迁,这个光子被材料吸收,从而导致光功率的损耗。由于光纤材料固有能级的存在,吸收损耗是不可避免的,我们只能将其尽量减小。

为了减小吸收损耗,我们可以改变光的频率或改变材料成分,以使光子能量与光纤材料的能级差不匹配。这里,为了更好地理解吸收损耗,我们把它又分为本征吸收和杂质吸收两种。

本征吸收是指纤芯材料的固有吸收。它包括分子振动所产生的吸收和原子跃迁所产生的吸收,主要分别分布在近红外波段和紫外波段。

纤芯材料中的过渡金属离子、OH^- 是产生杂质吸收的主要根源,它们有各自的吸收峰和吸收带。这些杂质在光纤的制造过程中虽然难以清除,但是它们的含量已基本能够控制。另外,我们可以选择使用的波长来减小杂质吸收。典型的光纤衰减曲线有三个低损耗窗口,第一个窗口位于 $0.85~\mu m$ 附近,第二个窗口位于 $1.3~\mu m$ 附近,第三个窗口位于 $1.55~\mu m$ 附近。目前,工作在 $1.55~\mu m$ 的超低损耗单模光纤的衰减值可以降到 $0.17~dB/km$,它是长距离通信中最广泛使用的波长。

② 散射损耗

光纤的散射损耗起因于光纤的结构不均匀、密度不均匀或几何缺陷等因素的存在。一束光射到上述部位后,会改变原来的传播方向,向不同方向反射,这就是散射。散射的结果会破坏纤芯包层界面的全反射条件,使部分导模变成辐射模,发生了模式耦合,从而造成光纤中传输光功率的损耗。图 10.36 为光纤中的散射示意图。

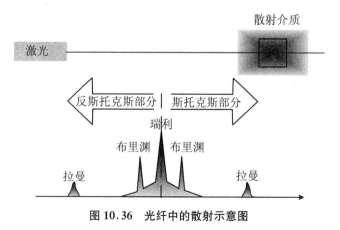

图 10.36　光纤中的散射示意图

瑞利散射是最基本的散射形式。当散射中心的尺寸小于光波长时,产生瑞利散射。瑞利散射的特点是以相同的频率向任意方向辐射新的电磁波。散射光的光强与波长的四次方成反比。

此外,还有自发拉曼散射,它包括斯托克斯散射和反斯托克斯散射。这一类散射发生于光的小功率传输,并且随着光波波长的增加,散射损耗迅速减小。

当光纤传输的光功率超过一定阈值时,还会发生受激拉曼散射和受激布里渊散射,产生新的光频率,这属于非线性散射。

③ 弯曲损耗

光纤的弯曲损耗包括宏弯损耗和微弯损耗。宏弯损耗是指当光纤弯曲的曲率半径小于某临界值时,光能量会从光纤芯向外辐射的现象(图 10.37)。当光纤弯曲时,纤芯与包层界面的全反射条件被破坏,小于临界角的光线被折射出纤芯,高阶导模最先转变成辐射模,部分光能辐射到包层中去,以至最后可能逃离涂敷层,最终造成光纤传输光功率的损耗。光纤的弯曲形变越大,宏弯损耗就越大。

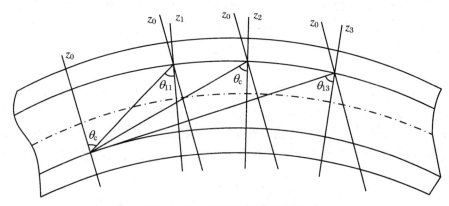

图 10.37　光纤弯曲损耗示意图

微弯损耗是指沿光纤轴线发生微观畸变时所引起的光能从光纤芯向外辐射的现象。微弯损耗同样是由光束碰到这些微弯畸变时会改变方向,不再满足全反射条件而致。微弯损耗会导致模式耦合,能量从导模转换到辐射模。对于微弯损耗,单模光纤比多模光纤更敏感。

④ 其他原因产生的损耗

光纤结构的不完善,例如,纤芯和包层界面的起伏、纤芯直径的变化,以及光纤对接不良等,都会造成光纤的传输损耗。这些原因分别会导致波导散射损耗、辐射损耗和对接损耗等。

（2）光纤的色散

色散是指当光脉冲通过光纤传输时,由于传输时间的延迟而导致的脉冲展宽现象。脉冲展宽会使相邻脉冲发生重叠,探测器无法分辨,产生信号失真。

光纤的色散一般分为模间色散和模内色散。模内色散又包括材料色散和波导色散。

① 模间色散

模间色散是指光脉冲在光纤中传输时,不同模式的传输距离不同,造成传播时间的不同,从而产生脉冲展宽的现象。

模间色散会限制光纤中所传输信息的最大比特率。因为当光纤中传输的信息比特率很高时,每个脉冲的相对持续时间很短,当脉冲周期小到一定值后,脉冲展宽会使相邻脉冲彼此重叠,产生信号失真。

由模间色散的定义可以给出用于计算脉冲展宽的公式

$$\Delta t_{SI} = t_c - t_0 = \frac{L}{vn_2/n_1} - \frac{L}{v} = \frac{Ln_1}{c}\frac{n_1 - n_2}{n_2}$$

式中,Δt_{SI} 为阶跃光纤的脉冲展宽,t_0 为零阶模式的传播时间,t_c 为最高阶模式的传播时间,v 为光在介质中的传播速度,$v = c/n_1$,c 为真空中的光速。

通常,多模渐变折射率光纤比多模阶跃折射率光纤的模间色散要小。用多模渐变折射率光纤代替多模阶跃折射率光纤,也是解决模间色散问题的办法之一。因为在渐变折射率光纤中,高阶模的传播距离虽然长,但传播速度也相对大;零阶模的传播距离虽然短,但速度也最小,所以渐变折射率光纤中各模式间的传播时间接近,脉冲展宽较小,因而模间色散较小。

另外,限制多模阶跃折射率光纤中模式的数量,可以减小模间色散,用单模阶跃折射率光纤代替多模阶跃折射率光纤就不需要考虑模间色散了。

② 模内色散

模内色散发生在单个模式中,有时也称之为色度色散。它是指由于光源光谱线宽度的存在,单个模式内会包含不同波长的光波,同时由于折射率对波长的依赖性,这些光波在光纤中的传播速度会不同,从而造成模内脉冲展宽的现象。模内色散产生的脉冲展宽公式为

$$\Delta t_c = D(\lambda)L\Delta\lambda$$

式中,$D(\lambda)$ 为模内色散参数(ps/(nm·km)),L 为光纤长度(km),$\Delta\lambda$ 为光源的光谱线宽度(nm)。

在光纤中,模内色散由两种机制构成,即材料色散和波导色散。材料色散在多模光纤的模内色散中起主要作用,而波导色散与模间色散和材料色散相比是可以

忽略的。但波导色散在单模光纤中起着重要作用。

材料色散是指由于材料本身的折射率依赖于波长而引起有一定光谱宽度的光脉冲展宽的现象。也就是说,虽然每单个波长的脉冲具有相同的传播路径,但是材料的折射率对于单个波长是不同的,因此它们在光纤中的传播速度是不同的,在输出端有不同的时间延迟,从而导致光脉冲展宽。

波导色散是由于光纤波导结构本身所引起的。前面我们已经讨论过,光纤中的模场可能在纤芯和包层中同时分布,一般光功率主要集中在纤芯中传输,有很少一部分集中在包层。因为纤芯和包层有不同的折射率,这样,在纤芯和包层中的光脉冲有不同的传播速度,从而引起脉冲展宽。

③ 光纤的总色散

对于单模光纤,模间色散可以忽略,一般只考虑模内色散。在某个特殊波长下,材料色散和波导色散同时存在,一正一负,相互抵消,总色散为零,但有时要考虑偏振色散。

对于多模光纤,总色散为

$$\sigma_t = \sqrt{\sigma_c^2 + \sigma_m^2}$$

式中,σ_c 为模内色散,σ_m 为模间色散,σ_t 为总色散。

3. 模式双折射

从具有两个可以传输的不同光偏振态意义上来说,所谓单模光纤实际上至少是双模光纤,即电场矢量可分解成两个既互相垂直,又垂直于光纤轴的分量。由于正交性,它们各自独立传播,不发生相互作用和能量转换。若注入一根具有对称圆截面的理想、笔直和无缺陷的光纤中,传输速度与偏振方向无关,则偏振光将保持它的偏振方向。然而,实际上并不存在完全对称的理想光纤。对于纤芯呈椭圆形的光纤,则会由不对称性引起一些复杂问题。在这种情况下,偏振有沿长轴 a 和短轴 b 的两个优先方向。如图 10.38 所示,设 a 位于 x 轴,b 位于 y 轴。除了沿 x 轴或 y 轴注入光纤的线偏振光外,其他按某个角度偏振方向注入光纤的线偏振光,都将以两种不同的模式传播。即所谓的 HEX_{11} 模和 HEY_{11} 模。若这两个模的传输速度有差异,我们就说这种光纤具有模式双折射(B)。$B = (\beta X - \beta Y)\lambda/(2\pi)$,其中,$\beta$ 为偏振模的传播常数,定义为折射率 n 与波矢 K 的 z 分量的乘积,λ 为真空中光的波长。

当发生模式双折射时,偏振方向将沿着光纤的长度不断地变化,甚至将在两轴中的某一轴方向偏振的光注入光纤时,由于纤芯—包层界面的缺陷、折射率的波动及其他一些机理,也会有一部分光被耦合进另一模中。此时,便出现偏振沿着光纤长度发生静态和动态变化的情况。

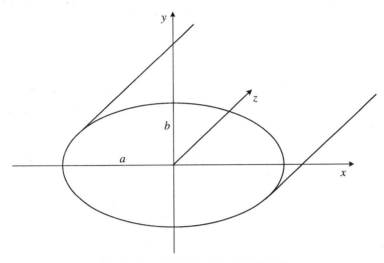

图 10.38　椭圆形光纤对偏振的影响

10.3.2　非通信光纤

早期用于传感器的光纤,大多数是从通信用光纤中选择直接使用或做某些特殊处理(如包层处理)后再使用。这对于某些传感器,如外部传感器或某些简单的内部传感器,已能满足一定的要求。

随着光纤传感技术的发展,在许多情况下,仅仅使用通信光纤是极其勉强的。例如,光纤电流传感器中,如果直接使用通信光纤,将有两个致命问题:一是通信用石英光纤的费尔德(Verolet)常数很小;二是为了使光纤环绕被测电流,需把光纤绕成线圈,这将使光纤产生弯曲,从而产生很强的线性双折射,其结果是将光纤本来很低的费尔德常数又大大降低(约为原来的 1/50),以至无法实际应用。因此,开发各种适合于传感技术要求的光纤是非常必要的。传感器用光纤一直是光纤技术领域中的一个重要研究课题。归纳起来主要通过以下几个途径开发特殊类型的光纤:

① 对石英光纤进行某些特殊处理,可以改变光纤的偏振特性或其他预期的传感特性;

② 对石英光纤在结构设计上进行改造,以改变其偏振特性;

③ 改变光纤的掺杂材料,或在光纤结构中插入金属材料,以使光纤产生新的特性或获得预期的偏振特性;

④ 利用其他材料制成特种光纤,以获得某种特性。

对于石英光纤进行特殊处理,使光纤获得传感器所要求的特性是早期光纤传感器较为常用的技术方法。

1. 对光纤外套进行特殊处理

对包层的特殊处理可以用于声学、磁场、电场、加速场、电流等干涉型光纤传感系统中。图 10.39 所示的双外套声学传感光纤是用于声学光纤传感器的例子,它是在石英光纤上采用了特殊材料的光纤外套。外套有两层,第一层为较薄的软外套,第二层为声学敏感的硬外套。水声压力对它的作用使其在轴向上产生应力。它的声学灵敏度是外套材料弹性模量和外套截面积乘积的函数。当材料的弹性模量较高时,第二层的厚度可较薄。

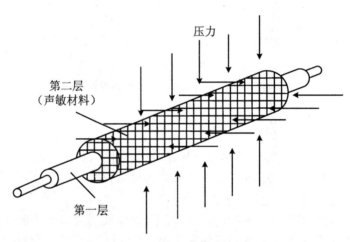

图 10.39　双外套声学传感光纤

图 10.40 是具有特殊光纤外套的磁敏光纤的例子。它使用磁致伸缩材料作磁敏外套。图 10.40 中①是圆形磁敏材料,可直接敷在裸光纤上,也可以在光纤的非磁性聚合物的外套上再敷上磁性材料在外套。也可以像图 10.40 中②那样将光纤粘在扁平的矩形磁致伸缩材料片上。磁性材料在磁场的作用下对光纤产生轴向应力,而实现对磁场的传感。

2. 进行热处理的光纤

在磁场和电流光纤传感器中,为了克服缠绕时光纤弯曲产生的线性双折射,一个有效的方法是对光纤进行退火处理。图 10.41 表示一个直径为 7 mm、匝数 $N = 200$ 的裸光纤线圈。线圈直径由于很小而产生很强的内应力,如果不消除,内应力造成的线性双折射将使光纤线圈无法用于磁场电流的传感。退火方法是将光纤线圈与陶瓷线圈骨架一起加热到 800 ℃,保持一段时间后逐渐冷却,则光纤弯曲引起的线性双折射可完全消除,成为低双折射或无双折射的光纤。

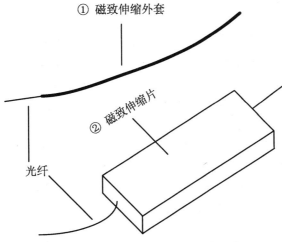

图 10.40 用磁致伸缩材料作光纤外套

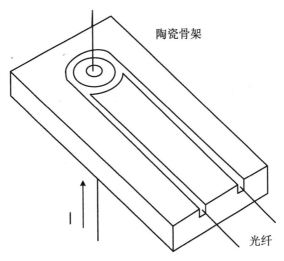

图 10.41 陶瓷骨架石英线圈

3. 拉丝时进行特殊处理的光纤

在光纤拉丝时,采取某些措施可以使光纤成为低双折射的光纤、圆双折射或椭圆双折射光纤,以满足光纤传感器在偏振特性上对光纤的要求。

（1）自旋型光纤

在光纤拉丝时，一边拉丝一边同轴旋转光纤的预制棒，可以得到自旋型光纤。预制棒的旋转速度可以控制在每分钟数千转。这样可以使光纤任意方位角的旋转节距非常短。光在这样的光纤中传输时，线性偏振光跟不上双折射轴的这种高速旋转。这对传输模而言，意味着光纤呈圆对称，因此光纤内部的线性双折射和偏振模失真可被降低到忽略不计的程度，即它属于低线性双折射光纤。自旋型光纤在磁场或电流测量中有一定局限性。这是因为当这种光纤弯曲或受到压力时，仍会重新产生线性双折射。但若能避免外部干扰，使这种光纤保持极低的线性双折射水平，那么在磁场和电流测量中，这种光纤还是有应用价值的。当然应当指出，要想获得更高的灵敏度，较好的选择是使用圆双折射或椭圆双折射光纤。

（2）螺旋型光纤

螺旋型光纤的拉丝过程与自旋型光纤是相同的。但区别是拉丝前先将石英光纤的预制棒插入一个带有偏心孔的石英棒中。孔的直径等于光纤预制棒的直径，孔的中心偏离石英棒的中心，如图 10.42 所示。经过插孔工序后，预制棒与偏心孔石英棒组合成一体。将组合体拉丝时，一边拉丝一边使组合体快速地同轴旋转，则拉出来的光纤就是螺旋型的。螺旋的节距约为几毫米。螺旋型光纤属于圆双折射型光纤，在光纤中左旋和右旋偏振模的传输常数是不同的。这种光纤的圆双折射比将光纤成品进行扭转形成的圆双折射提高一个数量级。当间距为 5 mm 时，对应的圆双折射约为 1.3×10^{-4}。

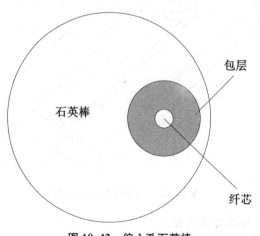

包层

石英棒

纤芯

图 10.42　偏心孔石英棒

螺旋型光纤的传输特性与普通光纤相比还有一些其他特点。其一是单模传输条件大大放宽,当归一化频率很大(如 $V=25$)时,仍能保持单模传输。这是因为螺旋型光纤中二次以上的高次模衰减得很快,只有基模在其中传输,因此光纤芯径可以做得较大;其二是螺旋型光纤的双折射特性稳定,其偏振特性不受外界干扰(如压力、弯曲)的影响,因此易于环绕导线作为电流传感器。但是它也有自己的问题,主要是光纤芯比较大,不易与普通光纤耦合,且光纤不那么柔软,绕出的光纤线圈直径较大(约 30 cm)。

4. 光纤结构的改变

通过光纤结构的改变,可以获得两种工作类型的光纤:一种是保偏光纤,另一种是偏振光纤。

(1) 保偏光纤

所谓保偏光纤是利用光纤结构上的特殊设计,使光纤具有很强的线性双折射,其工作特点是光纤中互相正交的两个偏振模具有相等且很低的传输损耗。但由于两个模式的相位常数相差很大而不会产生耦合,因此,当一个线性偏振模注入光纤时,光将保持其线性偏振态不变地在光纤中传输,而不易受弯曲、微弯、扭转等外界因素的影响。但当外界变形很强时,仍会产生模式耦合,使消光比下降。这在应用中必须注意。目前在光纤中引入线性双折射的方法有如下三种。

① 椭圆芯光纤。其结构如图 10.43(a)所示。这种光纤在结构上的特点是光纤芯的截面形状是椭圆形的,沿椭圆至轴(即长轴和短轴)两个方向上的折射率分布是不同的。另外,由于线性双折射参数 B 与折射率差的二次方(即 Δn^2)成正比,因此,为了加大双折射,必须使 Δn 尽可能地大,这就使得椭圆芯的尺寸很小。例如,为了能得到 $B \approx 4 \times 10^{-4}$ 的双折射率,要求 $\Delta n = 0.03$,则相应的椭圆芯尺寸为 1 μm × 2 μm。这给光纤的制造和光纤间的耦合带来了困难。但也有好的一面,即光纤的弯曲损耗小,且半导体激光器辐射光斑的形状与椭圆芯相近,因此易于实现与激光器的直接耦合。

② 蝴蝶结光纤。其结构如图 10.43(b)所示,在靠近光纤芯处有两个扇形应力区,光纤材料为掺锗石英玻璃(GeO_2/SiO_2)。应力区的材料为掺硼(高浓度)石英玻璃,由于掺硼区域周围区域的热压缩不同,所以在光纤中引入很强的内应力。应力的作用使光纤产生线性双折射。在各种线性双折射光纤中,蝴蝶结光纤是双折射最强的光纤,其双折射参数 B 可达 4.8×10^{-4}。为了获得尽可能大的双折射,应当使扇形应力区尽可能接近光纤芯,但也不能过分靠近,否则在包层中将产生消失场,导致光纤损耗增加。这对其他应力双折射光纤也是适用的。

③ 熊猫光纤。其结构如图 10.43(c)所示。熊猫光纤的名称来自于英文缩写 panda,其真实含义是偏振保持和吸收还原(polarization-maintaining and absorption-reducing)。为了形成线性双折射,需在光纤预制棒中光纤芯区两边对称的位置各钻一个圆孔,并在每个圆孔中各插入一个尺寸相当的掺硼预制棒。因此熊猫光纤预制棒是一个复合预制棒。然后用普通的方法拉成光纤,光纤冷却后,在掺硼的预制棒中产生对称于光纤芯的扇形应力区,使熊猫光纤成为线性双折射光纤。

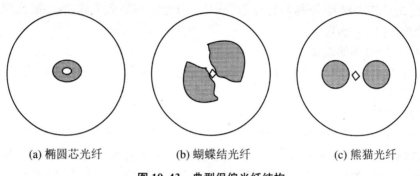

| (a) 椭圆芯光纤 | (b) 蝴蝶结光纤 | (c) 熊猫光纤 |

图 10.43 典型保偏光纤结构

(2) 偏振光纤

偏振光纤是以另一种方式工作的特殊光纤。其特点是在光纤中引入一种强衰减。但光纤中的两个正交偏振模中只有一个模受到衰减,而另一个模仍以极低的损耗在光纤中传输。因此即使互相垂直的两个偏振模同时注入光纤,由于其中一个模衰减很快,因此光纤输出端只有一个线性偏振模输出。与保偏光纤相比,偏振光纤可以提高注入光的消光比,具有起偏作用,因此,偏振光纤的输出光与输入光相比可以具有很高的消光比。而保偏光纤在理论上只能保持注入光的偏振态,输出光的消光比不会高于注入光的消光比。偏振光纤的工作原理是迅衰场原理。使某一个偏振模迅速衰减的光纤有如下三种。

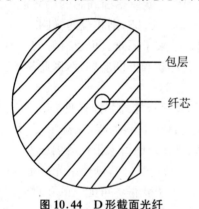

图 10.44 D 形截面光纤

① D 形截面光纤。D 形截面光纤是将单模光纤预制棒沿轴向的一侧进行研磨去掉一部分包层,直至被研磨的平面接近光纤芯,使预制棒的形状如图 10.44 所示的呈半圆形(D 形),然后进行抛光。拉丝过程中适当控制温度,使光纤截面仍保持 D 形。同时高温火焰中的拉丝对 D 平面(即抛光平面)进一步起火焰抛光作用,使 D 平面成为极其光滑的低散射表面。用这种方法拉制出的 D 形截面光纤,可以使光纤中与光滑平面相平

行的偏振光不衰减,但垂直于光滑平面的偏振光迅速衰减,成为只有单一偏振输出的偏振光纤。通过适当控制预制棒材料被磨去的厚度,即调整光滑平面到光纤芯的距离,可以确保迅衰场的衰减最大,而又保证非迅衰场的衰减最小,使偏振光纤获得最大消光比。

②中空截面光纤。这是对 D 形光纤的一种发展和改进。由于 D 形光纤的截面不是完整的圆形,给使用带来了不便。中空截面光纤是在 D 形光纤预制棒的外面套上一个尺寸相配的套管,形成一个包含 D 形光纤截面和中空截面的复合型预制棒,如图 10.45(a)所示。在对复合预制棒拉丝时,适当控制拉丝温度,使 D 形光纤保持 D 形截面不变,同时又要使 D 形光纤与包层套良好地熔接在一起。最后拉制成的光纤截面仍保持图 10.45(a)的形状,因此称之为中空截面光纤。中空截面光纤的优点是可以像普通光纤那样进行处理、切割和连接。

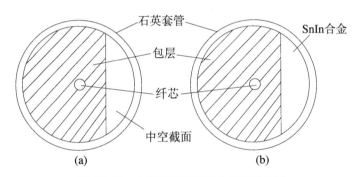

图 10.45　中空截面光纤与金属玻璃光纤

③金属玻璃光纤。这种光纤是在中空光纤的空洞中注入低温合金而做成的。合金的注入使得这种光纤具有极强的偏振特性,可以用这种光纤制成金属玻璃光纤起偏器。金属玻璃光纤如图 10.45(b)所示。光纤的数值孔径约为 0.16,截止波长约为 $1.25\ \mu m$,中空截面到光纤芯的距离约为 $3\ \mu m$。空洞中填充的金属是低熔点的 SnIn 合金,熔点为 120 ℃。用一个装有合金的不锈钢注射器在 130 ℃ 的温度和 4×10^5 Pa 大气压力下,将合金缓缓地注入到光纤的空洞中。大约每分钟可以填充 2 m 长的光纤。光纤的外面套上丙烯树脂包层。用 5 cm 长的光纤可获得 40 dB 的消光比,波长范围为 $1300\sim1600$ nm。通过调整光纤芯到金属平面的距离,可以控制光纤的消光比。因此光纤偏振器的消光比可以做得很高,长度为 1 cm 甚至更短的一段光纤的最大消光比可超过 100 dB。

5. 改变光纤的掺杂材料

前述的光纤都是以石英光纤为基础,经过某些特殊处理或特殊设计可成为特殊光纤。因而光纤的低损耗特性基本上得到保证。人们还可以用其他方法如在光纤中掺入少量其他材料或完全使用其他玻璃材料制成特殊光纤，从而使光纤具有新的特性，如使光纤具有光放大作用、强旋光作用或光克尔效应。

（1）掺稀土金属离子光纤

早期，人们对在石英光纤中掺入稀土金属离子曾持怀疑甚至否定态度。这是因为在光纤技术发展过程中，曾绞尽脑汁去掉各种金属离子以降低光纤损耗。但 S. B. Poole 和 J. E. Townsend 等人证明了如果严格控制光纤芯和包层中稀土离子的含量，可以利用基于 MCVD 法的光纤技术制造出低损耗的掺稀土离子光纤。掺钕光纤制作工艺如图 10.46 所示，它以 MCVD 工艺为基础，在某些问题上进行了特殊处理。

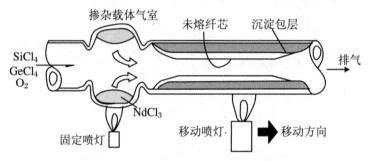

图 10.46　用改进的 MCVD 法制作掺钕光纤

（2）特种材料光纤

可以完全利用某种光学材料制成光纤，如含铽玻璃光纤或含铈玻璃光纤。由于玻璃内所含成分较多，所以一般称为多组分光纤或软玻璃光纤。这些特殊的光学材料具有某些特殊的光学特性，如旋光特性、非线性等。光纤的制造工艺一般采用插棒法（rod in tube）。一个采用二次插棒法的含铽玻璃光纤如图 10.47 所示。

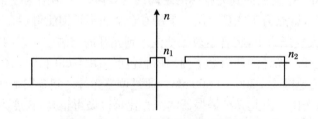

图 10.47　二次插棒法制成的 W 形光纤

10.3.3　光纤器件

1. 光纤光栅

光纤光栅在光通信与传感中起着重要作用,除了均匀光纤光栅外,还有各种不同结构的光纤光栅,如相移、啁啾、变迹、取样(超结构)光栅等,它们都有不同的反射谱,可以用于不同的目的。

以光纤布拉格光栅(fiber Bragg grating,FBG)为主的光纤光栅传感器,除了具有普通光纤传感器的优势之外,还有一些特别的优势,最主要的是传感信号为波长调制以及复用能力强。其好处在于:测量信号不受光纤弯曲损耗、连接损耗、光源起伏和探测器老化等因素的影响;避免了干涉型光纤传感器相位测量模糊不清等问题;在一根光纤上串接多个布拉格光栅,把光纤嵌入(或粘在)被测结构,可同时得到几个测量目标的信息,并可实现准分布式测量。例如,通过实时测量应力、温度、振动等传感信息,以同时进行建筑物健康检测、冲击检测、形状控制和振动阻尼检测时,光纤光栅传感器是最理想的灵敏元件。

利用紫外激光的干涉条纹在一个较小的长度范围内照射具有光敏性的光纤,可使该段光纤芯的折射率发生周期性的改变,从而形成光纤布拉格光栅,如图10.48所示。

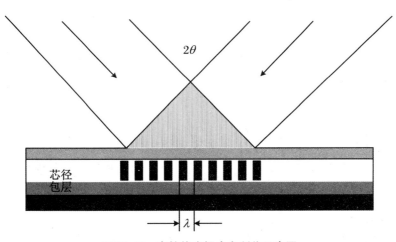

图 10.48　布拉格光栅全息制作示意图

根据耦合模理论,当宽带光源射入具有布拉格光栅的光纤时,光谱中以光栅的布拉格波长为中心的窄光谱在光栅处被反射,其他大部分将透射而沿原来方向传输。图10.49为光栅衍射示意图。

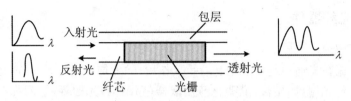

图 10.49　布拉格光栅衍射示意图

常见的 FBG 传感器通过测量布拉格波长的漂移实现对被测量的检测,光栅布拉格波长(λ_B)条件可以由下式表示:

$$\lambda_B = 2 \cdot n \cdot \Lambda \qquad (10.8)$$

式中,Λ 为光栅周期,n 为折射率。

当 Λ 和 n 受到外界环境的影响(温度、应力)而发生变化(Δn 和 $\Delta \Lambda$)时,符合布拉格条件的波长发生漂移 $\Delta \lambda_B$。对式(10.8)求微分,得

$$\Delta \lambda_B = 2 \Delta n \cdot \Delta \Lambda + 2 \Delta n \qquad (10.9)$$

从式(10.9)中可以看出,当外界环境使 FBG 的栅距和折射率发生改变时,光纤布拉格光栅的中心反射波长也随之发生变化。图 10.50 为光纤光栅传感器的原理图。

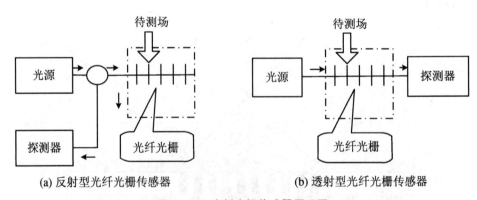

(a) 反射型光纤光栅传感器　　　　　　　　(b) 透射型光纤光栅传感器

图 10.50　光纤光栅传感器原理图

2. 光纤耦合器

利用连接器和熔接的方法可以将两段光纤连接起来,这样可以满足两个器件之间的光信号的传输。但是,在很多应用中,需要连接的不只是仪器的两个端头。耦合器就是用来连接三个或者更多的连接点的器件。耦合器将输入信号分成两路或更多路输出,或将两路或更多路输入合并成一路输出。光信号在每条支路中的分配比例可以相同,也可以不同。

在光纤耦合器的使用过程中,有几个方面需要考虑:① 输入端口和输出端口的数量;② 信号的衰减和分束;③ 光传输的方向性(光穿过耦合器的方式);④ 波长的选择性;⑤ 光纤类型,即单模或多模;⑥ 偏振敏感和偏振相关损耗。

3. 光纤隔离器及环形器

与光纤耦合器不同,光纤隔离器只能沿一个方向传输光信号。它们在光纤系统中起着非常重要的作用,可以阻止后向反射和散射的光到达敏感器件,尤其是激光器。光隔离器的内部工作机制依赖于偏振,因此光隔离器内有一对线偏振器,两个偏振器的偏振面放置成 45°角。在两个偏振器之间是法拉第旋转器,它将偏振器的偏振面旋转 45°。

光环形器在其功能和设计上都属于光隔离器的"远亲"。它的功能是作为一个单行道使光通过一系列的端口,也就是进入端口 1 的光必须到端口 2,进入端口 2 的光必须到端口 3,以此类推。和光隔离器一样,环形器的工作也利用了偏振现象。

4. 光开关

光开关是光纤通信中光交换系统的基本元件,并广泛应用于光路监控系统和光纤传感系统。光开关在光传输过程中有三种作用:其一是将某一光纤通道的光信号切断或开通;其二是将某波长的光信号由一条光纤通道转换到另一条光纤通道去;其三是在同一条光纤通道中将一种波长的光信号转换为另一波长的光信号(波长转换器)。光开关的特性参数主要有插入损耗、回波损耗、隔离度、串扰、工作波长、消光比和开关时间等。

5. 波分复用器

波分复用(WDM)技术,就是为了充分利用单模光纤低损耗区带来的巨大宽带资源,根据每一信道光波的频率(或波长)不同,将光纤的低损耗窗口划分成若干个信道,把光波作为信号的载波,在发送端采用波分复用器(合波器)将不同规定波长的信号光载波合并起来送入一根光纤进行传输,在接收端由一个波分复用器(分波器)将这些不同波长承载不同信号的光载波分开的复用方式。由于不同波长的光载波信号可以看作相互独立的(不考虑光纤非线性时),从而在一根光纤中可实现多路光信号的复用传输。

6. 自聚焦透镜

自聚焦透镜又称为梯度折射率透镜,是指其内部的折射率分布沿径向逐渐减小的柱状透镜。

由于梯度折射率透镜具有端面准直、耦合和成像特性,加上其圆柱状小巧的外形特点,在多种不同的集成光学系统如医用光学仪器、光学复印机、传真机、扫描仪中有着广泛的应用。

梯度折射率透镜是光通信无源器件中必不可少的基础元器件,应用于要求聚焦和准直功能的各种场合,分别使用在光耦合器、准直器、光隔离器、光开关和激光器上。

7. 光源

光源的作用是将电信号变换为光信号,即实现电-光的转换,以便在光纤中传输。由于光纤传感器的工作环境特殊,要求光源的体积小,便于和光纤耦合。光源发出的光波长应合适,以减小在光纤中传输的能量损耗。光源要有足够的亮度。在相当多的光纤传感器中还对光源的相干性有一定要求。此外,要求光源的稳定性好,能在室温下连续长期工作,还要求光源的噪声小,使用方便等。目前光纤传感系统中常用的光源主要有半导体激光器(LD)、半导体发光二极管(LED)、超辐射二极管(SLD)、超荧光光源(SFS)、放大自发辐射(amplified spontaneous emission,ASE)光源等。

8. 光电探测器

光纤传感常用光电探测器有 PIN 光电二极管、雪崩光电二极管(avalanche photo diode,APD)、光敏电阻、硅光电池、硅光电二极管和光电倍增管(PMT)等。

10.3.4　光纤法布里-珀罗传感器

法布里-珀罗腔是由平行放置的两块平面板组成,在两板相对的平面上镀薄银膜或其他较高反射系数的薄膜。入射光射入光腔后,在两平行板间进行多次反射,构成多条平行的透射光和反射光(图 10.51),且两组光中相邻光的相位差都相等。当 $r_1 = r_2 = r$,$t_1 = t_2 = t$ 时,设入射光的振幅为 a,则诸透射光的振幅分别为 att',$att'r^2$,$att'r^4$,$\cdots$;而诸反射光的振幅为 ar,$artt'$,$ar^3 tt'$,$ar^5 tt'$,$ar^7 tt'$,$\cdots$,其中 r^2 为镀银面的反射系数,且 $r^2 + tt' = 1$。当反射系数 r^2 较大且与 1 相差不多时,所构成的透射光接近等幅的多束光,相邻光束的光程差

$$\Delta = 2dn_2\cos i$$

由此所引起的相位差为

$$\Delta\Phi = \frac{4\pi}{\lambda}dn_2\cos i$$

式中,i 为反射光与平面法线的夹角,d 为两反射面的距离。当光程差为波长的整数倍时,光强最大。

光纤法布里-珀罗腔分为内、外两种。利用法布里-珀罗干涉结构构成光纤传感器可以测应变、位移、压力等多种参量,且每种参数有不同的实现方法。

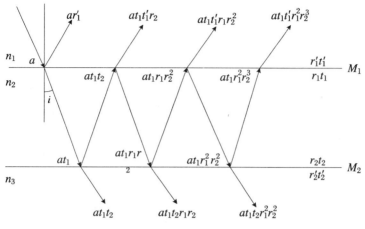

图 10.51 法布里-珀罗干涉腔

图 10.52 所示的内腔式法布里-珀罗型应变仪由一段光纤构成,光纤的两端面镀有反射膜作为平行平面板。根据多光束干涉原理,可以求得入射光经过光纤法布里-珀罗干涉腔两端面多次反射之后的反射光光强为

$$I = 2a^2 r^2 (1 + \cos \Phi) = 2I_0 R(1 + \cos \Phi)$$

式中,$I_0 = a^2$(a 为光纤芯的半径),$R = r^2$(r 为法布里-珀罗干涉腔两个反射镜的反射比)。

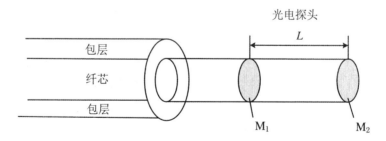

图 10.52 内法布里-珀罗腔应变传感器

图 10.53 所示的外腔式法布里-珀罗型应变仪由光纤的端面、被测面(或另一光纤的端面)和中间的空气构成,为非本征法布里-珀罗干涉仪(extrinsic Fabry-Perot interferometer,EFPI)。

以图 10.53 为例。光纤中的光遇到两反镜后分别产生两束反射光,其中一束光的振幅为 A_1,另一束光的振幅为 A_2。这两束反射光相遇后产生干涉。干涉腔

腔长 L 随应变而变化,两反射光的相位差 $\Delta\Phi$ 也随之变化,光电探测器接收到的光强为

$$I_{\text{det}} = A_1^2 + A_2^2 + 2A_1A_2\cos\Delta\Phi$$

由于 $\Phi = knL$(k 为传播常数,n 为光纤折射率,L 为两反射镜面间的距离),且

$$\frac{\Delta\Phi}{\Phi} = \frac{\Delta L}{L} + \frac{\Delta n}{n} + \frac{\Delta k}{k} \approx \frac{\Delta L}{L}$$

式中,$\Delta\Phi/\Phi$ 为相位的相对变化率(或相位灵敏度),$\Delta L/L$ 为长度相对变化率(或称长度应变),$\Delta n/n$ 为折射率相对变化率,$\Delta k/k$ 为传播常数变化率,因此,光电探测器输出的电信号随应变而变化。

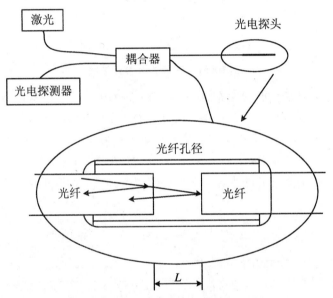

图 10.53　外法布里-珀罗腔应变传感器

10.3.5　光纤水听器

光纤水听器按原理可分为干涉型、强度型、光栅型等。干涉型光纤水听器的关键技术已经逐步发展成熟,在部分领域已经形成产品,而光纤光栅水听器则是当前光纤水听器研究的热点。

1. 干涉型光纤水听器

干涉型光纤水听器是基于光学干涉仪的原理构造的。图 10.54 是基于几种典型光学干涉仪的光纤水听器的原理示意图。

图 10.54(a)是基于迈克耳孙(Michelson)光纤干涉仪光纤水听器的原理示意图。由激光器发出的激光经 3 dB 光纤耦合器分为两路：一路构成光纤干涉仪的传感臂,接受声波的调制,另一路则构成参考臂,提供参考相位。两束波经后端反射膜反射后返回光纤耦合器,发生干涉,干涉的光信号经光电探测器转换为电信号,经过信号处理就可以拾取声波的信息。

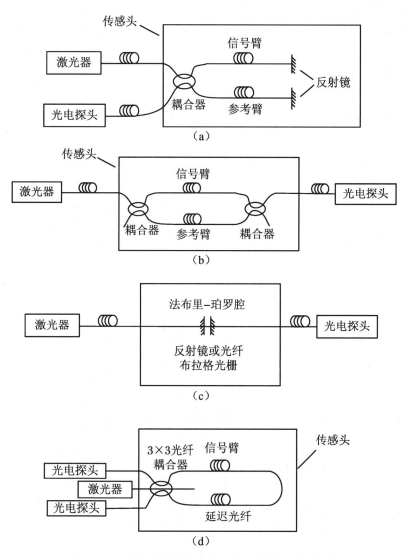

图 10.54　基于光纤干涉仪的光纤水听器原理示意图

图 10.54(b)是基于马赫-曾德尔光纤干涉仪光纤水听器的原理示意图。激光经 3 dB 光纤耦合器分为两路,分别经过传感臂与参考臂,由另一个耦合器合束发生干涉,经光电探测器转换后拾取声信号。

图 10.54(c)是基于法布里-珀罗光纤干涉仪光纤水听器的原理示意图。由两个反射镜或一个光纤布拉格光栅等形式构成一个法布里-珀罗干涉仪,激光经该干涉仪时形成多光束干涉,通过解调干涉的信号得到声信号。

图 10.54(d)是基于 Sagnac 光纤干涉仪光纤水听器的原理示意图。该型光纤水听器的核心是由一个 3×3 光纤耦合器构成的 Sagnac 光纤环,顺时针或逆时针传播的激光经信号臂时对称性被破坏,形成相位差,返回耦合器时发生干涉,解调干涉信号得到声信号。

2. 强度型光纤水听器

强度型光纤水听器基于光纤中传输光强被声波调制的原理,该型光纤水听器研究开发较早,主要调制形式有光纤微弯式、光纤绞合式、受抑全内反射式及光栅式等。

微弯光纤水听器是根据光纤微弯损耗导致光功率变化的原理而制成的光纤水听器。其原理如图 10.55 所示,两个活塞式构件受声压调制,它们的顶端是一带凹凸条纹的圆盘,受活塞推动而压迫光纤,光纤由于弯曲而损耗变化,这样输出光纤的光强受到调制,转换为电信号即可得到声场的声压信号。

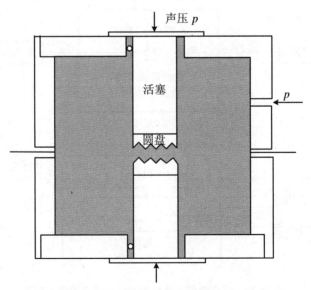

图 10.55 微弯光纤水听器原理示意图

3. 光纤光栅水听器

光纤光栅水听器是以光栅的谐振耦合波长随外界参量变化而移动为原理。目前,光纤光栅水听器一般基于光纤布拉格光栅构造,如图 10.56 所示,当宽带光源(BBS)的输出光波经过一个光纤布拉格光栅时,根据模式耦合理论可知,波长满足布拉格条件 $\lambda_B = 2n_{eff}\Lambda$ 的光波将被反射回来,其余波长的光波则透射。式中,λ_B 为 FBG 的谐振耦合波长,即中心反射波长,n_{eff} 为纤芯的有效折射率,Λ 为光栅栅距。当传感光栅周围的应力随水中声压变化时,n_{eff} 或 Λ 将发生变化,从而产生传感光栅相应的中心反射波长偏移,偏移量由 $\Delta\lambda_B = 2\Delta n_{eff}\Lambda + 2n_{eff}\Delta\Lambda$ 确定,这样就实现了水声声压对反射信号光的波长调制。所以,通过实时检测中心反射波长偏移情况,再根据 Δn_{eff} 和 $\Delta\Lambda$ 与声压之间的线性关系,即可获得声压变化的信息。

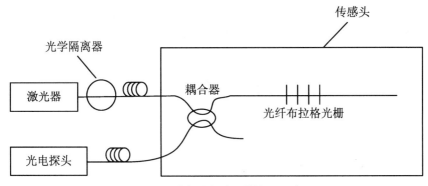

图 10.56　光纤光栅水听器原理示意图

10.3.6　光纤陀螺

光纤陀螺的种类很多,大致可分成三大类:干涉型光纤陀螺(I-FOG),谐振型光纤陀螺(R-FOG)和布里渊型光纤陀螺(B-FOG)。干涉型光纤陀螺是第一代光纤陀螺,技术上已趋成熟,正在实用化。谐振型光纤陀螺是第二代光纤陀螺,目前处于实验室研究向实用化的发展阶段。布里渊型光纤陀螺是第三代光纤陀螺,尚处于理论研究阶段。

光纤陀螺的基本原理都是基于 Sagnac 效应,只是各自采用的相位解调方式不同,或者对光纤陀螺的噪声补偿方法不同而已。以干涉型光纤陀螺为例,如图 10.57所示,光源发出的光经分束器分为两束后,送入长度为 L 的单模光纤中,分别沿顺时针方向及逆时针方向传输,最后均回到分束器形成干涉。

根据相对论,光在一个运动介质中传播的速度为 v,从静止坐标观察时存在下列关系：

$$v = \frac{c}{n} + V\left(1 - \frac{1}{n^2}\right)$$

式中，c 为真空中的光速，n 为介质的折射率，V 为介质运动速度。

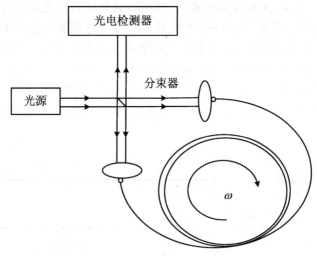

图 10.57　光纤陀螺工作原理示意图

假定光纤缠绕在半径为 R 的环上，显然，当环形光路相对于惯性参照系静止时，经顺时针方向、逆时针方向传播的光回到分束器时有相同的光程，即两束光的光程差等于零。当环形回路以角速度 ω 相对于惯性参照系做旋转运动时，沿顺时针方向及逆时针方向传输的两束光的传播速度分别为

$$c_+ = \frac{c}{n} + \omega R\left(1 - \frac{1}{n^2}\right), \quad c_- = \frac{c}{n} - \omega R\left(1 - \frac{1}{n^2}\right)$$

式中，c 为真空中的光速，n 为光纤的折射率，c_+ 为顺时针方向行进的光的传播速度，c_- 为逆时针方向行进的光的传播速度。

沿顺时针方向行进的光到达分束器所需时间为

$$t_+ = \frac{nl}{c} + \frac{2}{c^2}\omega A \tag{10.10}$$

沿逆时针方向行进的光到达分束器所需时间为

$$t_- = \frac{nl}{c} - \frac{2}{c^2}\omega A \tag{10.11}$$

式中，A 为光路所包围的面积。对于环形光路而言，$A = \pi R^2$。

利用式(10.10)、式(10.11)，可以求得两束光之间的相位差

$$\Delta\Phi = \omega\Delta t = \frac{2\pi c}{\lambda_0} \cdot \frac{4\omega A}{c^2}$$

整理后有

$$\Delta\Phi = \frac{8\pi A}{\lambda_0 c} \cdot \omega \tag{10.12}$$

式中，λ_0 为所传播的光的波长。

若光纤的匝数为 N，则式(10.12)可修正为

$$\Delta\Phi = \frac{8\pi A}{\lambda_0 c} \cdot N \cdot \omega$$

通过光电检测器解调干涉光的相位差 $\Delta\Phi$，即可利用上式求出 ω。

参 考 文 献

[1]　杨翠英.浅谈单模光纤和多模光纤[J].山东通信技术,1994(1):61 - 65.

[2]　陈海清,郭守珠.高电压领域中的光电式电流互感器[J].高电压技术,1998,24(2):70 - 75.

[3]　杨淑连,曾兆香.光栅传感器[J].山东工程学院学报,1998,12(2):11 - 14.

[4]　宋雪君.微型红外线传感技术的最新发展[J].物理学和经济建设,1999,28(6):360 - 364.

[5]　谢彦召,郑振兴,焦杰.无源电光式传感器及其进展[J].传感器技术,1999,18(3):5 - 7.

[6]　鲍振武,刘钊,刘晶.传感器用特种光纤[J].光纤与电缆及其应用技术,2000(1):26 - 33.

[7]　毕卫红,郑绳楫.光纤法布里-珀罗(Fabry - Perot)干涉腔在传感器中的应用[J].燕山大学学报,2000,24(2):135 - 140.

[8]　武兴建,吴金宏.光电倍增管原理、特性与应用[J].国外电子元器件,2001(8):13 - 17

[9]　苏永道.磁光薄膜电流传感器[J].传感器技术,2002(1):1 - 2;15.

[10]　秉时.光敏电阻的种类、原理及工作特性[J].红外,2003(11):48.

[11]　詹亚歌,向世清,方祖捷,等.光纤光栅传感器的应用[J].物理学和高新技术,2004,33(1):58 - 61.

[12]　秦书乐,秦茂兴.光栅光纤:一种新的传感元件及其应用[J].上海计量测试,2004(179):26 - 27.

[13]　张仁和,倪明.光纤水听器的原理与应用[J].前沿进展,2004,33(7):503 - 507.

[14]　单夫惟,马乐梅.光纤陀螺发展及应用[J].光电子技术与信息,2004,17(4):12 - 14.

[15]　陈中儒.光电传感器:光电池[J].科技资讯,2008(6):6 - 7.

[16] 刘德明,孙琪真.分布式光纤传感器技术及其应用[J].激光与光电子学进展,2009:29-33.

[17] 贾波.光纤传感应用技术研究[J].绵阳师范学院学报,2009,28(5):1-10.

[18] 赵文锦.光电倍增管的技术发展状态[J].光电子技术,2011,31(3):145-148.

[19] 李汉军,杨士亮,杨恩智.光电池原理及其应用[J].现代物理知识,11(3):26-27.

第 11 章　图像传感器

目前,获取图像的途径主要有可见光、红外线、紫外线、X 射线、α 射线、β 射线、γ 射线、超声、SAR(合成孔径雷达)、CT、核磁、电容层析、内窥镜等。

像素是"图像元素"(picture element)的缩略语。组成图像的一个最基本点称为一个像素,也就是被摄景物中能独立被赋予色彩和亮度的最小单元(元素)。由像素点集合构成数字图像,其像素点数多、分辨率高,图像更清晰。

有效像素指 CCD 芯片上参与实际成像的像素数,有效像素直接与图像的清晰度息息相关,理论上与数码相机的分辨率成正比。

"彩色深度"表示数码照相机显示色彩的能力,又称"色彩分辨率"。

11.1　可见光图像传感器

目前,广泛使用的可见光图像传感器是电荷耦合器件（charge coupled device,CCD)、互补性氧化金属半导体(complementary metal oxide semiconductor,CMOS)图像传感器和接触式图像传感器(contact image sensor,CIS)。

欲使单片传感器呈现正常的彩色画面,就必须能够输出画面所需的全部红、绿、蓝像素信息。但是,不管是 CCD,还是 CMOS,其像点都仅对光线的亮度有反应,即 MOS 电容或光敏二极管所产生的电荷量只能反映光线的亮度高低,而不能反映其色度信息。换句话说,传感器的像点相当于"色盲",要让它输出正确的红、绿、蓝像素信息,就必须事先"告诉它"入射光线的颜色类别。这就需要在光线到达传感器光敏面之前,先将光线分解成不同的颜色,即对全色光进行分色。用滤色片对全色光进行过滤或用光学棱镜进行光谱分解是最常用的两种分色方法,另外,还有一种基于硅晶体透射特性的特殊分色方法。

1. 3CCD/3CMOS 方案的彩色原理

根据三基色原理,将一幅图像分离出组成该图像的三基色图像红(R)、绿(G)、蓝(B)的三幅单色图像(当然也可以分离成其图像的三补色的单色图像),用三块 CCD/CMOS 分别对其三基色图像进行独立感光,根据需要,再将其三基色图像信号合成为全彩色图像信息信号进行处理或输出,这就是 3CCD/3CMOS 成像原理。用三片二向色棱镜(dichroic prism)通过恰当的组合即可实现这一光学分色效果,如图 11.1 所示。

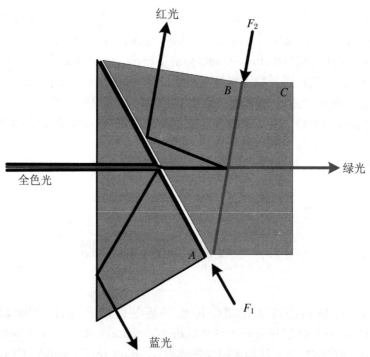

图 11.1 二向色棱镜分色系统

这种工作方式的优点是:清晰度高,色彩还原好,后续处理方便。缺点是:代价高,三块 CCD 同时工作调试好才出厂;维修代价高,因为一般维修不能对三块 CCD 进行光学重合调整,即使其中一块 CCD 坏了,也要三块 CCD 同时更换;光路设计要求高,在光通路上,要设有三基色分光镜,将全色图像分离出红、绿、蓝三基色图像分别对应三块 CCD,且要求三块 CCD 的图像必须在物理视觉上重合,生产厂家必须将三块 CCD 和分色镜做在一起,所以生产成本较高。

3CCD 的彩色像素没有进行恢复计算,所以失真很少,其像素的多少就是单片 CCD 物理像素的多少。但是,当成像器尺寸很大时,分色棱镜的体积也将变得十分庞大,限制了成像器的尺寸。

2. 单 CCD 方案的彩色原理

(1) 滤色片阵传感器

具体办法是在传感器的每一个像点上覆盖一层滤色片,这样光线通过滤色片后就成为和滤色片颜色相同的单色光线,像点在单色光线的作用下产生的电荷量就反映了该颜色的亮度值。有多少个像点就有多少个滤色片,这些滤色片的集合叫滤色片阵(color filter array,CFA)。

滤色片阵有很多种类,有原色的、补色的、三色的、四色的等等。其中应用最广的是由柯达公司研究员拜尔研发的拜尔片阵,如图 11.2 所示。拜尔片阵是一种由红、绿、蓝三种原色构成的方形滤色片阵,每四个(2×2)滤色片构成一个子片阵,由两个绿色、一个红色和一个蓝色滤色片构成。这样,整块传感器获得的色彩信息中,绿色将比其他两种颜色多一倍,这是基于人类视觉对绿色最为敏感的考虑,有利于获得更准确的色彩再现。通过后面要介绍的像素插补处理,我们会发现各色像素的数量是相等的,因此不难通过均衡各色彩的幅度关系而获得良好的白平衡效果。

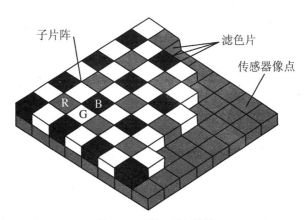

图 11.2　拜尔滤色片阵

假设一束白光进入镜头,经过滤色片阵的光线过滤,入射到各感光单元(即各像点)上的就是红、绿、蓝三个基色光中的某一色光:处于红滤色片下面的像点只接受红光,绿滤色片下面的像点只接受绿光,蓝滤色片下面的像点只接受蓝光,如图 11.3 所示。

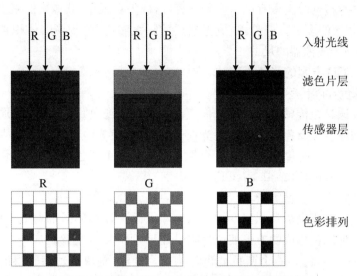

图11.3　滤色片阵对入射光线的分色原理图

我们知道,图像的一个像素必须由红、绿、蓝三个色彩分量构成,而拜尔滤色片阵下面的每一个像点只能感应红、绿、蓝三个基色中的一个色彩分量,这种每个像点只携带了一个颜色信息的原生数据(raw data)形成的图像叫拜尔片阵图像(Bayer pattern image)。将原生图像转换为 JPEG,TIFF 等格式的三基色图像(RGB image)的过程叫图像重建,方法是基于相邻同色像点的信息进行像素插补运算。单 CCD 的彩色像素个数是其像素的 1/4,通过计算恢复后,输出的彩色有效像素个数基本恢复到 CCD 的原有像素的个数。有效像素一般远大于 CCD 的实际像素,但恢复图像会产生失真。

常用的像素插补方法有邻近像素复制(nearest neighbor replication)、两次线性插补(bilinear interpolation)、两次立方插补(bicubic interpolation)及具有一定智能性的自适应插补法(adaptive interpolation)等。重建像素的方法不同,意味着像素处理的算法不同。复杂的运算可以得到质量更好的重建图像,但运算量大,速度慢,对硬件要求高。下面以两次线性和自适应两种插补算法为例,简单介绍一下重建红、蓝和绿分量信息的方法。

① 重建红、蓝分量信息

仔细观察图 11.2 所示的拜尔片阵就会发现,第一个绿色像点上下、左右肯定是两个红色或蓝色像点,如图 11.4(a)和图 11.4(b)所示。因此,以两次线性插补法在绿色像点上重建红、蓝分量信息的方法是取上下或左右两个像点信息的平均值。比如在图 11.4(a)中,欲在中间位置的绿像点上重建红色信息,只要取其左右两个红色像点信息的平均值即可。同理,取上下两个蓝色像点的平均值即可在此位置重建蓝色信息。

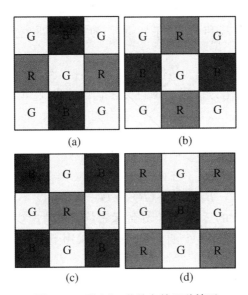

图 11.4　重建红、蓝信息的四种情形

至于以两次线性插补法在红色像点上重建蓝色信息和在蓝色像点上重建红色信息,方法也很简单:根据如图 11.4(c)和图 11.4(d)所示的拜尔片阵的排列规律,只需取红像点四个顶角上的四个蓝像点信息的平均值,即可得到此位置上缺失的蓝色信息。用同样的方法,可在蓝色像点上重建红色信息。

② 在红、蓝像点上重建绿色分量信息

拜尔滤色片阵的每一个红像点或蓝像点周围一定有四个绿像点,如图 11.5 所示。如果以自适应插补法在红像点上重建绿色分量信息 $G(R)$,插补算法如下:

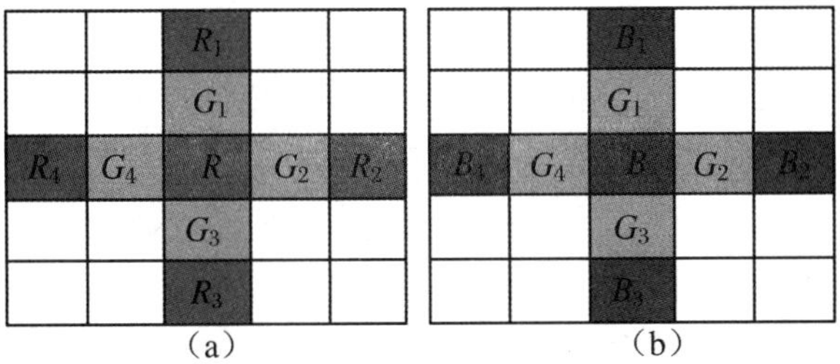

图 11.5　重建绿色信息的两种可能情形

如 $|R_1 - R_3| < |R_2 - R_4|$,说明色彩信息在垂直方向上的差异小,即相关性强,因此取垂直方向上的两个绿色信息 G_1 和 G_3 的平均值,作为红像点上重建的绿色分量信息,即 $G(R) = (G_1 + G_3)/2$;

如 $|R_1 - R_3| > |R_2 - R_4|$,说明色彩在水平方向上的相关性强,因此取水平方向上的两个绿色信息 G_2 和 G_4 的平均值,作为重建的绿色分量信息,即 $G(R) = (G_2 + G_4)/2$;

如 $|R_1 - R_3| = |R_2 - R_4|$,说明色彩在相关性上没有优势方向,此时取四个绿色像点信息的平均值作为重建的绿色分量信息,即 $G(R) = (G_1 + G_2 + G_3 + G_4)/4$。

以同样的算法,在蓝色像点上重建的绿色分量信息 $G(B)$ 如下:

如 $|B_1 - B_3| < |B_2 - B_4|$,则 $G(B) = (G_1 + G_3)/2$;

如 $|B_1 - B_3| > |B_2 - B_4|$,则 $G(B) = (G_2 + G_4)/2$;

如 $|B_1 - B_3| = |B_2 - B_4|$,则 $G(B) = (G_1 + G_2 + G_3 + G_4)/4$。

以上算法需要较大的运算量,会导致像素重建的速度变慢。如果以图像质量的轻微下降为代价,换取速度上的大幅提升,可采用上面介绍的线性插补法:省去水平和垂直方向上的色彩相关性判断过程,直接以 $(G_1 + G_2 + G_3 + G_4)/4$ 作为重建的绿色分量信息即可。

以拜尔片阵为代表的方形滤色片阵传感器的缺点是,必须通过像素插补方式重建另外两个色彩分量,再生像素信息消耗了大量的计算资源,影响了重建图像的速度,很难满足每秒 25 帧或 30 帧的视频需要,因此,采用拜尔滤色片阵进行分色的图像传感器,不论是 CCD,还是 CMOS,多用于数码相机中。

(2) 条形滤色片无插补传感器

这是一种采用红、绿、蓝三基色条形滤色片的成像器件,滤色片排列如图 11.6 所示。图 11.6(a)中,红、绿、蓝三种颜色的滤色片各自对应一个传感器的成像点,这一点与拜尔片阵传感器是一样的。不同的是,拜尔片阵传感器的每一像点就是一个像素,而图 11.6(a)中红、绿、蓝滤色片所对应的三个像点共同合成为一个像素,由于三个像点分别携带着红、绿、蓝三个色彩分量的信息,所以不用插补像素,无须 RGB 图像重建。因此,这种采用三基色条形滤色片的无插补传感器具有速度快、色彩逼真等优点,为多数单成像器摄像机所采用。

把三个像点当成一个像点来用的缺点是所需的像点数量是拜尔片阵传感器的 3 倍,因此增加了工艺难度,提高了制造成本。

索尼 CineAlta 系列数字摄影机(digital cinematography camera)中的顶级产品 F35 采用的是全画幅、5 760×2 160 像点的单 CCD 传感器,可提供 1 920×1 080

分辨率的全高清视频输出,每个像素信号由六个像点(水平三个,垂直两个)合成而来,具有极高的动态范围和成像质量。F35 成像器对应一个像素的 RGB 条形滤色片排列如图 11.6(b)所示。

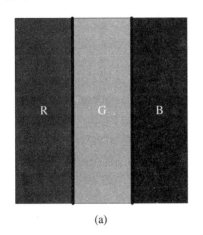 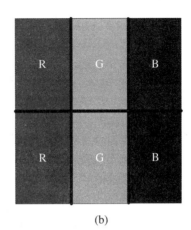

(a)　　　　　　　　　　　　　　(b)

图 11.6　三基色条形滤色片

以上两种传感器都是通过滤色片进行分色,从而在一片传感器上实现三种色彩信息的输出。由于滤色片具有使光线衰减的作用,加上电路和工艺结构的原因,实际光电二极管的受光面积小于一个像点的总面积(两者之比叫作像素开口率,非开口部分由铝膜覆盖作遮光处理,采用较小的开口率有利于减小因光线混色和衍射而造成的画质下降),所以,为了提高传感器的光敏能力,保证光子转换为电子的效率,通常要在每一个滤色片上附加一个具有汇聚光线作用的微型透镜(micro-lens),如图 11.7 所示。

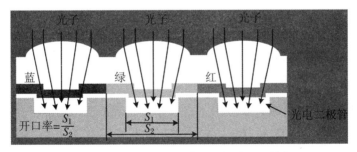

图 11.7　微透镜用于提高传感器的感光效率

(3) Foveon X3 传感器

还有一种不用滤色片也能输出三个基色信息的传感器,采用的是类似于胶片的成像原理,这就是美国 Foveon 公司研发的 Foveon X3 CMOS 传感器。它采用三层像点阵列,在垂直方向上形成层叠关系的三个像点共同构成一个像素,基本构造如图 11.8 所示。

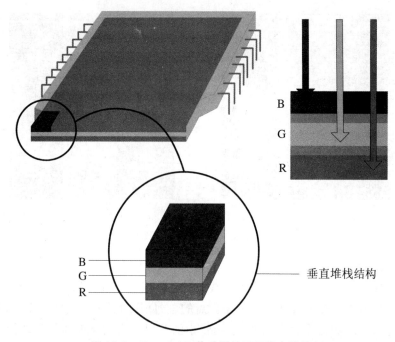

图 11.8　Foveon X3 传感器的三层像点结构

　　Foveon X3 传感器的理论基础是不同波长的光线穿透硅晶体的厚度不同:三基色中波长最短的蓝光穿透能力最弱,红光的穿透能力最强。因此,只要控制好三个像点层的厚度,保证最上层全部吸引蓝光,中间层全部吸引绿光,最下层只有红光到达,然后通过特定的算法,就可以实现每一像点层只输出一种基色信息的目的。控制每一层的厚度、解决光线穿透像点层所产生的损耗问题及如何准确地处理像素信息,是 Foveon X3 传感器的几个技术难点。

11.1.1　CCD 图像传感器

　　电荷耦合器件(charge coupled device,CCD)于 1969 年在贝尔实验室研制成功。CCD 按工作特性可分为线型(linear)CCD 和面型矩阵式(area)CCD;按工艺特性又可分为单 CCD、3CCD 及超级 CCD 三种。CCD 图像传感器具有更高的填充因子和量子效率(QE)、更低的串扰和暗电流,一直以来都提供了最好的静止图像性能。CCD 图像传感器一般由三层构成:第一层微透镜头,第二层分色镜片,第三层感光、储存、转移电荷(CCD)层。如图 11.9 所示。

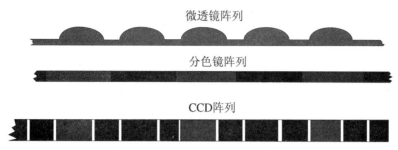

图 11.9 CCD 图像传感器的构成

面型矩阵式 CCD,根据其工作方式又分为:帧转移型(frame transfer,FT)(图 11.10)、行间转移型(interline transfer,IT)(图 11.11)和行帧转移型(frame inter-line transfer,FIT)(图 11.12)三种;根据其扫描方式又分为全帧(full frame)和隔行(interline)两种,全帧型多用于专业级,隔行多用于民用级。

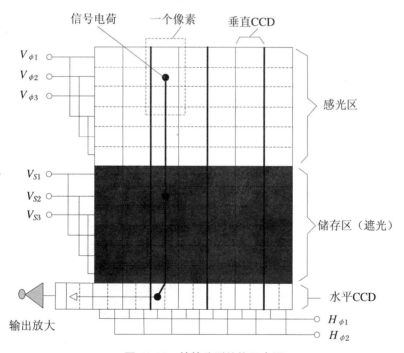

图 11.10 帧转移型结构示意图

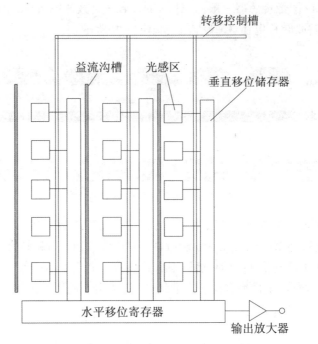

图 11.11　行间转移型结构示意图

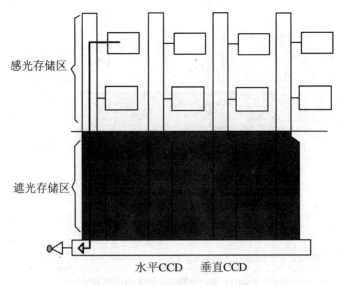

图 11.12　行帧转移型结构示意图

CCD 芯片光敏(成像)单元的核心是 MOS 电容或光电二极管,属于无源像素(passive pixel),它只能将不同的光线照度转换为一定的电荷量,而不能将一定的电荷量转换为对应的电压值(图 11.13)。也就是说,其电荷转换为电压以及放大等环节都是从光敏单元转移出来之后完成的。因此,就感光单元而言,CCD 的电路结构远比 CMOS 简单,但是在电荷耦合、转移、输出等环节上,CCD 远比 CMOS 复杂得多。在无光照期间也会积累少量电荷,称之为暗噪声或暗电流,必须在信号处理过程中加以补偿。

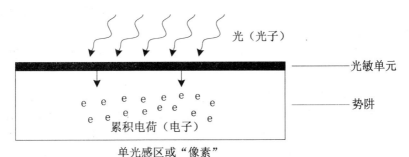

图 11.13　光敏单元

典型的 CCD 输出极和输出电压波形如图 11.14 所示,CCD 输出端通过感应电容 C_s 将每个像素的电荷转换成电压信号。在每一次转换之前,C_s 上的电压被复位到参考电平 V_{REF},这会产生一个复位噪声。参考电平和视频信号电平之差 ΔV 代表对应像素的感光量。CCD 的电荷量可以低到 10 个电子,典型的 CCD 输

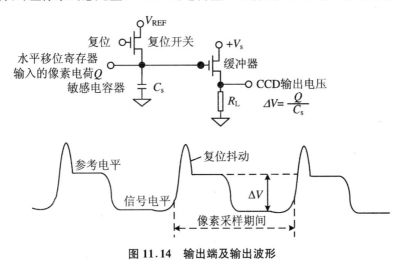

图 11.14　输出端及输出波形

出灵敏度为 0.6 μV/电子。大多数面阵 CCD 的饱和输出电压为 500 mV~1 V,线阵的为 2~4 V,直流(DC)电平在 3~7 V 之间。

11.1.2　CMOS 图像传感器

互补金属氧化物半导体(complementary metal-oxide-semiconductor,CMOS)图像传感器作为一种新发展的固体图像传感器,因其自身的优点已经在民用方面得到了广泛的应用,例如工业视觉、高速摄像、医疗、消费品领域。相比于 CCD 传感器,CMOS 传感器具有功耗低、集成度高、体积小、抗干扰能力强、只需要单一电源等优点。因此在图像传感、天文观测、小卫星、星敏感器等应用领域也表现出极大的潜力。最新一代 CMOS 图像传感器利用先进的像素技术,其性能已达到甚至超越了 CCD 图像传感器。

CMOS 图像传感器主要分三大类,即 CMOS 无源像素传感器(CMOS-PPS)、CMOS 有源像素传感器(CMOS-APS)和 CMOS 数字像素传感器(CMOS-DPS)。

图 11.15 为 CMOS 图像传感器的构成回路。CMOS 图像传感器是由一个像素光电二极管和数种 MOS 晶体管构成的。通过镜头入射的光在硅基板内进行光电转换而成为电荷,该电荷在读出晶体管的源极聚集,经读出晶体管传送至漏极,经放大晶体管放大信号,然后传送到垂直信号端,再经过垂直扫描和水平扫描而依次输出。与 CCD 图像传感器相比,CMOS 图像传感器最明显的优势是集成度高、功耗小、生产成本低,容易与其他芯片整合。

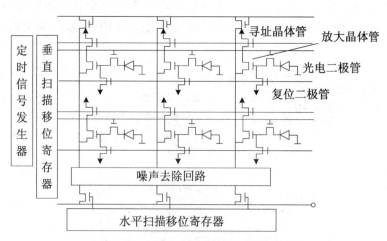

图 11.15　CMOS 图像传感器的电路结构

1. 无源像素图像传感器(PPS)

PPS 的结构如图 11.16 所示,当开关 Tx 打开后,光敏二极管 PD 里面的积累电荷流入列读出线中,在列线末端有一个放大器,它把检测到的电荷转化为电压。PPS 结构简单、填充系数高(有效光敏面积和单元面积之比)、量子效率(积累电子与入射光子的比率)非常高。但是它的读出噪声非常大,主要是固定噪声(FPN),而且 PPS 不利于向大型阵列发展,很难超过 1 000×1 000,不能有较快的像素读出率,这是因为这两种情况都会增加线容,若要更快地读出就会导致更高的读出噪声。

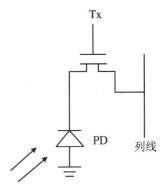

图 11.16　光敏二极管型
无源像素结构

2. 有源像素图像传感器(APS)

CMOS 光敏二极管型有源像素成像单元的电路构成如图 11.17 所示。图中 D 为光电二极管,作用是将光子转换为电子,T_2 是源极跟随器,起电压缓冲和电流放大作用,T_3 工作于开关状态,在行地址脉冲的控制下将 T_2 源极上的电压信号选通到列缓存器中,然后经放大和数模转换后输出到 DSP 电路。

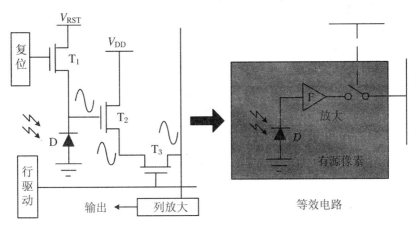

图 11.17　光敏二极管型有源像素结构

另外一种 APS 为光栅型 APS。它是由美国 JPL 实验室首先推出的,它生成的图像信号质量较高,现在备受关注。它的基本结构如图 11.18 所示。它由光栅 PG、开关管 Tx、复位管 RST、源极跟随器和行选通管 RS 构成。当光照射像素单元时,在光栅管 PG 处产生电荷;同时,复位管 RST 打开,对势阱进行复位,复位完毕,复位管关闭,行选通管打开,势阱复位后的电势由此通路被读出并暂存起来。之后,开关管打开,光照产生的电荷进入势阱并被读出。前后两次读出的电位差就是真正的图像信号。

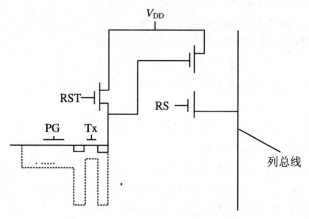

图 11.18　光栅型 APS 基本结构图

　　对数式像素单元结构如图 11.19 所示。它由光敏二极管、负载管、源极跟随器和行选通管 RS 组成。该像素单元输出的信号与入射光信号成对数关系,该像素单元采集的光信号的动态范围可以很宽。另外,该单元是无积分单元。因此,可以实现真正意义上的随时信号读取。也正是由于像素单元无积分使得它对暗光线的反应时间较长,并且固定图形噪声较大,信噪比不高。

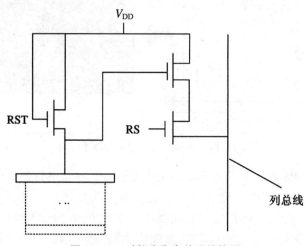

图 11.19　对数式像素单元结构图

在制造上,CCD 和 CMOS 的主要区别主要是,CCD 集成在半导体单晶材料上,而 CMOS 集成在被称为金属氧化物的半导体材料上。其工作原理都是利用感光二极管进行光电转换,这种转换的原理与太阳能电子计算机的太阳能电池效应相近。光线越强,电力越强;反之,光线越弱,电力也越弱。根据此原理将图像转换为数字信号。而其主要差异是数字信号传送的方式不同。CCD 和 CMOS 的简易结构图如图 11.20 所示。

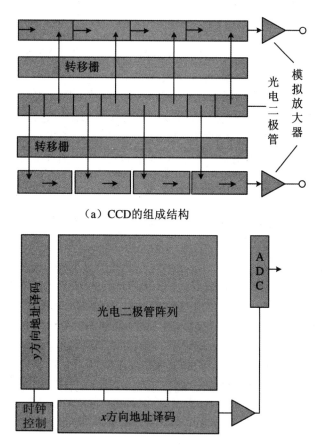

（a）CCD的组成结构

（b）CMOS的组成结构

图 11.20　CCD 和 CMOS 的组成结构

比较 CCD 与 CMOS 的结构,ADC(数模转换器)位置和数量是最大的差异。CCD 每曝光一次,在快门关闭后进行像素的转移处理,将每一行中电荷信号依次转入"缓冲器"中,由低端的线路引导输出至 CCD 边缘的放大器进行放大,再串联

ADC 输出。而 CMOS 的结构中每个像素都直接连着 ADC,点和信号直接放大并转换成数字信号。造成这种差异的原因在于 CCD 的特殊工艺可以保证数据在传送时不会失真,因此各个像素的数据可以汇集到边缘再进行放大处理;而 CMOS 工艺的数据在传送距离较长时会产生噪声。因此,必须先放大再整合各个像素的数据。

11.1.3 CIS 图像传感器

接触式图像传感器(contact image sensor,CIS)是诞生于 20 世纪 80 年代末期的新型图像传感器。CIS 采用的图像传感器芯片是基于 CMOS 技术的光电传感器。CIS 广泛应用于传真机、扫描仪、纸币识别机、OMR 等图像识别装置。它的工作原理是:光源发出的光照射到原稿,带有图像信息的反射光聚焦到图像传感器芯片,图像读取传感器芯片将光信号转换成电信号作为图像信息输出,图像读取传感器芯片与原稿采用相对移动的副扫描方式连续读取原稿上的信息。CIS 作为新生代在图像传感器领域异常活跃。在不到 15 年的发展历史中,传真机用的图像传感器已经基本上全部采用 CIS。CIS 具有结构简单、调试方便、响应速度快、清晰度高等特点。

CIS 图像传感器芯片在主扫描方向以若干个光电传感器素子等距地呈一条直线的形式组成。这种图像传感器芯片通常应用于读取黑白图像信息,目前也将其大量应用于读取彩色图像信息。使用它构成的彩色 CIS 的工作原理是:首先根据三基色原理和格拉斯曼(Grassman)定律,将读取黑白图像信息的单色光源换成由红、绿、蓝三色组成的彩色光源。红、绿、蓝三色光源在规定的点灯时间内依次点灯,各色的点灯期间内,把电荷积蓄于光电转换传感器素子内,然后再从光电转换传感器素子读取图像信息。

但是,如图 11.20 所示,上述 CIS 存在,例如 R 的读取领域与 G 的读取领域在副扫描方向产生 1/3 像素的偏差,G 的读取领域与 B 的读取领域在副扫描方向产生 1/3 像素的偏差这样的问题,即把读取的包含不同领域的红、绿、蓝各色的图像读取信号作为一个像素的图像信号进行了再组合,存在由色偏差导致颜色的再现性差这样的问题,不能准确读取彩色图像信息。图中,左边一列表示传感器素子,中间一列表示副扫描方向第一行像素点与第二行像素点在正常扫描时与传感器素子之间位置的相互关系,右边一列表示三色光源红、绿、蓝的工作状态。从图中还可以看出,读取一个完整的像素点需要三步。

还有,因为三色光源循环导通,红、绿、蓝光电转换传感器素子依次串行输出图像信息,所以在读取一个像素信息,并且使用同样的 CLK 逻辑信号时,使用该图像读取传感器芯片的 CIS,读取彩色图像信息时的速度是读取黑白图像信息时速度的 1/3。

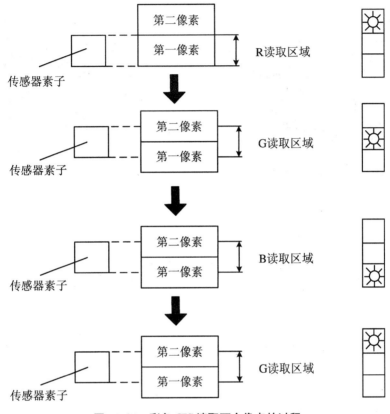

图 11.21　彩色 CIS 读取两个像点的过程

美国 Veridicom 公司推出的 FPS110 电容式指纹传感器表面集合了 300×300 个电容器,其外面是绝缘表面,当用户的手指放在上面时,由皮肤来组成电容阵列的另一面。电容器的电容值由于导体间的距离而降低,这里指的是脊(近的)和谷(远的)相对于另一极之间的距离。通过读取充、放电之后的电容差值来获取指纹图像。该传感器的生产采用标准 CMOS 技术,大小为 15 mm×15 mm,获取的图像大小为 300×300,分辨率为 500 DPI。FPS110 提供有与 8 位微处理器相连的接口,并且内置有 8 位高速 A/D 转换器,可直接输出 8 位灰度图像。FPS110 指纹传感器整个芯片的功耗很低(<200 mW),价格也比较便宜。图 11.22 所示为 FPS110 的外观形状,图 11.23 为利用 FPS110 获取的指纹图像。

图 11.22　FPS110 电容指纹传感器

图 11.23　指纹图像

11.2　红外图像传感器

红外线是波长在 0.76～1 000 μm 之间的电磁波,按波长范围分为近红外(0.76～3 μm)、中红外(3～6 μm)、远红外(6～15 μm)、极远红外(15～1 000 μm)四类,它在电磁波连续频谱中的位置处于无线电波与可见光之间的区域。红外辐射电磁波在大气中传播要受到大气的吸收作用,因此其辐射的能量会衰减。但空间的大气、烟云对红外辐射的吸收程度与红外线辐射的波长有关,特别对波长范围在 1～3 μm、3.5～5 μm 及 8～14 μm 的三个区域,相对吸收很弱,红外线穿透能力较强,透明度较高,这三个波长区域称为红外辐射的"大气窗口"。"大气窗口"以外的红外辐射在传播过程中由于大气、烟云中存在的二氧化碳(CO_2)、臭氧(O_3)和水蒸气(H_2O)等物质的分子具有强烈吸收作用而迅速衰减。利用红外辐射中"大气窗口"的特性,使红外辐射具备了夜视功能,并能实现全天候对目标的搜索和观察。

几种典型目标和背景的红外辐射特性如下。

① 飞机。飞机的最高温度部位在发动机处,普通发动机排气管外壁温度约为 400 ℃,内壁达 700 ℃;喷气发动机尾喷管外壁温度为 500～600 ℃,内壁达 700 ℃。它们的辐射最大值在 3～5 μm 波段。飞机在迎头方向的辐射不强,能观察到的主要是温度较低的汽缸和飞机蒙皮,但也可以接收来自排气管的部分辐射,它们的辐

射分别处于 8～14 μm 和 3～5 μm 波段。

② 导弹。导弹的情况和飞机相似,只要知道导弹的表面温度和尾焰的温度就可计算出辐射波长。尾焰的红外辐射在 3～5 μm 波段,表面主要辐射在 3～5 μm 波段。

③ 舰船。舰船有两个主要辐射源,一个是 30～903 ℃ 的烟囱,另一个是舰船的上层建筑,其红外辐射波长都在 8～14 μm。

④ 坦克。坦克的排气管温度为 200～400 ℃,发动机顶盖温度为 60 ℃,其红外辐射波长都在 3～5 μm。

⑤ 自然景物。红外辐射波段在 8～14 μm。

⑥ 人体。以人体温度 37 ℃ 计算,人体的红外辐射峰值波长为 9 μm。

红外成像分为主动式和被动式两种。

① 主动式红外成像是利用红外光源(近红外波段,峰值波长一般为 0.93 μm)照射目标接收反射的红外辐射形成图像的。第二次世界大战时期德国首先研制出主动式红外夜视仪,但未能在第二次世界大战中实际使用。几乎同时美国也在研制红外夜视仪,虽然试验成功的时间比德国晚,却抢先将其投入实战应用。其中 1945 年夏的冲绳岛之战,本来是日军利用复杂的地形乘黑夜偷袭美军,结果日军刚出洞口就一个个被美军击毙,这就是主动式红外成像的首次军用。目前,主动式红外成像技术在市场上主要用于夜视防盗监控。

② 被动式红外成像不需红外光源发射红外线,而是依靠目标自身的红外热辐射形成"红外图像",又称"红外热成像"。在自然界中,一切高于热力学零度(-273.15 ℃)的物体都在不停地辐射红外线,因此利用特定的探测仪测定目标本身和背景之间辐射的红外线差异就可以得到红外图像。红外热成像使人眼不能直接看到目标的表面温度分布(当然还与物体各部分的辐射率有关),变成人眼可以看到的代表目标表面温度分布的红外热图像。

目前红外成像主要采用焦平面阵列技术,集成数万个乃至数十万个信号放大器,将芯片置于光学系统的焦平面上,取得目标的全景图像,无须光-机扫描系统,大大提高了灵敏度和分辨率,可以进一步提高目标的探测距离和识别能力。目前的发展水平大致为:用于地面观察时,一般可做到在 1 500 m 的距离上识别人,2 500 m 的距离上识别车辆;用于空中侦察时,在 20 km 高空可侦察到地面上的人群和车辆;用于水面侦察时,可发现 15～20 km 远处的舰艇。

我国有关科研院所在 20 世纪 70 年代已经开始对红外成像技术进行研究,到 80 年代初,我国在长波红外器件的研制和生产技术上有了一定的进展。80 年代末 90 年代初,我国已经研制成功了实时红外成像样机,其灵敏度、温度分辨率都达到了较高的水平。进入90年代,随着几大民营红外企业的崛起与成长,开辟了红外成像技术应用发展的新阶段,近几年来,我国的红外成像技术应用得到突飞猛进的发展,与西方的差距正在逐步缩小,尤其在新技术的应用方面更可以说是独树一帜。

我国虽然在红外成像技术应用方面得到了突飞猛进的发展,但在红外成像技术的关键器件(红外探测器)的研制生产方面,与世界先进水平差距仍然很大,目前红外探测器还主要依赖于进口。

11.2.1 红外探测器

红外探测器是红外技术发展的核心和基础。近年来,随着固态技术的发展和半导体材料提纯和生长工艺的进步,红外探测器材料技术有了巨大的进展。这其中,多色、硅或锗衬底碲镉汞(HgCdTe)异质外延薄膜材料技术易于实现大尺寸、低成本,能提高探测器识别目标的能力,增加其抗干扰能力与带宽,是第三代红外探测器发展的关键材料之一,代表了红外探测器材料技术发展的重要方向。

量子阱红外探测器近年来发展迅速,长波阵列的性能已与碲镉汞阵列的性能相当。它具有独特的结构特点,更易于实现大规格和多色探测能力,也是红外探测器的一个重要发展方向。

非制冷红外探测器具有低成本、低功耗、高可靠性等优势,适用于小型低成本热像仪,也能满足第三代红外探测器高工作温度的要求。未来的发展方向是继续缩小像素尺寸,改善温度灵敏度和空间分辨力,缩短响应时间和降低成本。

1. 碲镉汞红外探测器

碲镉汞是直接带隙半导体,理论上可以探测 $1\ \mu m$ 以上所有波长的红外辐射,具有中波红外、长波红外和超长波红外的波长灵活性和多色能力。而且,碲镉汞的有效质量小、电子迁移率高、少子寿命长,能够达到80%左右的极高量子效率。所有这些优点使其成为红外探测器中应用最广泛、最重要的材料。

2. 锑化铟红外探测器

锑化铟(InSb)是一种直接的窄禁带宽度的半导体,在室温下为 $0.17\ eV$,表明其具有大于 $7\ \mu m$ 的光谱响应长波限,响应时间比碲镉汞还小一个数量级,达到 $10^{-8}\ s$。

3. 量子阱红外探测器

与传统探测器的探测机理不同,量子阱红外探测器(QWIP)是靠量子阱结构中光子和电子之间的量子力学相互作用来完成探测的。这种探测器使用带隙比较宽(GaAs的为 $1.43\ eV$)的Ⅲ~Ⅴ族材料,主要有光导型量子阱材料(GaAs/Al-

GaAs)和光伏型量子阱材料(InAs/InGaSb,InAs/InAsSb)两种类型。其中 GaAs/GaAlAs 材料体系发展得最为成熟,覆盖了从中波红外到超长波红外区域。采用这个材料体系制作量子阱红外探测器时,以 GaAs 作为量子阱材料,GaAlAs 作为量子势垒材料,通过选择合适的量子阱厚度和势垒材料组分,可使量子阱红外探测器的响应波长满足 8～14 μm 长波红外波段的要求。

4. 非制冷红外探测器

非制冷红外探测器材料能够工作在室温状态,并具有稳定性好、成本低、功耗小、能大幅降低系统尺寸等优点,制造的焦平面阵列的像素尺寸已达到 25 μm 以下,且具有高灵敏度和高分辨率能力,是未来小型低成本热像仪的主流材料。从目前的发展水平来看,基于这种材料的非制冷红外热成像系统将主要装备单兵、小型无人机、无人车,或作为遥控监视传感器。

11.2.2 凝视型红外成像

采用红外焦平面器件的成像系统称为凝视型红外成像系统。由于整幅图像几乎同时获取,所以凝视成像系统的成像效率高,且畸变小,能够提供较长的积分时间,获得比较高的辐射分辨率。图 11.24 为凝视成像原理图。

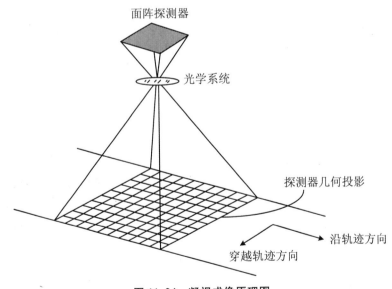

图 11.24 凝视成像原理图

11.2.3　扫描型红外成像

虽然凝视型红外焦平面器件目前已广泛使用,但在一些要求成像范围非常大的场合,比如对气象、海洋、陆地和环境观测的各类遥感卫星上的光学成像仪器,往往采用光机扫描成像方式。扫描型红外成像系统由在光学系统中安装光机扫描装置做成,该装置由扫描镜、电机和驱动电路等组成,也称为机械扫描。光机扫描有一维扫描和二维扫描两种方式。星载的成像仪常采用线阵探测器进行一维扫描,而且扫描是通过卫星的飞行运动来实现的。图 11.25 为线阵扫描成像原理图。我国发射的嫦娥一号、嫦娥二号 CCD 立体相机都是采用线阵扫描成像的。

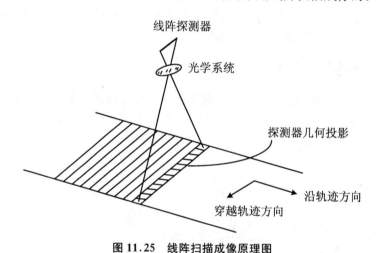

图 11.25　线阵扫描成像原理图

11.2.4　红外制导技术

红外制导技术的研究始于第二次世界大战期间,而最早用于实战的红外制导导弹是美国研制的“响尾蛇”空空导弹。由于红外制导导弹具有制导精度高、抗干扰能力强、隐蔽性好、效费比高、结构紧凑、机动灵活等优点,经过半个多世纪的发展,已广泛发展为反坦克导弹、空地导弹、地空导弹、空空导弹、末制导炮弹、末制导子母弹以及巡航导弹等等。

1. 红外制导导弹

红外制导多用于被动寻的制导系统,制导系统的红外位标器(导引头)接收目标辐射的红外线,经光学调制和信息处理后输出电信号并与导弹上的基准信号比较,得出目标的位置参数信号,用于跟踪目标和控制导弹飞向目标。

　　红外制导技术的发展促进了红外制导导弹的研制,同时红外制导导弹不要求发射平台装备专门的火控系统、不需要来自目标的特殊射频辐射以及能截获足够远的目标等特点,使其越来越受到青睐。红外制导导弹的工作原理是:来自目标的红外辐射透过弹头前端的整流罩,由光学系统会聚后投射到红外探测器上(光敏元件),然后将红外辐射由光信号转变为电信号,再经电子线路和误差鉴别装置形成作用于舵机的实时控制信号,使导弹自动瞄准、跟踪和命中目标,图 11.26 为红外制导导弹的组成示意图。

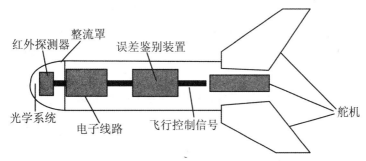

图 11.26　红外制导导弹的构成示意图

2. 红外成像寻的制导导弹

　　红外成像寻的制导导弹是指弹上摄像头对目标探测时,将目标按扩展源处理,摄取目标及背景的红外图像并进行预处理,得到数字化目标图像。经图像处理和图像识别后,区分出目标、背景信息,识别出要攻击的目标并抑制噪声信号。跟踪处理器形成的跟踪窗口的中心按预定的跟踪方式跟踪目标图像,并把误差信号送到摄像头跟踪系统,控制摄像头继续瞄准目标;同时,向导弹的控制系统发出导引指令信息,控制导弹的飞行姿态,使导弹飞向选定的目标,因此,是一种发射后不管的制导导弹。图 11.27 为红外成像寻的制导导弹组成框图。

　　(1) 红外成像寻的制导导弹发展历程

　　自 20 世纪 80 年代以来,红外成像制导技术得到了突飞猛进的发展。目前红外成像制导导引头在结构上有凝视阵列成像和线列扫描成像;在波段上,有中波和长波。红外成像寻的制导导弹的发展经历了两代。

　　① 第一代红外成像制导导弹采用多元线列探测器和旋转光机扫描器相结合的方法,实现探测器对空间二维图像的读出,采用并扫或串并扫扫描体制。这类成像制导导弹在 20 世纪 70 年代中期开始研制,目前已经成熟并开始批量生产,用于装备部队。典型代表有美国 AGM‐65D/F"幼畜"空地、空舰红外成像制导导弹

（采用16元锑镉汞光导线列器件和串并扫描型光机扫描）、AIM-13空空导弹以及美国在海湾战争中使用的远程攻击型AGM-84E斯拉姆(Slam)导弹。

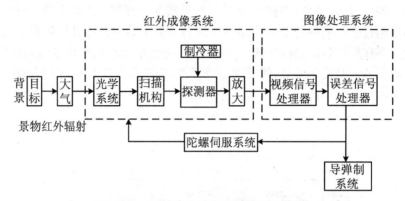

图 11.27　红外成像寻的制导导弹构成框图

美国AGM-65D"幼畜"空地导弹于1974年开始在AGM-65A基础上改进，1983年进入空军服役，该型导弹最大射程为43.4 km，最大速度为1.2 Ma，最大使用高度为9.45 km。D型在A型基础上的改进之处有：改装红外成像导引头，其数字式定心跟踪器使导弹飞向目标的中心，而不是飞向最大温差点，红外频段的选择能透过战场上的烟雾获得昼夜、全天候作战能力。

AGM-65D导弹在1993年停产，月产量达500枚，单价为12.3万美元，批生产总数达25 127枚。AGM-65F导弹在D型红外成像导引头的基础上，专为攻击舰艇目标增加了图像调制处理能力并采用质量增大到136 kg的爆破穿甲战斗部和可调延时引信。此外，采取工程改进措施进一步降低导弹的生产成本。

② 第二代红外成像制导导弹去掉了光机扫描红外器件而采用扫描或凝视红外焦平面器件（目前，长波64×64元、128×128元和中波256×256元、320×240元红外焦平面探测器件以及4N扫描焦平面器件已经达到实用水平），以及复杂背景下目标识别技术。典型代表有美国坦克破坏者(Tank Breaker)导弹、欧洲的ASRAAM、美国AIM9X响尾蛇后续型、法国麦卡空空导弹、以色列的怪蛇-4/5等导弹。

AIM-9X响尾蛇空空导弹是美国海军、空军于1992年开始研制的响尾蛇AIM-9L/M的后续型导弹，2002年才开始装备部队，采用128×128元、3~5 μm中波凝视红外成像导引头和低成本微型信号处理电子线路技术（图11.28）。按要求，响尾蛇AIM-9X能应对诸如俄罗斯的射手(AA-11)和其他大离轴角发射全向攻击导弹，具有比对手更好的目标截获能力和优良的抗红外干扰能力。同时，要求导弹具有在发射之前锁定目标和发射后不管的能力。AIM－9X 的导弹另一特点是可与国际视觉系统公司的联合头盔指示系统(JHMCS)联用,显示由雷达等传感器探测到的目标信息和导弹导引头信息。AIM－9X 导弹最大射程为 17.7 km,最大速度为 2.5 Ma。

图 11.28　美国 AIM－9X 响尾蛇空空导弹

(2) 特点分析

红外成像寻的制导导弹是一种自主式智能制导导弹,代表了当代红外制导导弹的发展趋势,主要有如下特点。

① 灵敏度和导引精度高。红外成像寻的制导导引头噪声的等效温差(NETD)可达 $0.05\sim0.1$ ℃,很适合探测远程小目标,且空间分辨率很高,ω 可达 $0.2\sim$ 0.3 mrad,多目标鉴别能力强。

② 抗干扰能力强。这类导引头由于有目标识别能力,可以在复杂背景干扰下探测、识别目标。

③ 具有智能功能并可实现发射后不管的功能。红外成像制导导弹具有在各种复杂战术环境下自主搜索、捕获、识别和跟踪目标的能力,并且能按威胁程度自动选择目标和目标薄弱部位进行命中点选择,可以实现发射后不管的功能。

④ 具有准全天候功能和很强的适应性。红外成像系统主要工作在 $8\sim14\ \mu m$ 远红外波段,该波段具有穿透烟雾和昼夜工作的能力,且此系统可以装在各种型号的导弹上使用,只是识别、跟踪的软件不同。但是,红外成像制导系统的热图像只相当于单目观察而无立体感,其显示的热图像实质上只是一幅单色辐射强度的分布图。在目标与干扰物的图像重叠时,不能根据图像灰度去辨认出目标和干扰物。由于雨水对红外的吸收作用较强,也不能远距离传输,因此,该类导弹不能在下雨或空气中水分含量较高时使用,只能用于近距离作战,这是红外成像寻的制导系统的一大弱点。

11.3 紫外图像传感器

紫外线是波长小于 0.4 μm 的光波,包括 A 波段(400～320 nm)、B 波段(320～280 nm)和 C 波段(280～200 nm)。紫外光谱成像检测技术是欧美国家为军事目的发展起来的新型检测成像技术。它的特点是用于观察和检测"日盲"(240～280 nm)紫外光信号,并将紫外图像信号转换成可见光图像信号,进行观察和测量。图 11.29 为天空背景的紫外辐射谱。

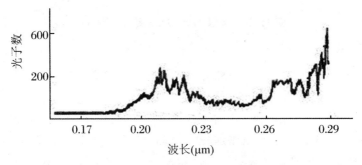

图 11.29 天空背景的紫外辐射谱

紫外成像检测系统主要包括紫外成像物镜、紫外光滤光镜、紫外像增强系统、CCD、图像显示等。紫外成像检测系统的工作原理如图 11.30 所示。紫外信号源

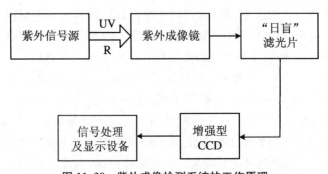

图 11.30 紫外成像检测系统的工作原理

被背景光(包括可见光、紫外光和红外光等)照射,从信号源传输到成像镜头的有信

号源自身辐射的紫外光(UV),也有信号源反射的背景光(R)。成像光束经过紫外成像镜头后,有一部分背景光被滤除,有一部分背景光仍然存在。其后光束再通过"日盲"滤光片,照到紫外像增强器的光电阴极上,经过紫外增强器后,信号被增强放大并被转化为可见光信号输出,然后,成像光束经 CCD 相机,最后,经信号处理后输出到观察记录设备。

使用紫外图像可以观察到许多用传统光学仪器观察不到的物理、化学、生物现象;又因为其工作在"日盲"波段,所以它的工作不受日光的干扰,即采用该技术的仪器可以在日光下工作,图像清晰、工作可靠、使用方便。

11.3.1　紫外探测器件

1. 真空紫外探测器件

自 20 世纪 80 年代以来,随着微通道板(MCP)技术的发展,带有 MCP 结构的光电倍增管(MCP PMT)和带有 MCP 结构的近贴的聚焦型紫外像管相继出现。与传统的打拿极结构相比,MCP 具有响应快、抗强光、分辨率高、体积小等优点,而且可得到信号的二维图像,实现高分辨率成像探测。MCP-PMT 与传统的紫外光电倍增管的基本功能没有多大差别,只是用 MCP 代替了原来的光电倍增器,图11.31 是 MCP-PMT 的电原理图。

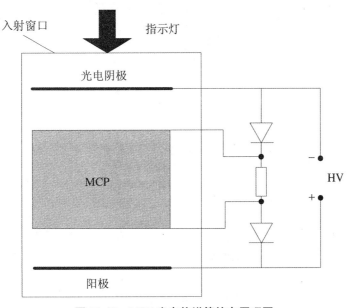

图 11.31　MCP 光电倍增管的电原理图

(1) 增强型 CCD

增强型 CCD(intensifier CCD, ICCD)的典型结构如图 11.32 所示,主要由入射窗口、物镜、紫外滤光片、光电阴极、像增强器、中继光学系统和可见光 CCD 组成。辐射源所发出的紫外光通过物镜,照射到紫外滤光片上,滤光片将紫外谱段以外的光减弱至可以忽略的水平,然后聚集到对紫外光敏感的光电阴极上进行光电转换,生成的光电子再经由高压电场加速后通过微通道板进行电子倍增,从而实现对弱目标信号的放大,倍增后的电子轰击荧光屏发光,把增强的电子图像转换成可见光图像,实现电子到光子的转换,光子经中继光学系统(光纤或光锥)耦合到 CCD 的光敏面上,把增强的可见光图像转换成电荷图像,最后经驱动电路输出视频信号。

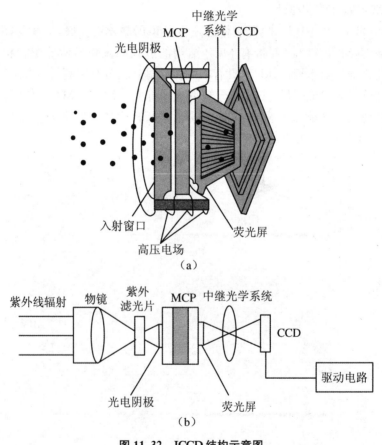

图 11.32 ICCD 结构示意图

（2）多阳极阵列技术

应用到紫外探测器件上的又一新技术是多阳极阵列技术。多阳极结构 MCP 器件的原理如图 11.33 所示。紫外线照射到光阴极上，通过 MCP 放大后形成电子束，电子束成像到阳极阵列上后经过特殊的解码电路形成视频信号。

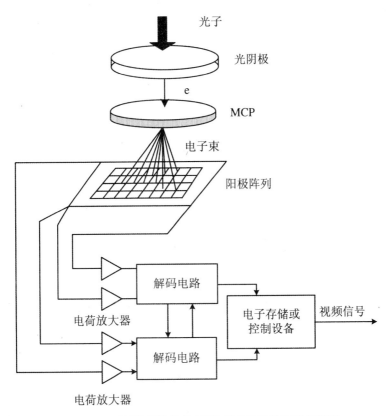

图 11.33　采用阳极结构的 MCP 器件的工作原理示意图

采用阳极结构的 MCP 器件具有很高的量子效率和动态响应能力。它根据不同的阳极结构可分为连续编码机制的和离散编码机制的。连续编码机制的 MCP 器件又包含有楔状和带状阳极结构、螺旋阳极结构以及延时阳极结构。离散编码机制的 MCP 器件包含多阳极微通道阵列（MAMA）器件。

11.3.2　紫外告警技术

由于太阳光穿透地球大气层时，在 220~280 nm 紫外波段辐射被大气中的臭氧层强烈吸收，近地表范围的紫外辐射很微弱，存在所谓的"太阳光谱盲区"或"日盲区"。这样在大气中对紫外目标探测时,来自自然环境的干扰就非常弱。紫外告警技术避开了最强的自然光源(太阳)造成的复杂背景,明显提高了对微弱紫外光信号的探测能力。

图 11.34 为导弹尾焰紫外辐射和大气背景紫外辐射光谱曲线的比较,从图中可以看出,在 260 nm 波段附近,导弹尾焰紫外辐射明显强于背景紫外辐射。因此,在实战中紫外告警系能低虚警、可靠地探测目标,为导弹逼近告警提供了一种极其有效的检测目标手段。

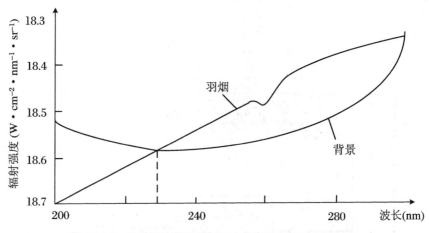

图 11.34 导弹尾焰紫外辐射和大气紫外辐射的强度对比

与脉冲多普勒雷达告警相比,紫外告警属于无源告警,隐蔽性很好;与红外告警相比,紫外告警虚警率低、不需制冷、体积小、质量轻。国外早在 20 世纪 60 年代就开始研究导弹逼近紫外告警系统,美国洛拉尔公司在 20 世纪 80 年代成功地研制了世界上第一台导弹逼近紫外告警系统,并于 1988 年装备部队,在以后的海湾战争中得到成功的应用。目前,导弹逼近紫外告警系统已成为电子战技术发展的新热点,各国电子战厂商以它作为新的竞争领域,不断推陈出新,已由初期的紫外光电倍增管探测紫外光信号发展到目前的面阵紫外成像告警技术。

紫外告警系统如图 11.35 所示,由大视场窄带紫外光学系统、紫外 ICCD 相机、紫外告警图像处理装置三部分组成。

大视场窄带紫外光学系统包括紫外成像透镜及窄带紫外滤光片,完成对入射光线在 250~270 nm 窄带滤波及聚焦成像功能。

紫外 ICCD 相机由紫外 ICCD 成像组件和控制组件组成,将入射紫外光学图像放大并转换为数字图像。

紫外告警图像处理装置由数据采集器、处理计算机及控制软件、紫外图像处理软件、告警软件等组成。通过主控机操作界面菜单选择曝光门宽度、增益等参数控制紫外 ICCD 相机工作状态,数据采集器高速采集相机输出的图像数据,并存储于主控计算机内部。图像处理软件实现紫外图像处理、识别、方位判断及告警功能。

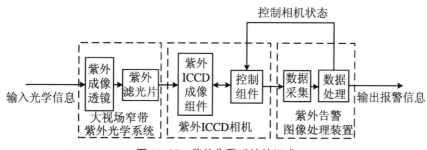

图 11.35 紫外告警系统的组成

11.3.3 极紫外成像仪

极紫外成像仪通过对于 30.4 nm 的 He⁺ 谐振散射分布进行成像,从而达到对地球等离子体层的冷等离子体分布进行研究的目的。由于 30.4 nm 的 He⁺ 谐振散射是较弱的,极紫外成像仪采用了单光子成像技术,通过记录到达像平面的每个光子的位置,经过一定时间的积累达到总体成像的目的。

如图 11.36 所示,极紫外成像仪基本工作原理来自光学系统的像面呈在第一

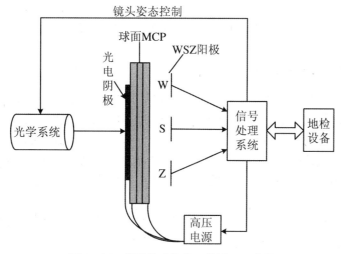

图 11.36 极紫外成像仪工作原理示意图

块 **MCP** 的阴极涂层上,该阴极涂层被特定波段的光线激发产生光电子,光电子进入并通过 MCP 得到连续倍增,经 MCP 倍增后形成的电子云被 WSZ 阳极收集于 **W,S,Z** 三个电荷收集区(图 11.37)。在阳极 **W,S,Z** 三个电极引线后分别输入到信号处理电子学系统中,经过电荷灵敏放大器、前置放大器的放大及对信号的整形保持后被数模转换处理单元接收并进行数据处理,通过计算输出电荷比例决定电子云在阳极面板上的质心位置。

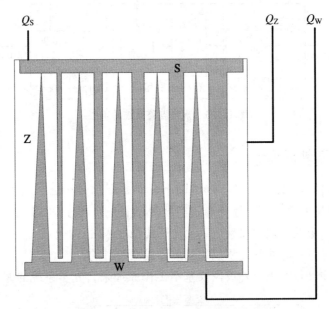

图 11.37　WSZ 阳极面板结构示意图

11.3.4　紫外指纹检测

指纹的印记基本分为三类:汗潜指纹、可见指纹和立体指纹。到目前为止,最常见的是汗潜指纹,眼睛一般看不出来。它们是由汗液形成的,或者来自于手指,或者是因为手指与脸、手指和身体有皮脂腺的地方无意识地接触而形成。即使犯罪分子将手彻底地擦干净和弄干,如果他将手放到脸上或头发上,他还是有可能在他所接触的地方留下汗潜指纹,特别是容易在玻璃表面或其他光滑表面上留下指纹。

第二种类型的指纹是最易辨认的一种。因为手指沾有血迹、墨迹或因其他相似方式留下指纹,但是它们在犯罪现场很难找到。

第三种指纹是立体指纹,它们是在柔软的表面比如乳酪、肥皂或油灰面形成的指纹,易变形消失。

在公安刑事侦破方面,指纹识别技术大显身手。对于清晰的指纹痕迹较易检测,轻微的和陈旧的指纹痕迹检测就较为困难,因为人体的指纹印、体液(血液、精液、唾液)以及违禁的火药、麻醉品等物质,对紫外线具有特殊的吸收、反射、散射及荧光特性。紫外指纹检测正是利用了指纹痕迹(汗液所形成的)对紫外光所呈现出的特性来工作的,并利用图像增强技术将弱信号放大,或拍摄或经计算机图像处理获得高清晰图像,可以有效地提高探测灵敏度。仪器工作时无须遮光及化学处理,对于大多数的非渗透性的光滑表面,如陶瓷、玻璃、光面塑料、打蜡的表面、油漆家具的表面、照相相片的表面等物体之上的无色汗液、指印,都能得到较好的紫外图像,可以实时显示,体积小、质量轻,使用方便、可靠、安全、有效。

指纹检测仪采用反射式工作方式。当紫外光照射到物体表面上时,由于指纹痕迹(主要指汗液所形成的汗潜指纹)和物体表面对紫外光反射、吸收的差异,就在成像物镜上形成了指纹的反射式紫外光图像,成像物镜输出的紫外光图像经图像增强器、摄像机(或数字相机)和图像处理系统,最后形成清晰的可见光图像,工作原理如图 11.38 所示。

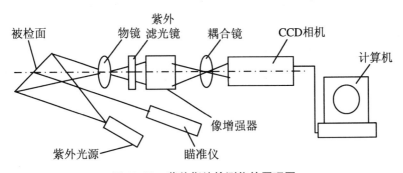

图 11.38　紫外指纹检测仪的原理图

参 考 文 献

[1]　林凡,吴孙桃,郭东辉.CMOS 图像传感器技术及其研究进展[J].半导体技术,2001,
　　　26(12):40-44.
[2]　饶睿坚,来新泉,李玉山.CMOS 图像传感芯片的成像技术[J].微电子学,2001,31
　　　(4):272-275.
[3]　王崇文,李见为,林国清.新型电容式指纹传感器[J].国外电子元器件,2002(2):
　　　28-29.

[4] 靳贵平,庞其昌.紫外成像检测技术[J].光子学报,2003,32(3):294-296.

[5] 靳贵平,庞其昌.紫外指纹检测仪的研制[J].光学精密工程,2003,11(2):198-202.

[6] 王翥,佟晓筠.一种新型彩色图像读取传感器芯片[J].仪表技术与传感器,2004(7):31-33.

[7] 赵勋杰,张英远,高稚允.紫外告警技术[J].红外与激光工程,2004,33(1):5-9.

[8] 郭瑞萍,李静,孙葆森.国外红外探测器材料技术新进展[J].兵器材料科学与工程,2009,32(3):96-99.

[9] 汪中贤,樊祥.红外制导导弹的发展及其关键技术[J].飞航导弹,2009(10):14-19.

[10] 韩振雷.基于不同分色原理的图像传感器类别及其应用特点[J].影像技术,2009(5):37-40.

[11] 周跃,闫丰,谷勇强,等."日盲"紫外 ICCD 的信噪比[J].光学精密工程,2009,17(11):2712-2718.

[12] 赵玉环,王勤,张利伟,等.紫外成像系统的作用距离模型[J].科技创新导报,2009(14):24-26.

[13] 王旭东,叶玉堂.CMOS 与 CCD 图像传感器的比较研究和发展趋势[J].电子设计工程,2010,18(11):178-181.

[14] 王建成,刘会通,牟键.基于紫外 ICCD 的导弹逼近告警系统研究[J].航天电子对抗,2010,26(1):9-11.

[15] 程炳钧,王劲东,李磊.极紫外成像仪实验室仿真实验[J].科学技术与工程,2010,10(6):1347-1352.

[16] 牛金星,郭朋彦.红外成像技术及其应用[J].华北水利水电学院学报,2011,32(4):25-27.

第 12 章　智能传感器

第一代传感器为哑传感器(dumb sensor)，其功能特征是着重于测量物理参数，无智能，扁平结构。第二代传感器为计算机化传感器(computerized sensor)、聪明传感器(smart sensor)和智能传感器(intelligent sensor)，其功能特征是着重于应用，就地处理，分级结构。这三个层次的简易判别方法如下：第一层次，计算机化的传感器——具有信号与信息处理能力；第二层次，聪明传感器——具有学习能力的计算机化的传感器；第三层次，智能传感器——具有创新思维能力的聪明传感器。第三代传感器是网络传感器，其功能特征是着重于目标，动态结构，网络智能。

虽然智能传感器领域已有很多成功的实例，但在视觉等感知能力、形象思维以及联想记忆等方面遇到了不可克服的困难。特别是基于知识的智能传感器，在不同环境下的自学习、自组织和自适应能力很差。在稍微复杂一点的环境系统中，对于一些人类感官轻易就可完成的问题，智能传感器却无能为力。目前，独立智能传感器、传感器网络和多传感器信息融合代表着智能化传感器发展的三个重要类别。

12.1　独立智能传感器

人类智能的根本特征是能从已知去得出新知，能对环境变化做出正确的判断和适当的反应。独立智能传感器是在充分认识人的感官和大脑之间协调配合作用基础上提出的。

12.1.1　基本功能

随着微电子技术及材料科学的发展，传感器在发展与应用过程中越来越多地与微处理器相结合,不仅具有视觉、触觉、听觉、味觉,还有了储存、思维和逻辑判断能力等人工智能。概括而言,其主要功能如下。

1. 自补偿和计算

智能传感器的自补偿和计算功能为传感器的温度漂移和非线性补偿开辟了新道路,即使传感器的加工不太精密,只要能保证其重复性好,通过传感器的计算功能也能获得较精确的测量结果。另外还可进行统计处理、能够重新标定某个敏感元件,使它重新有效。

2. 自诊断功能

带微控器的智能传感器还具有先进的自诊断功能,包括两个方面:① 外部环境条件引起的工作不可靠;② 传感器内部故障造成的性能下降。无论是内因还是外因,诊断信息都能使系统在故障出现之前报警,从而减少系统的停机时间,提高生产效率。

3. 复合敏感功能

智能传感器能够同时测量多种物理量和化学量,具有复合敏感功能,能够给出全面反映物质变化规律的信息,如光强、波长、相位和偏振度等参数可反映光的运动特性,压力、真空度、温度梯度、热量和熵、浓度、pH 值等分别反映物质的力、热、化学特性。

4. 强大的通信接口功能

由于传感器接口标准化,所以能够与上一级微型机进行标准化通信。智能传感器输出的数据通过总线控制,为与其他数字控制仪表的直接通信提供了方便,智能传感器可作为集散控制系统的组成单元受中央计算机的控制。

5. 现场学习功能

利用嵌入智能和先进的编程特性相结合,工程师们已设计出了新一代具有学习功能的传感器,它能为各种场合快速而方便地设置最佳灵敏度。学习模式的程序设计使光电传感器能对被检测过程取样,计算出光信号阈值,自动编程最佳设置,并且能在工作过程中自动调整其设置,以补偿环境条件的变化。这种能力可以补偿部件老化造成的参数漂移,从而延长器件或装置的使用寿命,并扩大其应用范围。

6. 提供模拟和数字输出

许多带微控制器的传感器能通过编程提供模拟输出、数字输出,或同时提供两种输出,并且各自具有独立的检测窗口。最新的智能传感器都能提供两个互不影响的输出通道,具有独立的组态设备点。

7. 数值处理功能

根据内部的程序自动处理数据,例如进行统计处理、剔出异常数值等。

8. 自校准功能

操作者输入零值或某一标准量值后,自校准软件可以自动对传感器进行在线校准。

9. 信息存储和记忆功能

用于保存获取的数据和相关信息,需要时可以重新调出查看。

10. 掉电保护功能

由于微型计算机的 RAM 的内部数据在断电时会自动消失,这给仪器的使用带来很大的不便,因此,在智能仪器内装有备用电源,当系统断电时,能自动把后备电源接入 RAM,以保证数据不丢失。

12.1.2 典型结构

智能传感器包括两大部分:基本传感器和信息处理单元。智能传感器的结构有集成式、混合式和模块式三种形式。集成智能传感器是将一个或多个敏感器件与微处理器、信号处理电路集成在同一硅片上,集成度高,体积小。这种集成的传感器在目前的技术水平下还很难普遍采用。将传感器和微处理器、信号处理电路制作在不同的芯片上,则构成混合式的智能/聪明传感器(hybrid intelligent/smart sensor),目前这类结构较多。初级的智能传感器也可以有许多互相独立的模块组成,如将微计算机、信号调理电路模块、输出电路模块、显示电路模块和传感器装配在同一壳体内,则费用较高,体积较大,但在目前的技术水平下,仍不失为一种实用的结构形式。

12.2 传感器网络

随着网络时代的到来和信息化要求的不断提高,特别是 Internet 的不断普及和 Intranet 在企业中日益增多,将计算机网络技术和智能传感器技术相结合就有必要和可能。"智能传感器网络"概念由此产生。智能传感器网络技术致力于研究智能传感器的网络通信功能,将传感器技术、通信技术和计算机技术融合,从而实现信息的采集、传输和处理真正的统一和协同。

智能传感器网络是使智能传感器的处理单元实现网络通信协议,从而构成一个分布式智能传感器网络系统。在该网络中,传感器成为一个可存取的节点,在该网络上可以对智能传感器数据、信息远程访问和对传感器功能在线编程。

可以看出,智能传感器网络的研究将对工业控制、智能建筑、远程医疗和教学等领域带来重大的影响。它将改变传统的布线方式和信息处理技术,不仅可以节约大量现场布线,而且可以实现现场信息共享。

12.2.1　有线传感器网络

典型的传感器网络结构如图 12.1 所示,主控计算机通过传感器总线控制器与传感器总线上的多个节点通信,并实现上层监控和决策功能,每个节点包含一个或多个传感器、执行器以及总线接口模块,节点间的通信方式可以是对等的(peer-to-peer)或主从的(master-slave)。

图 12.1　传感器网络结构示意图

智能传感器网络并非一个全新的概念。如果将网络的概念广义化,可以将智能传感器网络的发展分为三个阶段。

1. 第一代传感器网络

第一代传感器网络是由传统传感器组成的点到点输出的测控系统,采用二线制 4~20 mA 电流、1~5 V 电压标准。这种方式在目前工业测控领域中广泛运用。它的最大缺点是布线复杂,抗干扰性差,以后将会被逐渐淘汰。

2. 第二代传感器网络

第二代传感器网络是基于智能传感器的测控网络,信号传输方式和第一代基本相同,但随着现场采集信息量的不断扩大,传感器智能化不断提高,人们逐渐认识到通信技术是智能传感器网络发展的关键因素。其中数据通信标准 RS‐232,RS‐422,RS‐485 等通信标准的应用大大促进了智能传感器的应用。

3. 第三代智能传感器网络

第三代智能传感器网络即基于现场总线(field bus)和 Internet/Intranet 网络。根据 IEC/ISA 的定义,现场总线是连接智能现场设备和自动化系统的数字式、双向传输、多分支的通信网络。它是用于过程自动化最底层的现场设备以及现场仪表的互联网络,是现场通信网络和控制系统的集成,如国内比较流行的 CAN总线。现场总线将当今网络通信与管理的概念带入控制领域,代表了今后自动化控制体系结构发展的一种方向。

12.2.2　无线传感器网络

无线传感器网络(wireless sensor network,WSN)是由大量传感器节点通过无线通信方式形成的一个多跳的自组织网络系统,能够实现数据的采集量化、处理融合和传输。它综合了微电子技术、嵌入式计算技术、现代网络及无线通信技术、分布式信息处理技术等先进技术,能够协同地实时监测、感知和采集网络覆盖区域中各种环境或监测对象的信息,并对其进行处理,处理后的信息通过无线方式发送,并以自组多跳的网络方式传送给观察者。

无线传感器网络是军民两用的战略性信息系统。在民事应用上,可用于环境科学、灾害预测、医疗卫生、制造业、城市信息化改造等各个领域。在军事应用上,无线传感器网络的随机快速布设、自组织、环境适应性强以及容错能力,使其在己方兵力与装备部署监控、战场侦察、核/生物/化学攻击预警、电子对抗、海洋环境监测以及关键基础设施防护等领域具有广阔的应用前景,如图 12.2 所示。

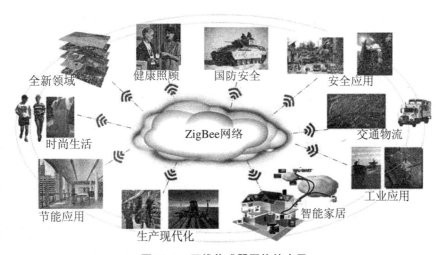

图 12.2　无线传感器网络的应用

无线网络技术包括 ZigBee、RFID、蓝牙、Wi-Fi、超宽带等,它们分别构成无线传感网、无线网络、无线视频应用、无线数据应用等四块。各种无线网络技术的特点见表12.1。

表 12.1 各种无线网络技术的特点

	ZigBee	RFID	蓝牙	Wi-Fi	超宽带
目标市场	监控传感网络	物体标识和管理	代替电缆	网络应用	小范围高速传输
占用系统资源	低	专用	中	高	中
费用（＄）	＞3	4＋	5	6～10	N/A
典型电流（mA）	＞18	＞5	＞30	100～350	N/A
最大宽带	250 Kb/s	N/A	2.1 Mb/s	54 Mb/s	100 Mb/s
节点/控制点	64 000	网格	7	32	网格
标准传输距离	1～100 m	5～100 m	10 m	100 m	10 m
应用焦点	数据传输量小的设备，如电池供电控制器	电子卡、目标跟踪、监测	适用于PDA、手机、扬声器、耳机等设备	高速无线以太网接入	实现多媒体转换

无线传感器网络与雷达、红外设备、ISR卫星等通用传感器相比，在军事应用上具有以下特点。

① 布设快速、灵活。军用无线传感器网络通常要部署在战场或者其他有敌意的对抗环境中，采用传统的人工布设可能会带来人员伤亡。同时，无线传感器网络节点数量很大，未来可能会达到成千上万个，这种超大规模、大区域的部署也不适合采用人工布设方式。而无线传感器网络一方面具有自组织、自适应的特点，另一方面节点已经可以做到很小，采取加固手段后能够具有较强的抗震性。因此，无线传感器网络的布设与雷达或红外装备的部署方式明显不同，除了人工布设外，还可以采用飞行器空投、机器人布设等方式，按照作战人员的要求，随机、快速地布设在需要长期或临时监控的地区。节点到达地面后，能够自组织建立起动态的拓扑结构并开始工作，无须人工介入。这种快速、灵活的布设方式保证了无线传感器网络成为一种非常灵活的侦察手段。图12.3为无线传感器网络体系结构图。

② 抵近目标探测。无线传感器网络节点体积小，功率低，不易被发现，具有较强的隐蔽性，可以在敌方目标附近布设，尤其在传统传感器不易使用的城市作战环境中使用，作用更加突出；而且，由于距离目标较近，可以克服环境噪声对系统性能

的影响,有助于改善探测性能。例如,士兵将网络节点布设在建筑物内,从而掌握建筑物内敌方兵力和弹药的部署情况,可以使士兵在不以身涉险的同时做到有的放矢,提高了士兵的生存能力和杀伤力。在电子对抗领域,将电子侦察节点布设在敌方目标附近,可准确地定位出那些低截获、低可探测性目标的位置及其信息网络,为后续的网络化电子攻击提供必要的数据。

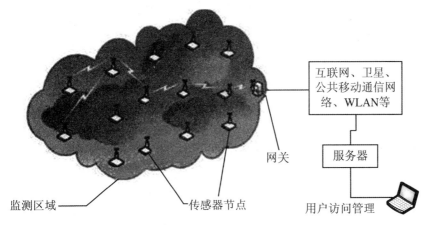

图 12.3　无线传感器网络体系结构图

③ 网络节点数量大、多模式。无线传感器网络节点成本低廉,未来单个节点的价格有望低于 1 美元。单个节点受资源限制,功能也十分有限。通常,磁传感器的探测距离为 25 m,正确识别概率小于 50%;振动传感器的探测距离为 350 m,正确识别概率在 50%～60% 之间;声传感器的探测距离为 500 m,正确识别概率也在 50%～60% 之间。从这组数据中可以看出,单个节点的功能有限,不能单独完成对目标的测量、识别和跟踪,这就需要布设大量的节点构成网络来协作完成对目标的跟踪和精确定位;而且,由于节点数量巨大,单个节点即使受到破坏而造成失效后,也不会影响到网络的整体性能,网络容错能力很强。此外,根据任务需求,这些大数量的网络节点可采用雷达、红外、振动、磁等不同类型的传感模式对目标的各种物理现象进行测量,这些测量信息相互融合、相互印证,确保网络具有较高的探测性能。

12.2.3　传感器网络编程

由于通信技术和网络系统集成技术不断进步,给我们研究真正意义上的传感器网络带来了希望。万维网(World Wide Web)浏览器的广泛运用和 Java 编程技术将对智能传感器网络的研究带来新的启示。浏览器提供了一个通用的图形用户接口(GUI),目前已成为许多领域的标准工具。Java语言对这种工具提供了有力支持。Java语言是一种可视化的、乘法的、面向对象的语言,非常适用于小型可嵌入系统。另外,Java又具有强大的网络通信功能,并且支持动态可下载代码,也适用于用户之间的通信。

Java作为一种发展性语言和可执行环境,对分布式系统用户非常适用,已经引起了可嵌入系统发展商的广泛注意。Java是一种面向对象、跨平台语言,采用的技术也在不断进步。由于Java支持多种网络协议,例如TCP/IP协议、HTTP和FTP协议,Java目前可内置于以太网络芯片中。

可以预见,浏览器技术和以Java为基础的软件技术结合,将会使真正意义上的智能传感器网络由理论研究走向实际应用。很好地将Java和智能传感器网络结合将会使浏览器技术和Java技术进入传感器网络应用领域。如果在智能传感器处理单元之中,内置含Java技术芯片,就能够实现各种网络功能,这恰恰就是我们所需要的智能传感器网络。

另外,国外有人也在研究将虚拟仪器(virtual instrument)技术应用于智能传感器网络,这是一个值得研究的方向。

12.3　多传感器信息融合

在生命的进化过程中,大自然赋予人类及其他生物系统一种基本的功能,那就是"多感官"信息融合。人类本能地具备将身体的各个感官(如眼、鼻、耳、口、皮肤等)获得的信息(如视觉、嗅觉、听觉、味觉、触觉等),与以往获得的经验知识一起进行综合的能力,以便能实时地对某一事物作出正确、合理的判断,从而提高其生存能力。人的大脑神经系统是各感觉器官的信息融合中心,其结构如图12.4所示。

对于简单的事情,如区分苹果和梨,只需通过眼睛看,再加上以前对苹果和梨的了解,即可将它们区分开。但对于复杂的事物,不仅需要"眼观六路,耳听八方",还需要借助其他的感觉器官进行综合判断。人类的多种感觉器官的融合具有以下一些特点。

① 复杂性。对于不同空间范围内发生的不同物理现象,能够采用不同的测量特征来度量,并对不同的特征进行相关处理,从而作出估计和综合处理。这一过程

是复杂的。

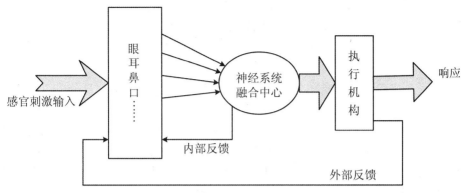

图 12.4　人脑神经系统信息融合结构

② 模糊性。在对复杂事物作出判断时,每种感官获得的信息是不太完备的,甚至是模糊的。如何串联这些模糊数据使之成为明确的答案,至今仍不清楚。

③ 自学习。两岁的小孩能轻而易举地区分出苹果和香蕉,因为他们吃过、摸过、看过。对于未知的东西,只要他们体验过几次,就能辨别出来。这说明人类在利用多种感官进行融合时,具有自学习的能力。

④ 自适应。当时间、空间发生变化,或物体的形状发生变形时,人类仍能"去伪存真",透过现象抓住本质。这说明人类多感官的融合具有较强的自适应性。

多传感器信息融合(multisensor data fusion,MSDF)是对多源信息进行综合处理的一项新技术,是指对来自多个传感器的信息进行多级别、多方面、多层次的处理和综合,从而获得更丰富、更精确、更可靠的有用信息,而这种新信息是任何单一传感器所无法获得的。该技术具有以下特点。

① 信息冗余性。多传感器对同一场景中目标信息的置信度可能各不相同,融合将提高整体对目标认识的置信度,且在部分传感器不正常或损坏时,可提高系统的鲁棒性(可信赖性)。

② 信息的互补性。融合从多传感器获得的互补性信息可使系统获取单一传感器所无法得到的事物特征(扩大空间覆盖)。

③ 扩大时间覆盖。多传感器和单一传感器在一段时间内获取的多重信息可以具有较长的时间覆盖。

④ 高性能价格比。随着传感器数目的增加,系统成本的增加小于系统得到的信息量的增加。

多传感器信息融合首先广泛地应用于军事领域,如海上监视、空-空和地-空防御、战场情报、监视和获取目标及战略预警等,随着科学技术的进步,多传感器信息融合至今已形成和发展成为一门信息综合处理的专门技术,并很快推广应用到工业机器人、智能检测、自动控制、交通管理和医疗诊断等多种领域。

12.3.1　基本概念

为了更好地阐述信息融合这一概念,可以把传感器获得的信息分成三类:冗余信息、互补信息和协同信息。冗余信息是由多个独立传感器提供的关于环境信息中同一特征的多个信息,也可以是某一传感器在一段时间内多次测量得到的信息;在一个多传感器系统中,若每个传感器提供的环境特征都是彼此独立的,即感知的是环境各个不同侧面的信息,则这些信息称为互补信息;在一个多传感器系统中,若一个传感器信息的获得必须依赖另一个传感器的信息,或一个传感器必须与另一个传感器配合工作才能获得所需要的信息时,则这两个传感器提供的信息称为协同信息。

在信息融合领域,人们经常提及传感器融合(sensor fusion)、数据融合(data fusion)和信息融合(information fusion)。实际上它们是有差别的,现在普遍的看法是传感器融合包含的内容比较具体和狭窄。至于信息融合和数据融合,有一些学者认为数据融合包含了信息融合,还有一些学者认为信息融合包含了数据融合,而更多的学者把信息融合与数据融合等同看待。

12.3.2　层次结构

对于多传感器融合层次的问题,人们存在着不同的看法,影响较大的是三层融合结构,即数据层、特征层和决策层(图 12.5)。

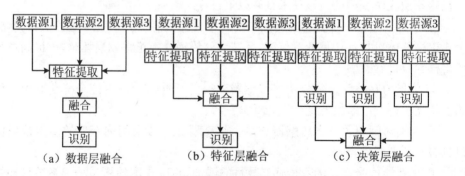

（a）数据层融合　　　　（b）特征层融合　　　　（c）决策层融合

图 12.5　多传感器信息融合的三种层次结构

数据层融合如图 12.5(a)所示,首先将全部传感器的观测数据融合,然后从融合的数据中提取特征向量,并进行判断识别。这便要求传感器是同质的(传感器观测的是同一物理现象),如果多个传感器是异质的(观测的不是同一个物理量),那么数据只能在特征层或决策层进行融合。数据层融合不存在数据丢失的问题,得到的结果也是最准确的,但对系统通信带宽的要求很高。

特征层融合如图 12.5(b)所示。每种传感器提供从观测数据中提取的有代表性的特征,这些特征融合成单一的特征向量,然后运用模式识别的方法进行处理。这种方法对通信带宽的要求较低,但由于数据的丢失,其准确性有所下降。

决策层融合是指在每个传感器对目标做出识别后,将多个传感器的识别结果进行融合,如图 12.5(c)所示。由于对传感器的数据进行了浓缩,这种方法产生的结果相对而言最不准确,但它对通信带宽的要求最低。

各层次融合的优缺点可用表 12.2 说明。一个系统采用哪个层次上的数据融合方法,要由该系统的具体要求来决定,不存在能够适用于所有情况或应用的普遍结构。对于多传感器融合系统特定的工程应用,应综合考虑传感器的性能、系统的计算能力、通信带宽、期望的准确率以及资金能力等因素,以确定哪种层次是最优的。另外,在一个系统中,也可能同时在不同的融合层次上进行融合,一个实际的融合系统是上述三种融合的组合。融合的级别越高,处理的速度也越快;信息的压缩量越大,损失也越大。

表 12.2　融合层次比较

	数据层融合	特征层融合	决策层融合
通信量	最大	中等	最小
信息损失	最小	中等	最大
容错性	最差	中等	最好
抗干扰性	最差	中等	最好
对传感器的依赖性	最大	中等	最小
融合方法	最难	中等	最易
预处理	最小	中等	最大
分类性能	最好	中等	最差

在数据融合处理过程中,根据对原始数据处理方法的不同,数据融合系统的体系结构主要有两种:集中式体系结构和分布式体系结构。集中式将各传感器获得的原始数据直接送至中央处理器进行融合处理;可以实现实时融合,其数据处理的

精度高,解法灵活,缺点是对处理器要求高,可靠性较低,数据量大,故难于实现。分布式中每个传感器对获得的原始数据先进行局部处理,包括对原始数据的预处理、分类及提取特征信息,并通过各自的决策准则分别作出决策,然后将结果送入融合中心进行融合以获得最终的决策。分布式对通信带宽需求低、计算速度快、可靠性和延续性好,但跟踪精度没有集中式高。大多情况是把两者进行不同组合,形成一种混合式结构。

12.3.3　实现方法

成熟的多传感器信息融合方法主要有经典推理法、卡尔曼滤波法、贝叶斯估计法、D-S证据推理法、聚类分析法、参数模板法、物理模型法、熵法、品质因数法、估计理论法和专家系统法等。

近年来,用于多传感器数据融合的计算智能方法主要包括模糊集合理论、神经网络、粗集理论、小波分析理论和支持向量机等。

J. Z. Sasiadek 把信息融合的方法分成三大类:一是基于随机模型的融合方法;二是基于最小二乘法的融合方法;三是智能型融合方法。

基于随机模型的融合方法主要有贝叶斯推理(Bayesian reasoning)、证据理论(evidence theory)、鲁棒估计(robust statistics)、递归算子(recursive operators);基于最小二乘法的融合方法主要有卡尔曼滤波(Kalman filtering)、最优理论(optimal theory);智能型的融合方法主要有模糊逻辑方法(fuzzy logic)、神经网络方法(neural networks)、遗传算法(genetic algorithms)、人工智能方法(artificial intelligence)、粗集理论(rough set theory)、支持向量机(support vector machine)、小波分析理论(wavelet analysis theory)等。

常用的多传感器信息融合算法有:

1. 加权平均法

这是一种最简单、最直观的数据融合方法,即将多个传感器提供的冗余信息进行加权平均后作为融合值。该方法能实时处理动态的原始传感器读数,它的缺点是需要对系统进行详细的分析,以获得正确的传感器权值,调整和设定权系数的工作量很大,并且带有一定的主观性。

2. 聚类分析法

根据事先给定的相似标准,对观测值分类,用于真假目标分类、目标属性判别等。

3. 贝叶斯估计法

贝叶斯估计法是融合静态环境中多传感器低层数据的一种常用方法,融合时必须确保测量数据代表同一实体(即需要进行一致性检测),其信息不确定性描述为概率分布,需要给出各传感器对目标类别的先验概率,有一定的局限性。

4. 多贝叶斯估计方法

将环境表示为不确定几何的集合,对系统的每个传感器作一种贝叶斯估计,将各单独物体的关联分布组成一个联合后验概率分布函数,通过列队的一致性观察来描述环境。

5. 卡尔曼滤波

这种算法用于动态环境中冗余传感器信息的实时融合。当噪声为高斯分布的白噪声时,卡尔曼滤波提供信息融合的统计意义下的最优递推估计。对非线性系统模型的信息融合,可采用扩展卡尔曼滤波及迭代卡尔曼滤波。

6. 统计决策理论

将信息不确定性表示为可加噪声。先对多传感器进行鲁棒性假设测试,以验证其一致性;再利用一组鲁棒性最小、最大决策规则对通过测试的数据进行融合。

7. D-S 证据推理

D-S证据推理是贝叶斯方法的推广,用信任区间描述传感器信息,满足比贝叶斯概率理论更弱的条件,是一种在不确定条件下进行推理的强有力的方法,用于决策层融合。

以上各种算法对信息类型、观测环境都有不同的要求,且各自存在优缺点,在具体应用时需要根据系统的实际情况综合运用。

参 考 文 献

[1]　王燕艳.从生物多感官的融合到多传感器的数据融合[J].生物学教学,2000,25(2):
　　　3-5.

[2]　李林.多传感器信息融合技术的发展与未来[J].黑龙江科技信息,2008(36):86-87.

[3]　姚克荣.无线传感器网络的崛起[J].现代雷达,2009,31(12):22-26.

[4]　黄惠宁,刘源璋,梁昭阳.多传感器数据融合概述[J].科技信息,2010(15):72-73.

[5]　射频世界.无线传感器网络技术与市场应用前景:上[J].射频世界,2010(1):51-54.

第 13 章　化学传感器

化学传感器(chemical sensor)是一种能在气相、液相或固相的化学物质中转换信息的器件。从工作原理上看,化学传感器是应用化学反应产生的电化学现象或化学反应中产生的各种信息(如光效应、热效应、场效应和质量变化等)来实现待测量到电信号的转换(图 13.1)。

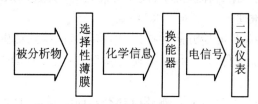

图 13.1　化学传感器的工作原理

化学传感器是由化学敏感层和物理转换器结合而成的,是能提供化学组成信息的传感器件。对化学传感器的研究是近年来由化学、生物学、电学、光学、力学、声学、热学、半导体技术、微电子技术、薄膜技术等多学科互相渗透和结合而形成的一门新兴学科。

化学传感器的分类如表 13.1 所示。

表 13.1　化学传感器的分类

化学传感器
- 电化学传感器
  - 恒电位电解式
  - 伽伐尼电池式
  - 离子电极式
  - 电量式
  - 浓差电池式
- 半导体化学传感器
- 光化学传感器
- 质量传感器
- 热化学传感器
- 分子印迹

13.1 电化学传感器

电化学是一门研究电子导体/离子导体、离子导体/离子导体的界面结构、现象和化学过程的科学,具有重要应用背景和前景的交叉学科。

1. 电化学基本概念

(1) 固体电极的相间电位。将金属电极插入电解质溶液中,从外表看,似乎不起什么变化;但实际上,金属晶格上原子被水分子极化、吸引,最终有可能脱离晶格以水合离子形式进入溶液。同样,溶液中金属离子也有被吸附到金属表面的,最终两者达到一个平衡。由于荷电粒子在界面间的净转移而产生了一定的界面电位差(图13.2)。该类电位主要产生于以金属为基体的电极,它与金属本性、溶液性质、浓度等有关。

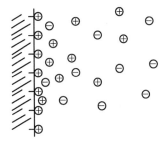

图 13.2 固体电极的相间电位

(2) 液体接界电位(浓差电位)。其产生的条件是相互接触的两液体存在浓差梯度,同时扩散的离子的淌度不同。如图13.3所示,界面两侧HCl的浓度不同,左侧的 H^+ 和 Cl^- 不断向右侧扩散,同时由于 H^+ 的淌度比 Cl^- 的淌度大,最终界面右侧将分布过剩正电荷,左侧有相应的负电荷,形成了液体接界电位。

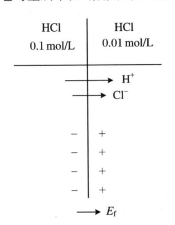

图 13.3 液体接界电位

(3) 膜电极电位。一个离子选择性膜与两侧溶液相接触,膜相中离子 I^+ 与溶液中 I^+ 发生交换反应,最终在两个界面处会形成两个液体接界电位(即道南电位 Φ_{D1} 和 Φ_{D2})。由于膜较厚,膜相内也会存在不同离子扩散所产生的扩散电位 Φ_d(图13.4),因此整个膜电位

$$\Phi_m = \Phi_{D1} + \Phi_{D2} + \Phi_d$$

2. 基本电化学信号测量技术

(1) 电位信号测量方法

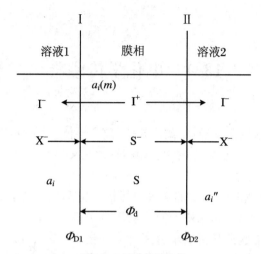

图 13.4　膜电极电位

$a_i(m)$：产生膜电位响应的 I^+ 在膜中的活度；a_i：产生膜
电位响应的 I^+ 在溶液 1 中的活度；a_i''：产生膜电位响应
的 I^+ 在溶液 2 中的活度；X^-：溶液中 I^+ 的对离子；S，
S^-：分别泛指膜中存在的中性物质和阴离子

　　电位信号测量法以测出与化学反应有关的各种离子浓度在相应各离子的选择
性感应膜上产生的膜电位为基础，根据膜电位大小与离子浓度的关系来得到待测
离子的浓度。其工作原理如图 13.5 所示。

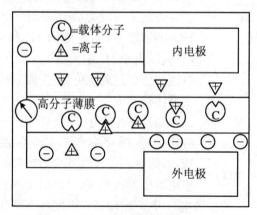

图 13.5　电位信号测量法的工作原理

　　由图 13.5 可以看出，位于电极之间的高分子薄膜中具有选择性识别能力的载

体分子对膜电位的产生起了关键作用。因此,研究者们也一直致力于对这种分子的合成研究,并取得了可喜的进展。

(2) 电流信号测量方法

早期的电流型传感器只有两个电极(工作电极和对电极)。工作时加电压于两电极间,在该电压允许的范围内,传感器输出为线性的。然而,随着气体浓度的增加,流经两电极之间的电解电流会使工作电极的电压移出其电压允许范围,以至使传感器输出不稳定,因此,在传感器中设置了没有电解电流的参考电极,通过控制使工作电极和参考电极之间的电位保持一定,故工作电极和对电极的电位保持一定,构成恒电位仪电路(图 13.6 和图 13.7)。

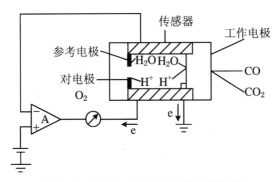

图 13.6　恒电位电解式气体传感器结构

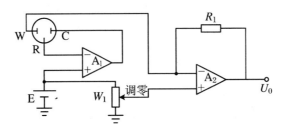

图 13.7　恒定电位电解式传感器的工作原理

13.1.1　恒电位电解式气体传感器

恒电位电解式气体传感器是一种湿式气体传感器。如图 13.6 所示,它是用透气性隔膜、工作电极、对电极、参考电极和电解质溶液组成的密封结构的合成树脂容器。电路的功能是加电压于传感器电解液中的两个电极使所测气体进行氧化或者还原反应,测量气体电解时产生的电流,然后推算出气体的浓度。加在传感器上的恒定电位称为给定电位,但由于传感器的阻抗随其结构而定,故检测到气体并产生电解电流时,给定电位就会发生变化。给定电位变化时,电极的电解反应就不会稳定,从而导致传感器的输出也不稳定。因此在传感器中设置一个没有电解电流的第三电极(参考电极 R),通过控制使工作电极(W)和参考电极之间的电位保持一定,故工作电极和对电极(C)的电位也保持一定,构成恒电位仪电路。其中,传感器活性电极材料应对目标气体具有最优敏感性,而交叉敏感度则应降至最低。

图 13.7 为恒定电位电解式传感器的工作原理图,传感器中参考电极为 R,电池 E 提供基准电压,R 确定参考电极电压,同时外部电压保持电路,也确定了工作电极(W)与对电极(C)相对于 R 之间的电压。当传感器检测到气体后,气体在阴阳电极间通过内部电解池发生氧化还原反应,在阴极(W)发生还原反应,失去电子;在阳极(C)发生氧化反应,得到电子,因此,W－C 间电位随即发生了变化,C 端电位上升,W 端电位下降。运算放大器 A_1 构成了 R 和 C 端的负反馈电路,调整参考极 R 的电位,直到 R,C 端电位差保持到原状态恒定电位即可。W 极电化反应产生的电流,经过 R_1 负反馈调节,即可从输出端 U_0 得到气体浓度与电解电流的线性比率曲线。气敏传感器的灵敏度与温度有着很大的关系,无论是同类敏感材料的不同掺杂,还是对于不同的气体敏感的不同敏感材料,其阻抗都随温度而发生变化,因此还可以增加一部分温度调节电路,调节热敏电阻可以避免传感器受到温度变化的影响。

恒电位电解式氯气传感器具有精度高、稳定性好的优点,是公认的氯气浓度检测的理想传感器。恒电位电解式氯气传感器的结构如图 13.8 所示,在一个塑料制成的筒状池体内,安装工作电极(WE)、对电极(CE)和参考电极(RE),在电极之间充满电解质溶液,并用多孔四氟乙烯做成的透气隔膜从顶部密封。传感器工作时,设定 RE 的电位为恒值,氯气与工作电极发生还原反应,在对电极发生氧化反应,电解电流随气体浓度发生变化。由于氯气进入传感器的速度由薄膜控制,故电解电流与池体外氯气浓度成比例,由电极电流就可直接测量环境中的氯气浓度。

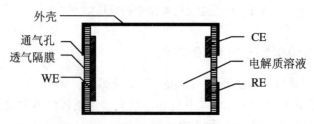

图 13.8　恒电位电解式氯气传感器的结构

传感器工作时,电解电流和氯气浓度的关系可表示为

$$I = (nFADC)/\sigma \tag{13.1}$$

式中,I 为电解电流,n 为每摩尔气体产生的电子数,F 为法拉第常数,A 为气体扩散面积,D 为气体扩散系数,C 为电解质溶液中参与电解的氯的浓度,且与外界的氯气浓度成正比,σ 为扩散层的厚度。

13.1.2　离子电极式气体传感器

离子选择性电极(ion selective electrode, ISE)也称离子敏感电极,它是一种特殊的电化学传感器。离子选择性电极的发展,是电位分析法 20 世纪 60 年代以来最重要的进展,电位分析法是电化学分析方法的重要分支。其原理是通过电路的电流接近于零的条件下测定电池的电动势或电极电位。它是能斯特(Nernst)公式在分析中的直接应用。电位分析法是一种经典的分析方法,它利用指示电极的电极电位与响应离子活度的关系,通过测定由指示电极、参考电极和试液组成的原电池的电动势确定被测离子浓度。

离子选择性电极是一类指示电极,它的电化学活性元件是"膜",称为活性膜或敏感膜。离子选择性电极主要由两部分组成:① 敏感膜,这是离子选择性电极最重要的组成部分,它决定电极的性质,不同的离子选择电极具有不同的敏感膜,其作用是将溶液中特定离子活度转变成电位信号——膜电位;② 内导系统,一般包括内参考溶液和内参考电极,其作用在于将膜电位引出。离子电极式气体传感器的工作原理是:气态物质溶解于电解质溶液并离解,离解生成的离子作用于离子电极产生电动势,将此电动势取出以代表气体浓度。

在离子选择性电极中,如果离子选择性电极与参考电极组成的电池为

参考电极 ‖ 试液 | 离子选择电极

当它和含被测离子的溶液接触时,能对溶液中特定离子选择性地产生能斯特响应,其电极电位是一种膜电位,那么对于任意价数 n 的离子电极,离子选择性电极电位的能斯特表示式为

$$E = E_{ISE}^{\ominus} \pm \frac{RT}{F} \ln a$$

其中,$E_{ISE}^{\ominus}$ 为离子选择性电极的标准电位,"$+$"为阳离子选择性电位,"$-$"为阴离子选择性电位,R 为热力学参数,T 为热力学温度,a 为内充液中敏感离子活度。

现以检测 NH_3 传感器为例,说明这种气体传感器的工作原理。其基本结构如图 13.9 所示,作用电极是可测定 pH 值的玻璃电极,参考电极是 Ag/AgCl 电极,内部溶液是 NH_4Cl 溶液。NH_4Cl 离解,产生铵离子 NH_4^+,同时水也微弱离解,生

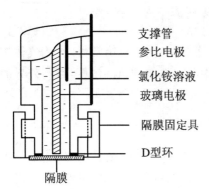

支撑管

参比电极

氯化铵溶液

玻璃电极

隔膜固定具

D型环

隔膜

图 13.9 离子电极式气体传感器的构造

成氢离子 H^+,而 NH_4^+ 与 H^+ 保持平衡。根据能斯特方程,H^+ 浓度产生的电动势 E 可用下式表示:

$$E = E_0 + \frac{2.3RT}{F}\ln[H^+]$$

式中,E_0 为电池的标准电动势,R 为热力学参数,T 为热力学温度,$[H^+]$ 为氢离子浓度。

将传感器放入 NH_3 中,NH_3 将透过隔膜向内部浸透,$[NH_4^+]$ 增加,而 $[H^+]$ 减少,即 pH 值增加。通过玻璃电极检测此 pH 值的变化,就能知道 NH_3 的浓度。除 NH_3 外,这种传感器还能检测 HCN(氰化氢),H_2S,SO_2,CO_2 等气体。

13.1.3 电量式气体传感器

电量式气体传感器的工作原理是:被测气体与电解质溶液反应生成电解电流,将此电流作为传感器输出来检测气体浓度,其作用电极、对比电极都是铂电极。

现以检测 Cl_2 为例来说明这种传感器的工作原理。将溴化物 MBr(M 是一价金属)水溶液置于两个铂电极之间,其离解成 Br^-,同时水也微弱地离解成 H^+,在两铂电极间加上适当电压,电流开始流动,后因 H^+ 反应产生了 H_2,电极间发生极化,电流停止流动。此时若将传感器与 Cl_2 接触,则 Br^- 被氧化成 Br_2,而 Br_2 与极化而产生的 H_2 发生反应,其结果是,电极部分的 H_2 被极化解除,从而产生电流。该电流与 Cl_2 的浓度成正比,所以测量该电流就能检测 Cl_2 的浓度。除 Cl_2 外,这种方式的传感器还可以检测 NH_3,H_2S 等气体。

13.1.4 伽伐尼电池式气体传感器

伽伐尼电池式气体传感器与上述恒电位电解式一样,通过测量电解电流来检测气体浓度。但由于传感器本身就是电池,所以不需要由外界施加电压。这种传感器主要用于 O_2 的检测,检测缺氧的仪器几乎都使用这种传感器。适用于恒电位电解式气体传感器的电解电流与气体浓度的关系式(13.1)也适用于这种传感器。

以检测 O_2 为例来说明这种传感器的构造和原理。其基本结构如图 13.10 所示,在塑料容器内的一侧安置透氧性好的 PTFE(聚四氟乙烯)膜,靠近该膜的内面设置阴极(Pt,Au,Ag 等),在容器中其他内壁或容器内空间设置阳极(Pb,Cd 等离子化倾向大的贱金属),用 KOH 和 $KHCO_3$ 作为电解质溶液。检测较高浓度

(1%～100%)的 O_2 时,可以用 PTFE 膜;而检测低浓度(数 ppm(10^{-6})～数百 ppm)气体,则用多孔聚四氟乙烯。通过隔膜的 O_2,溶解于隔膜与阴极之间的电解质溶液薄层中,当此传感器的输出端接上具有一定电阻的负载电路时,在阴极上发生氧气的还原反应,在阳极进行氧化反应,阳极的铅被氧化成氢氧化铅(一部分进而被氧化成氧化铅)而消耗,因此,负载电路中有电流流动。此电流在负载电路的两端产生电压变化,将此电压变化放大则可表示浓度。

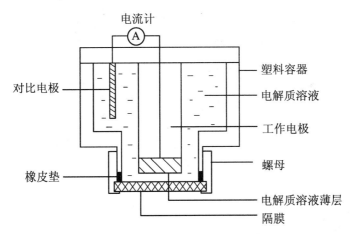

图 13.10　伽伐尼电池式气体传感器的构造

13.1.5　浓差电池式气体传感器

　　浓差式氧化锆(ZrO_2)氧传感器是比较成熟的产品,已被广泛应用于许多领域,特别是汽车发动机的空燃比控制中。氧化锆氧传感器的基本元件是专用陶瓷体,即 ZrO_2 固体电解质(简称 ZrO_2 传感元件)。陶瓷体制成试管式的管状,亦称锆管。其内外表面都覆盖了一层多孔性的铂膜作为电极。由于在汽车上使用,环境条件苛刻,寿命要求长,为防止废气中的杂质腐蚀铂膜,在 ZrO_2 传感元件的铂膜上覆盖一层多孔氧化铝保护层,并且还加装一个防护套管。氧化锆氧传感器的外形和内部结构如图 13.11 所示。

　　氧传感器内侧通大气,外侧直接与废气接触。由于发动机空间有限,传感器外形设计成 U 形,内电极为厚膜技术固定的多孔铂膜,外电极采用有机悬胶液涂敷铂膜上再溅射铂薄膜的方法制备,以提高三相界面的催化活性。为增加其机械强度,整个传感器装在不锈钢套筒内,然后固定在发动机与排气管的连接处(氧化锆氧传感器必须满足发动机温度高于 60 ℃、氧传感器自身温度高于 300 ℃,以及发

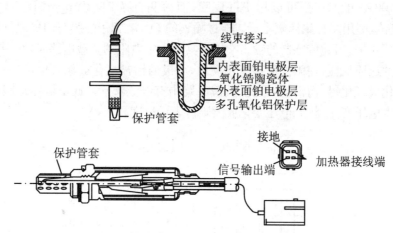

图 13.11　氧化锆氧传感器的外形和内部结构

动机工作在怠速工况或部分负荷三个条件时才能正常调节混合气的浓度,因此,将其安装在温度较高的排气管上,如图 13.12 所示)。尾气温度在 300～950 ℃之间变化,为保证传感器在稳定温度下工作,同时,为了使氧传感器迅速达到工作温度(300 ℃)而投入工作,经常采用加热器对锆管进行加热。为使传感器在低温条件下就投入工作,加热器的加热温度一般设定为 300 ℃。

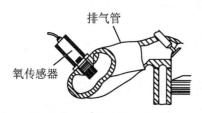

图 13.12　氧传感器安装位置

氧化锆传感元件陶瓷体是多孔的,允许氧进入该固体电解质内,温度较高时,氧气发生电离。氧化锆氧传感器的工作原理与干电池相似,传感器中的氧化锆起类似电解液的作用。其基本工作原理如下:在一定条件下(高温和铂催化),利用氧化锆内外两侧的氧浓度差产生电位差,在固体电解质内部氧离子从大气一侧向排气一侧扩散,使锆管形成微电池,在锆管铂极间产生电压。氧化锆氧传感器的工作原理如图 13.13 所示。

化学反应过程:

内电极(参考电极):$O_2 + 4e \rightarrow 2O^{2-}$;

外电极(工作电极):$2O^{2-} \rightarrow O_2 + 4e$。

$$E = \frac{RT}{4F}(\ln P_s - \ln P_r)$$

式中 R 为气体常数(8.314 J/(mol·K)),T 为工作热力学温度(T),F 为法拉第常数（96 480 C/mol），P_r 和 P_s 分别为排出气体与大气中的氧分压，Pt 电动势 E 与氧分压比的对数成正比，氧传感器表面的氧浓度差越大，电动势也越大。

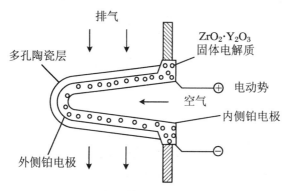

图 13.13　氧化锆氧传感器的工作原理

13.2　半导体化学传感器

半导体传感器是利用半导体的性质易受外界条件影响这一特性制成的传感器。半导体化学传感器常用到的半导体性质包括敏感膜的电导、二极管的反向电流、场效应管的阈值电压等。

13.2.1　薄膜电导型气体传感器

这类气体传感器是利用敏感膜吸附气体后敏感膜电导率的变化来实现对气体检测的，其典型结构如图 13.14 所示。它由加热元件、温度传感器、叉指电极、气体敏感膜和硅衬底几部分组成。加热元件可以用扩散电阻、多晶硅或金属铂等制作，温度传感器可用 pn 结或金属铂制成，叉指电极一般选择金电极，气体敏感膜根据被测气体的不同可以选用金属氧化物半导体敏感膜或有机高分子敏感膜。为了进一步减少功耗，可以用硅的各向异性腐蚀技术从背面将硅衬底减薄，减少热耗散。

这类传感器的特点是结构简单、制作方便，可以根据被测气体选择敏感膜，理论上可以适用于任何一种气体的检测，是目前应用最广的一种微结构气体传感器结构形式。

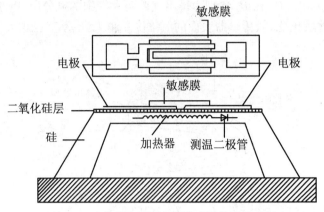

图 13.14　薄膜电导型气体传感器结构示意图

13.2.2　二极管型气体传感器

这一类气体传感器的工作原理是利用二极管的整流特性随环境气氛变化而变化的效应。这类传感器在正向偏压下,电流随气氛浓度的增加而变大。其原因是空气中氧的吸附使钯(Pd)的功函数变大,从而使肖特基势垒增高,当遇到氢气时,吸附的氧消失,钯的功函数降低,从而使肖特基势垒降低,正向电流变大。

这类传感器常常采用图 13.15 所示的 MIS(金属-绝缘体-半导体)结构,其超

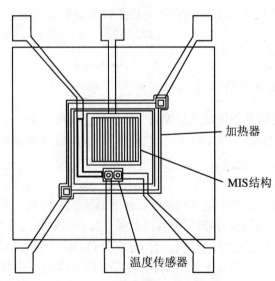

图 13.15　二极管型气体传感器结构示意图

薄氧化层的作用是防止钯形成硅化钯和减少表面态对势垒高度的影响。由于二极管电流与肖特基势垒高度成指数关系,因此对氢气的灵敏度很高。室温下检测 154 ppm 的氢气,反向饱和电流有两个数量级的变化。

13.2.3　晶体管型气体传感器

图 13.16 为晶体管型气体传感器的一种典型结构,其发射极-基极-集电极结表面直接与环境接触。当有 NH_3 和 NO_x 气体时,击穿电压 V_{CE} 有显著变化,变化量与气体浓度有关。这种传感器对 NH_3 和 NO_x 具有较高的灵敏度,且响应时间短。但是该类传感器容易受到光电效应的干扰,为了避免其影响,测量应避光进行。

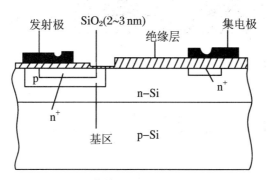

图 13.16　晶体管型气体传感器结构示意图

13.2.4　场效应管型气体传感器

普通的场效应管是在 p 型硅衬底上制作两个 n 型区域以形成源极和漏极,并在其表面制作几千埃的绝缘层,最后在绝缘层上蒸镀金属形成栅极。用对气体有敏感性的金属(如钯)代替常用的金属铝作为栅电极材料就可制成场效应管型气体传感器,其结构如图 13.17 所示。当氢气与其发生作用时,将引起场效应管的阈值电压发生变化,从而达到检测氢气的目的。

这种结构的气体传感器对氢气很敏感,灵敏度可以达到 10^{-6} 量级,而且选择性非常好。如果用 Ir,Pt 等金属作为栅极材料,则可实现 NH_3,H_2S,C_2H_5OH 等气体的检测。

13.2.5　平面热线型气体传感器

平面热线型气体传感器实际上是一种高温电阻温度计,其结构见图 13.18。

可燃性气体在催化氧化过程中所放热量会引起温度的变化,该温度的变化量与气体的种类和浓度有关。平面热线型气体传感器正是通过测量该温度的变化量来实现对气体检测的。这种气体传感器的选择性可由不同的催化剂来控制。为得到高的气体灵敏度,元件应有高的温度灵敏度,而且元件的敏感面应足够热,以激活被测气体的催化反应。此外,还应增加元件与环境间的热阻,以减小元件的加热功率。这类传感器适用于各种可燃性气体的检测,但是其选择性不太好。

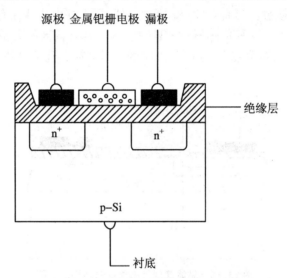

图 13.17　场效应管型气体传感器结构示意图

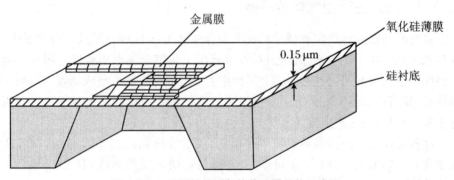

图 13.18　平面热线型气体传感器结构示意图

13.3　光化学传感器

所谓光化学传感器(optical chemical sensor),是利用媒介层与被测物质相互作用前后物理、化学性质的改变而引起传播光特性的变化来检测物质的一类传感器。

13.3.1　光纤化学传感器

基于光纤化学传感器的测试系统包括光源、波长选择机构、光耦合系统、光纤探头、光探测器及电信号处理部分,其框图如图 13.19 所示。

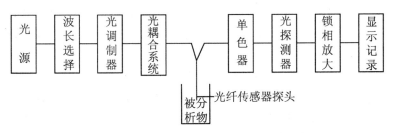

图 13.19　基于光纤化学传感器的测试系统

用于光纤化学传感器的光源有发光二极管、白炽光源和激光光源。发光二极管光源的结构简单,发射光谱带宽,通常为 40～50 nm;光能量低,可选择的波长范围在 550～1 800 nm 内,适用于 1 km 以内短距离的光纤传感器。白炽光源如钨灯和石英卤素灯,波长范围从近紫外至可见光至近红外,而且光能量高,在光纤化学传感器中应用得很多;激光光源是利用激发态粒子在受激辐作用下发出相干光的电光源。激光光源能提供稳定的高能辐射,光谱带宽为 5～10 nm,适于远距离传感及单光纤结构的传感器。

光耦合系统使入射光聚集到光纤中并将从光纤返回的信号光导向光探测器,在整个系统结构中很重要。激光光源发出的光束准直性好、光截面小,可以很有效地耦合到光纤中;采用发光二极管和白炽光源,则需要透镜将光束聚焦到光纤中,可选择玻璃或石英透镜。由于光探测器有较大的有效面积和大接收角,所以光纤与探测器之间的耦合很容易实现,但把光引导到探测器之前,必须把检测试样所需的波长以外的其他光都隔离掉,可采用滤光片或单色器达到此目的。用滤光片简单易行,但会降低系统的灵敏度;用单色器可获得不同波长的输出光,效率也高。

根据纤芯材料,光纤分为石英、玻璃、塑料三类,其传输波长范围及性能均不同,需根据实用情况来选择。

光探测器可采用 PIN 光电二极管、光电倍增管、雪崩光电二极管等。在测定波长处,探测器灵敏度要高,噪声要小,响应要快,可根据所检测信号的波长范围及强度来选择。

为防止杂散光的干扰,可在探头周围包裹一层不透光的外壳,也可以采用调制光源,将有用信号与外部杂散信号分离。光源老化或其他辐射能量波动,会造成系统检测结果的漂移,可采用内部参考光方式将这种影响消除。

光纤化学传感器可分为两种类型:光导型和化学型。在光导型传感器中,对试样的光谱特性直接进行分析,光纤仅作为光导器件,即将光源发出的光送到样品,再将样品透射、反射或发射的光收集后导向光检测系统;在化学型传感器中,光纤本身形成传感媒介,与化学传感系统相结合,被分析物与化学传感试剂的化学作用形成种种光学特性变化,通过光纤进行检测。这类传感器解决了无色的非吸光和非荧光物质的检测问题,因此越来越受到重视。

根据光纤化学传感器的敏感区位置,将其分成两种类型。

① 传输型。在传输型光纤化学传感器中,光从光纤的一端入射,在另一端收集,还可进一步分为流动池型(图 13.20(a))、间隙型(图 13.20(b))、损耗波型(图

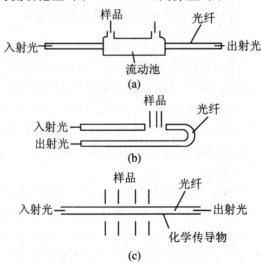

图 13.20　传输型光纤化学传感器

13.20(c))。光在光纤中传播时,因全反射会在光纤芯层和包层的边界上产生一个渗透到包层中的能量场,能量在光纤包层中随界面距的增加而按指数衰减,该场称为消逝场(图 13.21)。由于光纤的包层为非吸收介质,不会引起光纤中传输能量的减少。当去除包层,以被测物质作为包层时,消逝场会与被测物质发生作用引起能量的吸收,表现为光纤输出光强的减少。通过观察光纤输出光强的大小就可以反推出被测物溶液浓度的大小,这就是消逝场光纤传感器的传感原理。

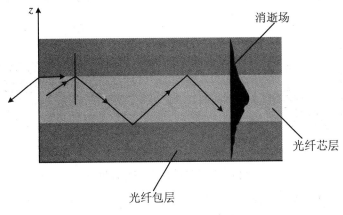

图 13.21　消逝场示意图

② 非传输型。在非传输型光纤化学传感器中,入射光和信号光在同一或不同的光纤中沿着不同的方向传输,敏感区在光纤端部,这种结构仅适用于被分析物能够反射光或发射光的情形。它又可分为单光纤和分叉光纤两种类型(图 13.22)。

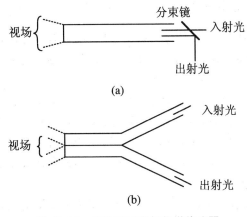

(a)

(b)

图 13.22　非传输型光纤化学传感器

单光纤型光纤化学传感器(图 13.22(a))中光的入射与收集均由一根光纤完成,结构简单,视场大,但背景光及杂散光干扰大,一般采用时间分辨法,或采用分束镜的波长测定法提取分析信息;分叉型光纤化学传感器入射光与信号光由不同的光纤传导,不需分束镜,但视场小,存在盲区(图 13.22 (b)),可采用光纤束分布在系统传感区以扩大视场。

光纤 SPR 检测系统如图 13.23(a)所示,主要由光源、光纤耦合器、光纤 SPR 传感器、光谱仪和分析系统(PC 机)组成。光纤 SPR 传感器探头如图 13.23(b)所示。

(a) 检测系统   (b) 传感器探头

图 13.23　光纤 SPR 溶液分析

光纤 SPR 传感器的结构将一段光纤的包层剥去,露出裸露的纤芯,在纤芯的圆柱面涂敷一层金属层(可以是金或银),在纤芯的端面沉积一层厚银层作为全反射镜。在光纤 SPR 传感器中,纤芯(材料通常是石英)相当于棱镜 SPR 传感器中棱镜的作用,这样,光纤 SPR 中的石英-金属层-环境介质就相当于棱镜 SPR 中玻璃-金属层-环境介质。

13.3.2　荧光、磷光传感器

荧光化学传感器依靠荧光信号为检测手段,通常有荧光的增强、猝灭或者发射波长的移动,方便快捷,具有较高的灵敏度,选择性强,其灵敏度可达 10^{-9} 甚至 10^{-12} 量级。

作为荧光化学传感器敏感层的荧光指示剂,它所包含的部件可用"3R"来表示,如图 13.24 所示。所谓 3R,就是指识别部分(recognize),即接受体,负责识别和结合客体分子;报告器部分(reporter),即发色体,负责产生荧光信号;中继体部分(relay),负责连接发色体和接受体,此外当外来物种进入接受体时,引起发色体的发光特征发生变化。

在接受体和底物结合后,接受体分子光物理性质发生变化,具体表现为报告器部分荧光猝灭或增强,这是最常见的光化学传感器的工作原理(键合-信号输出法）。在荧光化学传感器的研究中,荧光指示剂的设计、合成对传感器的识别能力和灵敏度起重要作用。

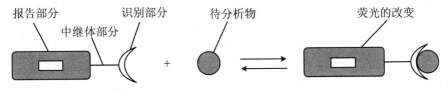

图 13.24　荧光指示剂的工作原理示意图

荧光化学传感器在生命科学、药物分析、生产实践、军事科学、环境科学中必将发挥重大作用。今后荧光化学传感器的发展方向主要包括:设计合成一些具有专一选择性、灵敏度高、光稳定性好、量子产率高的荧光指示剂,同时探索优良的固定指示剂的新方法,改善和提高荧光化学传感器的稳定性;开发多功能性载体材料;荧光化学传感器的集成化和微型化是未来发展的必然趋势,探索在单根光纤或少数几根光纤上实现多参数同时检测,制成实用的小型多功能光纤检测仪器;开发高效专一、实时检测的光纤生物探针等。

磷光传感器主要有以下几种形式。

1. 微量流通池

这种流通池的体积较小,一般为 $25~\mu L$,用蠕动泵将水悬浮的阴离子交换树脂 $20~\mu L$ 注入池中(需注意的是,树脂比石英窗约低 $1~mm$),下端塞上少许玻璃棉以防树脂漏出。然后,将流通池装入样品架中,使树脂处于光路中,如图 13.25 所示。

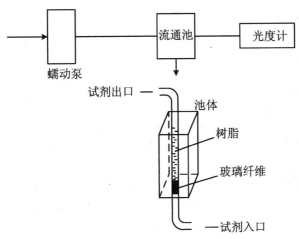

图 13.25　微量流通池传感器示意图

使用前,一般用 2.0 mol/L 的盐酸溶液洗涤树脂 3 min,然后再用二次水洗涤树脂 2 min 后使用。这种流通池寿命至少在一个月以上。

2. Hellma 流通池

Sanz-Medel 将流动注射分析与传感技术结合,研制了一种新型传感器。将四环素-铕离子络合物固定到非离子型树脂 Amberlite XAD-2(Sigma)上形成不稳定的固化物,该传感器结构简单,将树脂装入柱子,用 2 mol/L HCl 清洗直至流出物中无吸收信号即可使用,如图 13.26 所示。该法所获得的流通池使用 4 月多后仍可获得较满意的 RTP(room-temperature phosphorescence)信号。该流通池的另一个特点是载液含 $Na_2SO_3(1\times10^{-3} mol/L)$,可进行化学除氧。

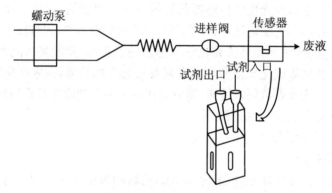

图 13.26　Hellma 多功能磷光流通池

3. 具有敏感膜流通型光极

该传感器用有机玻璃材料进行特殊设计,专用于 RTP 测定的流通池。池体包括三层。外层:石英窗,用于保护传感层的发光测定;中层:传感层,含固定化试剂;内层:化学膜,渗透分析物与固定化试剂结合,保护固定化试剂。当被测物流过池体时,激发光源将传感层的磷光物激发,产生可检测的磷光,如图 13.27 所示。该流通池的特点是:更方便,功能多。

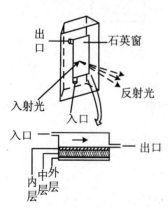

图 13.27　具有敏感膜流通型光极

4. 微管型光极

这种光极对实际样品的分析更可靠,例如,一种通过吸附 Chelex 100 在 Amberlite XAD-7 型树脂测定 Al^{3+} 的敏感膜已经研制出来。这种活性固体相置于微型流通管,可以用光纤遥测超痕量

Al^{3+}，如图 13.28 所示。实验表明，该光极非常适合于渗析液体中超痕量 Al^{3+} 的测定，解决了医疗渗析中较重要的分析测定项目。

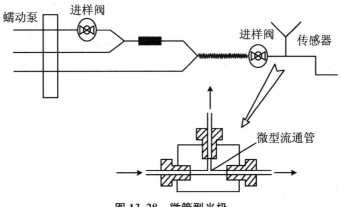

图 13.28　微管型光极

5．适于基础研究的流通测量池

该传感器广泛用于光化学敏感膜及有关基础研究。该池以两片石英玻璃为窗口，结构见图 13.29。该流通池池体由金属或聚丙烯组成，其他主要部件包括石英玻璃片、敏感膜、紧固栓等。特点是：可灵活地用于测定气体、液体样品，结合光纤，样品池可置树脂等进行多种化合物的分析。该池可以方便地放入各种分光光度计中进行吸光性能测量，亦可放入荧光光度计中进行荧光特性、磷光特性或化学发光特性研究。

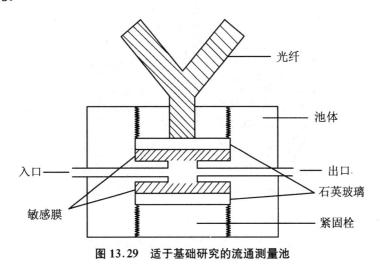

图 13.29　适于基础研究的流通测量池

13.3.3　电化学发光传感器

电化学发光(electro-chemiluminescence,ECL)是对电极施加一定的电压进行电化学反应,电极反应的产物之间或与体系中的某种组分发生化学反应,产生激发态物质,激发态物质回到基态时产生发光,实际上包括了电化学发光和化学发光两个过程。在电化学发光的研究中,通过化学修饰的方法将直接或间接地参与化学发光反应的试剂固定在电极上而构建的一类实验装置泛称为电化学发光传感器(ECL sensor)。在某些情况下,高度集成化和微型化的电化学发光装置有时也称为传感器。电化学发光传感器在一定程度上减少了贵重试剂的使用,并使实验装置简单化或微型化。

ECL 传感器灵敏度高、重现性好、连续可测、操作简便、易于控制,尤其是在生化分析、药物分析和免疫分析等方面独具特色。但以往由于其选择性不好,且使用较复杂的光学系统和溶液型电致化学发光试剂,其推广应用受到限制。电致化学发光传感器使用化学发光试剂固化、电极覆膜和光纤传导信号等新技术,不仅能克服这些不足,而且能增大电致化学发光分析法的应用面,实现仪器的小型化和增加方法的实用性。

电化学发光传感器的纵向截面见图 13.30。可拆卸的工作电极由长 8.0 mm、

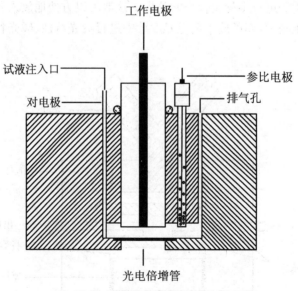

图 13.30　电化学发光传感器结构示意图

直径为 1.0 mm 的镍棒(纯度大于 99.9%,美国 Aldrich 化学公司制作)制备。使用前,电极表面要依次用精细砂纸和纳米 Al_2O_3 抛光。参考电极为 Ag/AgCl,对极为 2.0 mm 的不锈钢管。样品注入孔和排气孔均为不锈钢管。样品室容积为 250 μL。使光窗正对发光仪的光电倍增管。

13.4　机械化学传感器

典型的机械化学传感器有石英晶体气体传感器、硅梁谐振器气体传感器、声表面波(SAW)传感器等。

13.4.1　石英晶体气体传感器

在石英晶体谐振器的电极表面涂覆上一层气体敏感膜就构成了石英晶体气体传感器。当被测气体分子吸附于气体敏感膜上时,敏感膜的质量增加,从而使石英晶体的谐振频率降低。谐振频率的变化量与被测气体的浓度成正比。该传感器结构简单、灵敏度高,但只能使用在室温下工作的气体敏感膜。

13.4.2　硅梁谐振器气体传感器

图 13.31 是硅梁谐振器气体传感器的结构示意图。它主要由硅梁、激振元件、测振元件和气体敏感膜组成。在洁净空气中,硅梁以固有谐振频率保持谐振,被置

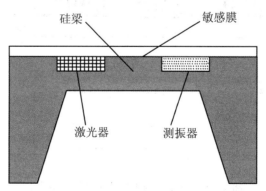

图 13.31　硅梁谐振器气体传感器结构示意图

于被测气体后,其上的气体敏感膜将吸附气体分子而使硅梁的质量增加,这样硅梁的谐振频率将减小。通过测量硅梁谐振频率的变化量,就可得到气体分子的吸附量,从而得到被测气体的浓度值。

13.4.3 声表面波气体传感器

SAW 气体传感器以灵敏度高、成本低、体积小、易批量生产、用简单的接口即可与微处理器相连等显著优点在众多气体传感器中脱颖而出。目前已研制出用来检测 SO_2,NO_2,NH_3,H_2S,CH_4,H_2,CO_2 和 CO 等气体的 SAW 气体传感器。

这一类气体传感器主要有延迟线型和谐振型两种,图 13.32 为基于延迟线型的声表面波气体传感器的结构图。它由一个传播途径上涂有气体敏感膜的声表面波延迟线和一个放大器组成的振荡器构成。气体敏感膜吸附气体引起声表面波传播速度的变化,进而引起振荡频率的变化。声表面波的传播速度受很多因素的影响,如固体介质的质量、弹性系数、电导率、介质常数以及环境温度、压力等。根据气体敏感膜特性的不同,这些影响因素中会有一项起主要作用。当质量因素起主要作用时,声表面波的振荡频率与气体敏感膜的密度成正比;当电导率因素起主要

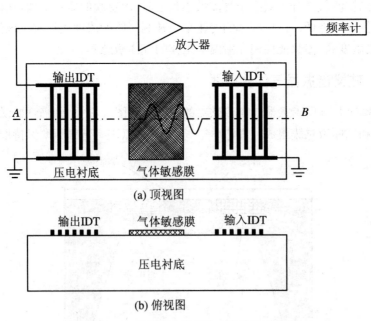

(a) 顶视图

(b) 俯视图

图 13.32 声表面波气体传感器结构示意图

作用时,声表面波的振荡频率与气体敏感膜的方块电导率成反比。由于温度、压力等外部因素的影响不能忽视,一般的声表面波器件大多采用双通道结构来抵消这些共模信号。

13.5　分　子　印　迹

分子印迹技术(molecular imprinting technique,MIT)以目标分子为模板分子,将具有结构上互补的功能化聚合物单体通过共价键或非共价键与模板分子结合,并加入交联剂进行聚合反应,反应完成后将模板分子洗脱出来,形成一种具有固定空穴大小和形状及有确定排列功能团的交联高聚物。这种交联高聚物即分子印迹聚合物(molecular imprinting polymers,MIPs)。

分子印迹聚合物的内部带有许多固定大小和形状的孔穴,孔穴内带有特定排列的功能基团。分子印迹聚合物对分子的识别作用就是基于这些孔穴和功能基团的。分子印迹和识别原理可由图 13.33 示意。将一个具有特定形状和大小的需要进行识别的分子(a)作为模板分子(又称印迹分子),把该模板分子溶于交联剂(b)中,再加入特定的功能单体(c)引发聚合后,形成高度交联的聚合物(d),其内部包埋与功能单体相互作用的模板分子。然后利用物理或化学的方法将模板分子洗脱,这样聚合物母体上就留下了与模板分子形状相似的孔穴,且孔穴内各功能基团的位置与所用的模板分子互补,可与模板分子发生特殊的结合作用,从而实现对模板分子的识别。如果模板分子可以反复洗脱和吸附,则该分子印迹聚合物可以多次使用。

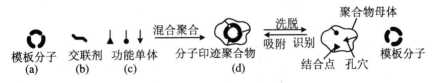

图 13.33　分子印迹和识别原理

分子印迹聚合物与模板分子之间的结合作用主要是这些固定排列的功能单体与模板分子间的共价键作用、非共价键作用和金属络合作用。当不选用功能单体时,仅靠分子印迹聚合物上孔穴的特定形状和大小来识别分子,这时分子印迹聚合物与模板分子主要是通过分子间力相互结合的。

（1）共价结合作用

借助共价结合作用可在聚合物中获得空间精确固定的结合基团，对模板分子的选择性较好。如果模板分子能比较完全地除去，共价结合方式就占有优势。目前，已使用共价结合作用制备了对糖类及其衍生物、芳香化合物、腺嘌呤等具有分离作用的分子印迹聚合物。所使用的结合基团主要包括硼酸酯、西佛碱、缩醛和缩酮类等。

（2）非共价键作用

非共价键作用主要包括氢键作用和静电作用。氢键作用在许多有机化合物间容易产生，是最方便也是应用最多的结合方式。目前，氢键作用已被广泛用于二胺、维生素、氨基酸及其衍生物、缩氨酸、核苷和染料等的印迹过程中。同静电作用相比，其作用力较强，因而选择性较好。同共价键相比，其作用力较弱，但这恰恰为洗脱模板分子带来了方便，且通过选择多个相互作用点也可大大提高模板分子与分子印迹聚合物的相互作用力，使分子印迹聚合物具有很高的选择性。

（3）金属络合作用

金属络合作用通常是通过配位键产生的，这类键的优点是其强度可通过实验条件控制，聚合时有固定的相互作用，不需要过量的结合基团，且模板分子与聚合物的结合速度较快。

参 考 文 献

[1] 范世福,陈莉,赵玉春,等.光导纤维化学传感器[J].分析仪器,1995(1):9-14.

[2] 顾铮先,梁培辉,张伟清,等.光化学传感器及其进展[J].激光与光电子学进展,1998(8):1-8.

[3] 徐涛,武国英.微结构气体传感器的研究现状及展望[J].电子科技导报,1999(6):23-28.

[4] 赵常志,宋元宁,赵国良.电致化学发光传感器[J].传感器技术,2000,19(1):5-14.

[5] 张海容.室温磷光化学传感器研究进展[J].忻州师院学报,2000,16(3):25-43.

[6] 汪祖洪.分子识别和分子印迹聚合物微球[J].化工进展,2002,21(12):952-954.

[7] 陈长伦,何建波,刘伟,等.电化学式气体传感器的研究进展[J].传感器世界,2004(4):11-15.

[8] 张志慧,赵常志,李明华.电化学发光传感器测定雨水中的甲醛[J].青岛科技大学学报,2006,27(5):407-410.

［9］　胡茜,葛思擎,王伊卿,等.电化学气敏传感器的原理及其应用[J].仪表技术与传感器,2007(5):77-78.

［10］　郑荣升,鲁拥华,林开群,等.表面等离子体共振传感器研究的新进展[J].量子电子学报,2008,25(6):657-664.

［11］　蒋鹏,蒋路茸.一种新型氯气浓度在线检测装置[J].化工自动化及仪表,2008,35(5):42-45.

［12］　蒋学华,孟庆民,张明.基于 SPR 的光纤传感器的研究与实验[J].传感器与微系统,2009,28(7):33-36.

［13］　庄须叶,吴一辉,王淑荣,等.基于微加工工艺的光纤消逝场传感器及其长度特性研究[J].物理学报,2009,58(4):2501-2506.

［14］　罗静,江金强,池春彦,等.荧光化学传感器的研究进展[J].功能高分子学报,2010,23(4):413-422.

第14章 生物传感器

生物传感器(biosensor)是在生物学、医学、电化学、光学、热学及电子技术等多种学科相互渗透中成长起来的一门新学科。它是以生物学组件作为主要功能性元件,能够感应规定的待测生物量并按照一定规律将其转换成可识别信号的器件或装置。

生物传感器一般有两个主要组成部分,其一是识别元件(感受器),是具有识别待测物能力的生物活性物质;其二是信号转换器(换能器)。当待测物与识别元件特异性结合后,所产生的复合物(或光、热等)通过信号转换器变为可以输出的电信号、光信号等,从而达到分析检测的目的(图 14.1)。

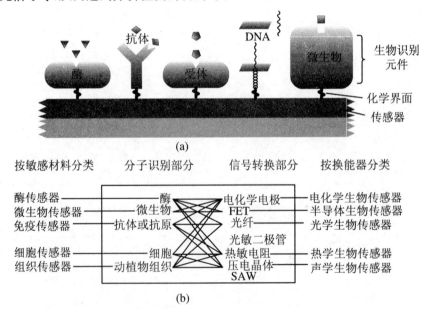

图 14.1 生物传感器的构成

生物传感器具有选择性好、灵敏度高、分析速度快、成本低、能在复杂的体系中进行在线连续监测等特点,特别是它高度自动化、微型化和集成化的特点,使其在近几十年获得蓬勃迅速的发展。经过 40 多年的发展,生物传感器大致经历了三个发展阶段,如图 14.2 所示。

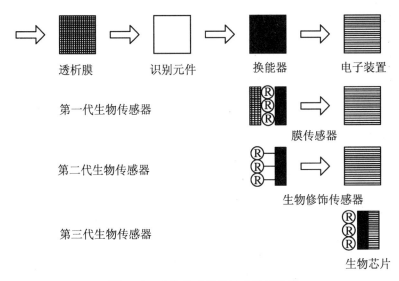

图 14.2　生物传感器的三个发展阶段

第一代生物传感器(如葡萄糖传感器)由固定了生物成分的非活性基质膜(透析膜或反应膜)和电化学电极所组成。

第二代生物传感器(如 SPR 传感器)是将生物成分直接吸附或共价结合到转换器的表面,而无须非活性的基质膜,测定时不必向样品中加入其他试剂。

第三代生物传感器(如硅片与生命材料相结合制成的生物芯片)是把生物成分直接固定在电子元件上,它们可以直接感知和放大界面物质的变化,从而把生物识别和信号的转换处理结合在一起,结构更为紧凑。

依据不同研究角度,生物传感器的分类方式很多。一般可以从以下三个角度来分类(表 14.1)。

1. 根据传感器输出信号的产生方式分类

被测物与识别元件相互作用产生传感器输出信号的方式有两类。一类是被测物与识别元件上的敏感物质具有生物亲和作用,即两者间能特异地相结合,同时引起敏感材料上生物分子的结构和固定介质发生物理变化,例如电荷、厚度、温度、光学性质(颜色或荧光)等变化。这类传感器称为生物亲和型生物传感器。另一类是被测物与识别元件上的敏感物质相作用并产生产物,信号换能器将底物的消耗或产物的增加转变为输出信号,这类传感器称为代谢型或催化型生物传感器。

表 14.1　生物传感器的分类

分类方式	分类依据	传感器名称
传感器输出信号	1.被测物与识别元件上的敏感物质具有生物亲和作用; 2.底物(被测物)与识别元件上的敏感物质相作用并产生产物,信号换能器将底物的消耗或产物的增加转变为输出信号	1.生物亲和型传感器; 2.代谢型或催化型传感器
识别元件上的敏感物质	1.酶与底物作用; 2.微生物代谢; 3.组织代谢; 4.细胞代谢; 5.抗原抗体反应; 6.核酸杂交	1.酶传感器; 2.微生物传感器; 3.组织传感器; 4.细胞器传感器; 5.免疫传感器; 6.DNA生物传感器
信号换能器	1.电化学电极; 2.场效应管; 3.热敏电阻; 4.压电晶体; 5.光电器件; 6.声学装置	1.电化学生物传感器; 2.场效应管生物传感器; 3.热敏电阻生物传感器; 4.压电晶体生物传感器; 5.光电生物传感器; 6.声学生物传感器

2. 根据生物传感器中识别元件上的敏感物质分类

生物传感器中识别元件上所用的敏感物质分为三类:基于分子(酶、抗原和抗体、受体、核酸、脂质体等)的,基于微生物、细胞、细胞器的,基于动植物组织的。根据所用敏感物质,可将生物传感器分为酶传感器、组织传感器、微生物传感器、免疫传感器和 DNA 生物传感器等。

3. 根据生物传感器的信号转换分类

生物传感器的信号换能器有电化学电极、场效应管、热敏电阻、光电换能器、声学装置等。据此又将传感器分为电化学生物传感器、场效应管生物传感器、热敏电阻生物传感器、压电晶体生物传感器、光电生物传感器、声学生物传感器等。

后两种分类方法之间还可互相交叉,因而生物传感器的类别就更多,例如酶传感器又分为酶电极、酶热敏电阻、酶 FET、酶光极等。另外,每一类又包含许多具体的生物传感器,例如,仅酶电极一类,根据所用酶的不同就有几十种,如葡萄糖电极、尿素电极、尿酸电极、胆固醇电极、乳酸电极、丙酮酸电极等。就是葡萄糖电极也并非只有一种,有用 pH 电极或碘离子电极作为换能器的电位型葡萄糖电极,有用氧电极或过氧化氢电极作为换能器的电流型葡萄糖电极等。

目前的生物传感器中,生物活性物质的识别与下述生物物理化学过程有关。

1. 酶促反应

酶是生化反应的高效催化剂,具有高度的专一性。在反应过程中酶与底物形成了酶-底物复合物,此时酶的构象对底物分子显示识别能力。

2. 免疫化学反应

此乃抗体(Ab)与相应抗原(Ag)的反应,可表示为

$$Ag + Ab \Longrightarrow AgAb$$

抗原是由外界入侵到体内的异物,而抗体是该异物入侵后体内生成的一种蛋白质。抗体与抗原形成复合物,起控制抗原的作用,即显示出对抗原的分子识别。通常酶只对低分子量物质有识别能力,而抗体则对高分子量物质有很强的识别能力,即使是微小的结构差异也能做出明确的判断。

3. 离子在膜上的选择传输

如缬氨酶作为 K^+ 选择电极的膜材料。

上述的识别机理只对分子态的生物活性物质而言,分子集合体、细胞器或微生物等的识别则比较复杂,影响因素甚多,一般难以预示呈现选择性的条件,必须依靠实验的探索。

14.1　信号转换器

生物传感器中的信号转换器,与传统的转换器并没有本质的区别。例如,可以利用电化学电极、场效应管、热敏电阻、压电晶体、光纤和 SPR 等器件作为生物传感器中的信号转换器。

14.1.1　电化学电极

电化学电极及相关的电化学测试技术具有性能稳定、适用范围广、易微型化特

点,已在酶传感器、微生物传感器、免疫传感器、DNA 传感器中得到应用。目前,微电极技术也已应用于探讨细胞膜结构与功能、脑神经系统的在体研究(如多巴胺、去甲肾上腺素在体测量)等生物医学领域。

14.1.2　场效应管

场效应管可作为酶(水解酶)、微生物传感器中的信号转换器。

FET 有以下几个特点:

① 构造简单,体积小,便于批量制作,成本低;

② 属于固态传感器,机械性能好,耐振动,寿命长;

③ 输出阻抗低,与检测器的连接线甚至不用屏蔽,不受外来电场干扰,测试电路简化;

④ 可在同一硅片上集成多种传感器,对样品中不同成分同时进行测量分析。

14.1.3　热敏电阻

因为对于许多生物体反应都可观察到放热或吸热反应的热量变化(焓变化),所以热敏电阻生物传感器测量对象范围广泛,适用的识别元件包括酶、抗原、抗体、细胞器、微生物、动物细胞、植物细胞、组织等。在检测时,由于识别元件的催化作用或因构造和物性变化引起焓变化,可借助热敏电阻把其变换为电信号输出。现已在医疗、发酵、食品、环境、分析测量等很多方面得到应用,如在发酵生化生产过程中,广泛用于测定青霉素、头孢菌素、酒精、糖类和苦杏仁等。

热敏电阻具有如下几个特点:

① 灵敏度高,温度系数为 $-4.5\% \cdot K^{-1}$,灵敏度约为金属的 10 倍;

② 因体积很小,故热容量小,响应速度快;

③ 稳定性好,使用方便,价格便宜。

14.1.4　压电晶体

压电生物传感器分为质量响应型和非质量响应型,它们在免疫学、微生物学、基因检测、血液流变、药理研究以及环境等科学领域具有重要应用价值和开发前景。

对于质量响应型,当压电晶体表面附着层的质量改变时,其频率随之改变,通常可用 Sauerbrey 方程来描述,即

$$\Delta F = KF^2 \frac{\Delta m}{A}$$

式中,ΔF 是晶体吸附外来物质后振动频率(Hz)的变化,K 为常数,A 为被吸附物所覆盖的面积,F 为压电晶体的基础频率(MHz),Δm 为附着层物质的质量变化。通常可检测低至 10^{-10} g/cm^2 量级的痕量物质。

对于非质量响应型,利用电导率或黏度等变化引起的频率改变来进行检测,有用此类压电传感器检测凝血酶原时间和血沉的报道。

压电晶体传感器的特点如下:

① 仪器装置简单,成本低廉;

② 灵敏度高,易自动化,使用范围广;

③ 可发展一类非标记的亲和型生物传感检测方法。

14.1.5 光纤

由于光纤信号转换器具有低能量损耗的远距离传输能力,强的抗电磁干扰性能和对恶劣环境的适应性,目前光纤生物传感器已成功地用于生产过程和化学反应的自动控制,炸药和化学战争制剂的遥测分析,新型环境自动监测网络的建立,生命科学和临床化学中多种无机物、有机物、蛋白质、酶、核酸、DNA 及其他生物大分子和生物活性物质分析,活体成分分析和免疫分析等。

光纤具有如下独特的优点:

① 轻、细长、小,很细小的光纤探针可应用于生物体内研究;

② 抗电磁干扰强,适用于在强电磁干扰、高温高压、易燃易爆和强放射性等恶劣环境中应用,使远距离遥测成为现实;

③ 应用范围广,成本低且操作方便;

④ 可应用于多波长和时间分辨测量技术,从而改进分析结果的重现性,大大提高方法的选择性。

14.1.6 SPR

表面等离子体共振(surface plasmon resonance,SPR)是一种物理光学现象,其物理模型是一束单色光透过介质入射到金属表面,一部分发生反射形成反射光,部分光穿透金属表面形成折射波,沿着垂直于界面的方向按指数衰减,又称为消失波。其衰减的物理原因是导体内存在自由电子,在电磁波的作用下导体内出现诱导电流,产生焦耳热,消耗了电磁波的能量,因而振幅减弱。波的衰减方向总是与界面垂直,与入射波的方向无关,但是穿透深度与入射波的方向有关系。透入导体内的电磁波传播方向都接近于 z 轴,折射波不再服从一般介质情况下的折射定律,仍然是横波,并且电场、磁场和传播方向互相垂直,满足右手螺旋系。对于可见光而言,在金属导体中消失波的有效深度一般为 $100\sim200$ nm。消失波导致靠近样品处金属表面的电子振荡,形成沿着样品和金属表面传播的电子疏密波,也是一种电磁波,称为表面等离子体或表面等离子体基元。在一定条件下,入射光沿 x 方向的分量和表面等离子体产生共振,这一现象称为表面等离子体共振。

14.2　生物敏感材料固定

生物传感器的选择性主要取决于生物敏感材料,而灵敏度的高低则与信号转换器的类型、生物敏感材料的固定化技术等有很大的关系。因此,生物敏感材料固定化技术的发展是提高传感器性能的关键因素之一。

生物敏感材料固定化技术一般应满足以下条件:

① 固定化后的生物敏感材料仍能维持良好的生物活性;

② 生物敏感材料与转换器紧密接触,且能适应多种测试环境;

③ 固定化层要有良好的稳定性和耐用性;

④ 减少生物敏感材料中生物组分的相互作用以保持其原有的高度选择性。

为了研制廉价、灵敏度高、选择性好和寿命长的生物传感器,固定化技术已成为世界各国竞相研究和探索的目标。经过近几十年来的不断工作,已经建立了对各种不同生物功能物质的固定化方法,大致可划分为物理或化学吸附法、包埋法、共价键固定法和 LB 膜法。

14.2.1　吸附法

1. 物理吸附法

酶或其他生物组分在电极表面的物理吸附是一种较为简单的固定化技术。物理吸附法无须化学试剂、极少的活化和清洗步骤,以及同其他化学法相比,对生物分子活性影响较小。但对溶液的 pH 值变化、温度、离子强度和电极基底状况较为敏感,生物组分易从电极表面脱落,而不被广泛采用,而且同其他固定化技术相比,生物组分的寿命较短。

此法主要通过极性键、氢键、疏水力或 π 电子的相互作用将生物组分吸附在不溶性的惰性载体上。常用的载体有多孔玻璃、活性炭、氧化铝、石英砂、纤维素膜、葡聚糖、琼脂糖、聚氯乙烯膜、聚苯乙烯膜等,已用此法固定的酶如脂肪酶、过氧化酶等。

2. 离子交换吸附法

选用具有离子交换性质的载体,在适宜的 pH 值下,使生物分子与离子交换剂通过离子键结合起来,形成固定化层。常用的这类载体有二乙胺乙基纤维素、四乙胺乙基纤维素、氨乙基纤维素、羧甲基纤维素、阴离子交换树脂等。用此法制备的固定化酶有葡萄糖淀粉酶、D-葡萄糖异构酶、青霉素酰化酶、胆固醇氧化酶、肌酸激酶等。

14.2.2　包埋法

包埋法是将生物组分包埋在高分子三维空间网状结构中,形成稳定性生物组分敏感膜。该技术的特点是:可采用温和的实验条件及多种凝胶聚合物;大多数生物组分可很容易地揿入聚合物膜中,一般不产生化学修饰,对生物组分的活性影响较小;膜的孔径和几何形状可任意控制,可固定高浓度的活性生物组分等。其局限性有:必须控制很多实验因素,聚合物形成过程中产生的自由基对生物组分可能产生去活化作用等。近年研究结果表明,采用溶胶-凝胶技术将生物分子固定于无机陶瓷或玻璃材料内,能明显改善活性的保持。例如,选用二氧化硅做基底材料比使用有机聚合物材料具有良好的坚固性、抗磨性和化学惰性,低的体积变形性以及高的热稳定性和光化学稳定性。由于二氧化硅本身优异的透光性和弱荧光性,它可成为多种光学转换器的固定化基底材料。

1. 聚合物膜包埋法

将生物功能物质与合成高分子,如全氟磺酸离子交换树脂(nafion),或生物高分子,如丝素蛋白,经溶剂混合而使酶包埋于其中,制备成具有酶活性的敏感膜,再把它覆盖到信号转换器的表面,构成生物传感器。其包埋方式有两种:将酶分子包埋在凝胶的细微格子里制成固定化酶,称为凝胶包埋法;将酶分子包埋在由半透膜构成的微型胶囊(或夹层)中,酶分子限制在膜内,小分子的底物和产物能自由透过薄膜,称为胶囊包埋法。常用的膜材料有聚丙烯酰胺、淀粉、明胶、聚乙烯醇、硅树脂、纤维素膜、尼龙膜、火棉胶等。

2. 电聚合物膜包埋法

将聚合物单体和生物功能物质同时混合在电解液内,通电使单体在电极表面阳极氧化而聚合成聚合物膜,与此同时,可以将酶包埋在聚合物膜内,直接固定于电极表面,构成生物传感器。常用的聚合物膜有导电型和非导电型两种。导电型聚合物主要有聚苯胺、聚吡咯、聚噻吩及聚吲哚等；非导电型聚合物有聚苯酚、聚邻苯二胺、聚邻氨基酚等。此法简单，聚合层厚度和酶的量易控制，修饰层重现性好，酶嵌入聚合物膜法已成为目前制备酶传感器的有效方法。

3. 溶胶-凝胶膜包埋法

溶胶-凝胶(sol-gel)技术是指有机或无机化合物经过溶液、溶胶、凝胶而固化，再经过热处理而制得氧化物或其他化合物固体的方法。近年来，溶胶-凝胶技术在薄膜、超细粉体、复合功能材料、纤维及高熔点玻璃的制备等方面展示出了广阔的应用前景。溶胶-凝胶的应用价值在于它具有纯度高、均匀性强、处理温度低、反应条件易于控制等优势。溶胶-凝胶体的制备方法有：

① 胶体溶液的凝胶化；

② 醇盐或硝酸盐前驱体的水解聚合，接着超临界干燥凝胶；

③ 醇盐前驱体的水解聚合，再在适宜环境下干燥、老化。

通常的制备步骤如下：

① 金属或半金属醇盐前驱体发生水解反应，形成羟基化的产物和相应的醇，其中前驱体多选用低分子量的硅酸甲酯、硅酸乙酯、钛酸丁酯等；

② 未羟基化的烷氧基与羟基或两羟基间发生缩合形成胶体状的混合物，该状态下的溶液被称为溶胶；

③ 水解和缩合过程通常是同时进行的，最后胶粒间发生聚合、交联，使溶胶黏度逐渐增大，酶或其他生物组分在凝胶内捕获。

然而，由于传统的溶胶-凝胶过程常需在较强的酸性或碱性环境中进行，对生物组分的活性和稳定性极为不利。为了实现溶胶-凝胶技术对生物组分有效的固化，可对溶胶-凝胶过程的某些过程参数进行改良，例如尽量少使用有机溶剂，尽量降低酸度或碱度，或采取在加入生物组分之前，使用缓冲液调整溶胶的 pH 值在中性附近。因为网络结构中含有大量的孔隙水，使用溶胶-凝胶膜可为网络中生物分子提供一个水溶液的微环境。与其他固化方法相比，溶胶-凝胶膜包埋法的优势还表现在它可适用于任何种类的生物组分，可以较好地保持蛋白质表面微观结构的整体性和方向均一性，从而对组分的活性和稳定性的损伤较小。目前，溶胶-凝胶膜包埋法已用于固定的生物大分子有金属铜-锌蛋白（Cu – Zn 蛋白）、超氧化物酶、肌红蛋白、细胞色素 C、BSA 等。

溶胶-凝胶的一个显著特点就是透光性强，且本身的荧光度低。酶、抗体及蛋白质等一些生物分子在溶胶-凝胶中成功地固定为光学型生物传感器的发展奠定了基础。目前，溶胶-凝胶技术已应用到几乎所有类型的光学生物传感器中，包括吸收光、荧光、室温磷光及化学发光等体系。由于溶胶-凝胶制备工艺简单，溶胶-

凝胶的物理、化学性质如孔径、黏度、密度、成型形状、化学组成、比表面积、导电性、亲水性、机械强度等易于控制,加之其优异的透光性能,必将为生物组分固定化技术、生物传感器的制备提供更多的途径。

14.2.3 共价键法

将生物组分通过共价键与电极表面结合而固定的方法称共价键法,通常要求在低温(0 ℃)、低离子强度和生理 pH 值条件下进行。通常包括三个步骤:基底电极表面的活化、生物分子的耦联、剩余价键的封闭及除去键合疏松的组分。这些步骤中每一步合适的实验条件则取决于生物组分及耦联试剂的特性。

信号转换器探头的基底材料多为金属(如铂、金、钛)、氧化物(如二氧化硅)及石墨等,所以,首先必须在基底表面引入可修饰的功能团,其主要方法有单层膜共价键固定法、聚合物膜共价键固定法和交联共聚法。

14.2.4 LB 膜法

Langmuir-Blogett 膜简称为 LB 膜,它是将具有亲水头和疏水尾的两亲分子分散在水面(亚相)上,沿水平方向对水面施加压力,使分子在水面上紧密排列,形成一层排列有序的不溶性单分子膜。LB 膜技术就是将上述的气/液界面上的单分子膜转移到固体表面并实现连续转移组装的技术。LB 膜具有膜厚可准确控制、制膜过程不需很高的条件、简单易操作、膜中分子排列高度有序等特点,因此可实现在分子水平上的组装,在材料学、光学、电化学和生物仿生学等领域都有广泛的应用前景,近年来已成为人们关注的热点之一。

LB 膜具有如下特点:

① 膜厚度可精确控制,可精确到纳米量级;

② 膜内分子排列有序而致密;

③ 脂质双层膜同生物膜结构相似,是理想的仿生膜,具有极佳的生物相容性;

④ 把功能分子固定在 LB 膜的预定位置上进行分子识别的组合设计,从而制成具有特殊功能的生物传感器。

LB 膜的制作过程是:两亲性的脂质分子和酶分子在洁净水表面形成液态单分子膜,横向压缩其表面积使液态膜逐渐过渡到一个拟固态膜;通过马达微米位移系统使基体电极在单分子膜与界面间做升降运动,单分子膜便沉积在电极表面,若要沉积三层单分子膜,还需做第二次重复操作(图 14.3)。

图 14.4 是在膜内掺入酶的过程,在水面上展开的脂质单分子膜将吸引溶于水

中的酶,沿水平面压缩其表面积使单位面积上酶的密度增加,然后采用上述的操作把膜沉积在电极表面上。

　　LB 膜法已成功地用于发展仿生传感器,酶、免疫等生物传感器。

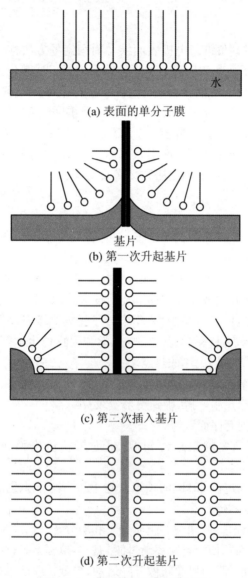

图 14.3　典型的 LB 膜成膜过程

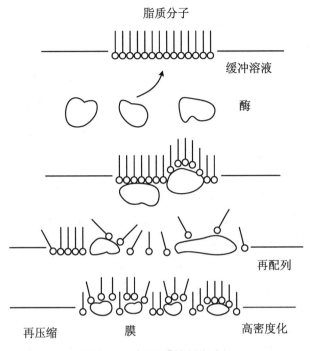

图 14.4　酶 LB 膜的制作过程

脂质分子

缓冲溶液

酶

再配列

再压缩　　　膜　　　高密度化

14.3　典型生物传感器

本节重点介绍酶传感器、组织传感器、微生物传感器、免疫传感器、DNA 传感器、SPR 传感器和生物芯片。

14.3.1　酶传感器

酶是生物体内产生的、具有催化活性的一类蛋白质。分子量从 1 万到几十万，甚至数百万以上。根据化学组成，酶可分为两大类：纯蛋白酶与结合蛋白酶。前者除蛋白质以外不含其他成分，后者是由蛋白质和非蛋白质两部分组成的。

酶的基本特征如下：

① 高效催化性。酶是一类有催化活性的蛋白质,在生命活动中起着极为重要的作用,参与所有新陈代谢过程中的生化反应,使得生命赖以生存的许多复杂化学反应在常温下能发生,并以极高的速度和明显的方向性维持生命的代谢活动,可以说生命活动离不开酶。

② 高度专一性。酶不仅具有一般催化剂加快反应速率的作用,而且具有高度的专一性(特异的选择性),即一种酶只能作用于一种或一类物质,产生一定的产物。

酶传感器是由酶电极发展而来的。最早的酶电极是由克拉克等在 1962 年提出的,他利用葡萄糖氧化酶(GOD)催化葡萄糖氧化反应:

$$CH_2OH(CHOH)_4CHO + O_2 + H_2O \xrightarrow{GOD} CH_2OH(CHOH)_4COOH + H_2O_2$$

经极谱式氧电极检测氧量的变化,从而制成了第一支酶电极。1967 年 Updike 等采用当时最新的方法,将 GOD 固定在氧电极表面,研制成酶传感器。对酶电极的研究,经过 20 世纪 70 年代的飞跃后,现已进入实用阶段。酶电极的结构如图 14.5 所示。

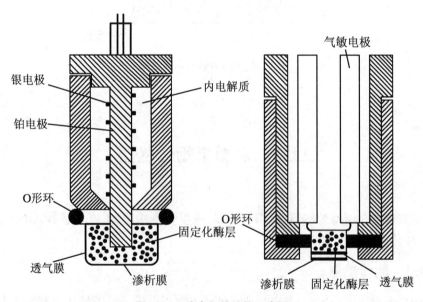

图 14.5 酶电极的结构示意图

由于酶能选择性地快速辨别特定的底物,并在较温和的条件下对底物的反应起催化作用,所以酶一直作为生物传感器中的首选生物活性物质。目前,自然界中已获鉴定的酶有 2 500 多种,但大多数酶的制备和纯化困难,加之固定化技术对酶活性影响很大,这就极大地限制了酶传感器的研究和应用。

为了扩大使用范围,提高传感器性能,已经采取的主要措施有以下几方面。

1. 利用多酶体系

如测定麦芽糖的酶电极,其分子识别元件由固定在骨胶原膜两侧的葡萄糖淀粉酶(GA)和 GOD 构成,如图 14.6 所示。麦芽糖在 GA 作用下生成葡萄糖,再按 GOD 电极的工作原理进行检测。类似的方案已用于制作蔗糖和乳糖测定用的酶电极。

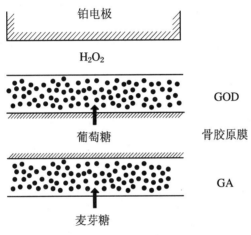

图 14.6 多酶体系的工作原理

多酶体系还用于构成测定酶抑制剂的电极。如将碱性磷酸脂酶(Ap)和 GOD 一起用交联法制成海绵状酶层,可用于磷酸根离子的检测,其原理是

$$葡萄糖\text{-}6\text{-}磷酸 + H_2O \xrightarrow{Ap} 葡萄糖 + H_2PO_4^{2-}$$

$$葡萄糖 + O_2 \xrightarrow{GOD} 葡萄糖酸 + H_2O_2$$

电极反应为

$$H_2O_2 \rightarrow H_2O + \frac{1}{2}O_2 + 2e$$

磷酸根离子是反应的抑制剂,它的存在限制了葡萄糖的生成,因而影响检测电流的大小。

2. 固定化底物电极

酶电极的概念已被用于溶液中酶活性的测定。有两种途径可供选择:一种是利用普通的酶电极测定,如用脲酶电极测定精氨酸酶的活性,因为这种酶能使

L-精氨酸水解生成脲。另一种是采用所谓的固定化底物电极。例如,将乙酰胆碱吸附在离子交联树脂上,然后用薄的尼龙网固定在平面玻璃电极附近,即构成测定胆碱酯酶活性的固定化底物电极。玻璃电极附近 pH 值的变化与酶活性在一定范围内成线性关系。

3. 酶的电化学固定化

活体分析需要有微型或超微型的酶电极。因此除研制微型的内敏感器外,必须制作厚度小、酶含量可控的酶层。酶的电化学固定化便是基于这一目的而提出的,并用于 GOD 电极的研制中。其原理是:让吡咯单体在电化学氧化的条件下进行聚合,由于形成的聚合物膜带正电,在膜形成过程中阴离子将嵌入膜内。选择合适的条件可使 GOD 嵌入聚吡咯膜,而不同的电聚合条件决定着酶层厚度和酶含量。

根据酶与电极之间的电子传递机理,酶传感器发展经历了三代。

第一代酶传感器是以氧为介体的电催化。Barsan 等研究在钴、铁氰化铜及聚乙烯三种媒介上固定葡萄糖氧化酶,设计了基于电化学酶生物传感器的碳膜流动室,用以监测葡萄汁发酵过程中的葡萄糖。上述研究均采用氧作为葡萄糖氧化酶的电子传递剂,也就是传统意义上的第一类葡萄糖传感器。这种酶传感器通过检测氧消耗量或 H_2O_2 浓度变化来测定底物,受溶解氧、pH 值、温度影响很大。

第二代酶传感器是以诸如二茂铁、铁氰化钾等物质作为媒介体的电催化。该种酶传感器增加了化学修饰层,扩大了基体电极可测化学物质的范围,提高了测定灵敏度。电子媒介体促进电子传递过程,减小了溶解氧的干扰。但加入的媒介体易污染电极,影响电极性能。常用的媒介体主要有二茂铁及其衍生物、铁氰酸盐、醌类、有机导电盐、有机染料和有机介体等。

第三代酶传感器是酶在电极上的直接电催化。该种酶传感器无须加入其他试剂,而利用酶与电极间的直接电子转移,减少了操作步骤,是目前酶传感的重要发展方向之一。但酶通常具有较大分子量,其电活性中心深埋在分子的内部,且在电极表面吸附后易发生变形,所以酶与电极间难以直接进行电子转移。到目前为止,仅有少数相对分子量较小的酶如过氧化物酶、氧化酶、氢化酶和脱氢酶、超氧化物歧化酶等能够在电极上直接进行有效的电子转移。

14.3.2　组织传感器

组织传感器是将动物或植物的组织切片作为识别元件的传感器。由于组织只是生物体的局部,组织细胞内的酶品种可能少于作为生命整体的微生物细胞内的酶品种,因此组织传感器可望有较高的选择性。1978 年 Rechnitz 利用牛肝组织切片和尿酶与氨气敏电极结合研制成功第一支动物组织传感器,这以后,美国、日本、西欧的电分析化学家在这一领域做了大量的研究工作,国内也有一些研究报告发表。

组织传感器一般可视为酶传感器的衍生物,其基本原理仍是酶催化反应,但它与酶传感器相比,更具一些独特优点:

① 提供一种新概念,即用存在于自然环境中的自然物质本身探测自然;

② 省去了酶传感器中酶的分离,制作简单,价格低廉,使用寿命相对较长;

③ 可用于酶催化途径不清楚的体系;

④ 组织中常常含有诸如辅酶等物质的协同因子或最佳条件下所必需的成分,而生物催化机制常常是生物体由多种辅助因子的系统表现或分步联合的结果。

动物和植物组织传感器除具备组织传感器的普遍特征外,它们之间的区别在于:

① 植物组织中的酶多含于植物的非木质部,它的纤维脆弱易于切片;

② 动物组织通常在 0 ℃ 以下低温贮存,一般深冷至 -25 ℃ 而充分冻结,而植物组织由于要避免形成大冰晶而丧失活性,一般仅在 4 ℃ 或室温下保存,相比之下动物组织更适于切片;

③ 一般情况下,单位质量的动物组织内所含酶的催化活性比同等质量的植物组织高,因而切片厚度相对较薄,响应时间相对短一些;

④ 动物组织是一种不受季节和地区限制的天然酶源,而植物生长有季节性。

虽然组织传感器已取得了可喜的成就,显示出了广阔的发展前景,但由于目前人们对各种组织的内在功能的实质了解尚不透彻,从整体上说,此类传感器的研究还处于初级阶段,尚存在以下几方面问题:

① 选择性问题。由于组织切片不像经分离纯化的酶那样含酶单一而选择性好,组织体内往往是多种酶源的聚集体,因此,提高选择性是开发组织传感器的首要任务,也是较难解决的一项任务。

② 重现性问题。由于组织切片受到组织来源、保存期限、切片厚度等因素的影响,因此每个组织传感器都需制作标准校正曲线,并需在使用过程中随时进行校正。

③ 使用寿命问题。如何选用适当的组织切片、固定化方法及适宜的使用条件等,从而尽可能地延长传感器的使用寿命,是今后组织传感器研究的重要方向。

④ 响应时间问题。组织切片的厚度一般需要数十至数百微米,加上细胞膜的屏障作用,使待测物扩散受阻,响应时间一般比酶传感器要长。

⑤ 机理问题。迄今为止,关于组织传感器响应机理的研究还不很深入,人们目前仅了解组织传感器的宏观响应现象,内部机制尚待进一步研究。

14.3.3　微生物传感器

微生物具有呼吸机能(O_2的消耗)和新陈代谢机能(物质的合成与分解),菌体内具有复合酶、能量再生系统等。根据微生物代谢流向,可把代谢分为同化作用和异化作用。在微生物反应过程中,细胞同环境不断地进行物质和能量的交换。细胞将底物摄入并通过一系列生化反应转变成自身的组成物质,并储存能量,这称为同化作用。反之,细胞将自身的组成物质分解以释放能量或排出体外,称为异化作用。

微生物有自养性微生物与异养性微生物之分。对于自养性微生物(如硫化菌、硝化菌、氢化菌等),它们以CO_2作为主要碳源,无机氮化物作为氮源,通过细菌的光合作用或合成作用合成能量。

微生物反应对氧的要求也是不一样的。好气性微生物(如枯草杆菌、青霉菌、假单胞菌等)必须在有空气的环境中才易生长和繁殖。有些必须在无分子氧的环境中生长繁殖的微生物称为厌气性微生物(如破伤风菌等)。它们一般生活在土壤深处和生物体内,在氧化底物时利用某种有机物代替分子氧作为氧化剂,其反应产物是不完全的氧化产物。在分析底物能促进微生物代谢的情况下,获得对底物的专一性反应是构造微生物传感器的关键。实验菌株常常是一些经过变异的菌株,它们或成为对某些营养的依赖而称为营养缺陷型,或能在体内高浓度地积累某种酶,由此实现专一性的测定。

微生物在利用物质进行呼吸或代谢的过程中,将消耗溶液中的溶解氧或产生一些电活性物质。在微生物的数量和活性保持不变的情况下,其所消耗的溶解氧量或所产生的电活性物质的量反映了被检测物质的量,再借助气体敏感膜电极(如溶解氧电极、氨电极、二氧化碳电极、硫化氢电极)或离子选择电极(如 pH 玻璃电极)以及微生物燃料电池检测溶解氧和电活性物质的变化,就可求得待测物质的量,这是微生物传感器的一般原理。

微生物传感器主要由两部分组成:第一部分是微生物膜,此膜是由微生物与基质(如醋酸纤维素等)以一定的方式固化形成的;第二部分是信号转换器(如氧电极、气敏电极或离子选择电极等)。将这两部分耦合便可构成微生物传感器。

1. 呼吸机能型

微生物呼吸机能存在好气性和嫌气性两种,其中好气性微生物生长需要氧,因此,可以通过测量氧来控制呼吸机能;而嫌气性微生物相反,它不需要氧,氧的存在会妨碍微生物生长,因此,可以通过测量二氧化碳及其他生成物来探知生理状态。由此可见,呼吸机能型微生物传感器是由微生物膜和氧电极(或二氧化碳电极)组成。把这种呼吸机能型微生物传感器插入含有机物(如葡萄糖)的被测液中,于是有机物向微生物膜扩散,而被微生物摄取(称为资化)。由于微生物呼吸量与有机物资化前后不同,这可通过测定氧电极转变为扩散电流值,从而间接测定有机物的浓度(图 14.7)。

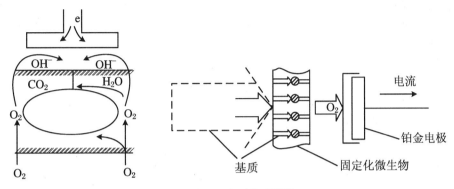

图 14.7　呼吸机能型传感器的原理

2. 代谢机能型

这种传感器的基本原理是用微生物使有机物资化而产生各种代谢生成物。而在这些代谢生成物中,含有使电极产生电化学反应的物质(即电极活性物质)。因此,微生物膜与离子选择电极(或燃料电池型电极)相结合就构成代谢机能型微生物传感器。当传感器浸入含有机物(如甲酸)的溶液时,有机物被微生物资化而产生电极活性物质(如 H_2),该物质与燃料电池型电极(或离子选择电极)产生氧化反应形成电流(图 14.8)。此稳定电流与微生物资化作用产生的电极活性物质含量成正比,而这类物质的量又与待测液中有机物浓度有关,因此,这种传感器能迅速测定有机物的浓度。

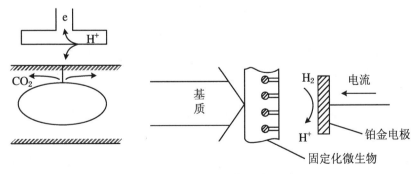

图 14.8　代谢机能型传感器的原理

3. 微生物电极

微生物电极的结构与酶电极很相似,图 14.9 是两类微生物电极的结构示意图。和酶传感器相比,微生物传感器的稳定性较好,使用寿命较长,灵敏度不亚于前者,但响应速率较慢。显而易见,对呼吸活性测定型微生物传感器而言,待测物质需被细菌摄入,然后才由体内的酶体系进行代谢,所花时间较长。此外,由于微生物参与的过程较复杂,当对选择性有较高要求时,务必挑选具有专一性的菌株作为识别元件。

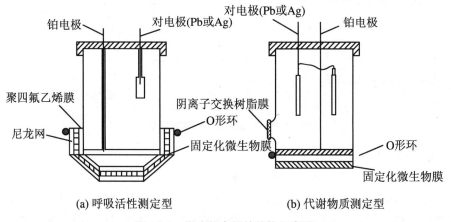

(a) 呼吸活性测定型   (b) 代谢物质测定型

图 14.9　微生物电极的结构示意图

除上述根据微生物的专一同化作用构成的传感器外,还出现了基于其他原理的传感器,其中有:

① 利用微生物的非专一同化作用的传感器。BOD 传感器便是一例,它由能对大多数有机物起代谢作用的微生物群体制作而成。

② 利用微生物变异的传感器。致癌物质一般会使微生物变异,据此设计了检测致癌物质的传感器。

③ 利用生成状态的微生物表面存在电极活性物质的传感器。活的微生物一旦接触电极便有电流通过,死的微生物无此现象,据此制作了计测生菌体数目的传感器。

④ 酶-微生物混合型传感器。如把肌酸固定化酶膜与能使 NH_3 和 NO_2 氧化的微生物固定化层一起装在氧电极上,制得肌酸传感器。

细胞传感器(cell-based biosensors,CBBs)是微生物传感器的一个重要分支,包括动物细胞传感器及植物细胞传感器。细胞传感器是由固定或未固定的活细胞与电极或其他转换元件组合而成。细胞传感器主要有两种：一种是将整个细胞固定上，利用其酶体系分析分子态底物的传感器；另一种是为检测细胞和评价细胞的生物生理行为的传感器。后者通常称为细胞分析传感器。

细胞器传感器是将细胞器从细胞中分离出来后，再进行固定化处理而得到的。细胞器是由膜构成的亚细胞结构，它是聚集高度功能的分子集合体，是进行一系列代谢活动的场所。细胞器包括线粒体、微粒体、溶酶体、高尔基复合体和氧体等，此外，植物细胞中进行光合作用的叶绿体，原生动物中的氧化酶颗粒和细菌体内的磁粒体等也都属于细胞器。

14.3.4　免疫传感器

免疫分析是最重要的生物化学分析方法之一，可用于测定各种抗体、抗原、半抗原以及能进行免疫反应的多种生物活性物质（例如激素、蛋白质、药物、毒物等）。抗原是能够刺激动物肌体产生免疫反应的物质，但从广义的生物学观点看，凡是具有引起免疫反应性能的物质都可以称为抗原。抗原有两种性能：刺激肌体产生免疫应答反应；与相应免疫反应产物发生特异性的结合反应。具有刺激免疫应答反应的抗原是完全抗原；那些只可与抗体发生特异性结合，不刺激免疫应答反应的称为半抗原。

抗原有以下三种类型。

① 天然抗原。来源于微生物或动物、植物，包括细菌、病毒、血细胞、花粉、可溶性抗原毒素、类毒素、血清蛋白、蛋白质、糖蛋白等。

② 人工抗原。经化学或其他方法变性的天然抗原，如碘化蛋白、偶氮蛋白和半抗原结合蛋白。

③ 合成抗原。如化学合成的多肽分子。

一旦有病原菌或其他异种蛋白（抗原）侵入某种动物体内，体内即可产生能识别这些异物并把它们从体内排除的抗体。抗原与抗体结合即发生免疫反应，其特异性很高。免疫传感器就是利用抗体（抗原）对抗原（抗体）的识别功能而研制成的生物传感器。1975 年，Janata 首次报道了一种免疫传感器。他把刀豆球蛋白（ConA）共价结合在涂敷在白金丝上 5 μm 厚的 PVC 膜表面上，构成 ConA 免疫电极。该电极的电位与甘露聚糖酵母的浓度有关，据此可测定甘露聚糖酵母。

抗体对抗原的选择亲和性与酶对底物有很大差别。酶与底物形成的复合物的寿命很短，只存在于底物转变为产物的过渡态中；另一方面，抗体-抗原复合物非常稳定，难以分离。此外，抗体-抗原反应不能直接提供电化学检测可利用的效应。这些特点是设计免疫传感器所必须考虑的。

　　将高灵敏度的传感技术与特异性免疫反应结合起来,用以监测抗原-抗体反应的生物传感器称作免疫传感器。依检测原理,目前的免疫传感器可分为如下类型。

1. 非标志免疫传感器

　　其工作原理是抗体(抗原)被固定在膜或电极表面上,当发生免疫反应后,抗体与抗原形成的复合体改变了膜或电极的物理性质,如表面电荷密度、离子在膜中的传输速度等,从而引起膜电位或电极电位的变化。非标志免疫传感器的实例之一是梅毒检测用传感器,其免疫应答膜由心磷脂、胆甾醇和卵磷脂之类的脂质抗原固定在醋酸纤维膜上而制成。把这种膜置于含有梅毒抗体的血清中进行免疫反应,经过一定时间后取出洗净,再在生理盐水中测膜电位,便观察到电位变化。图14.10是非标志免疫电极的结构示意图。

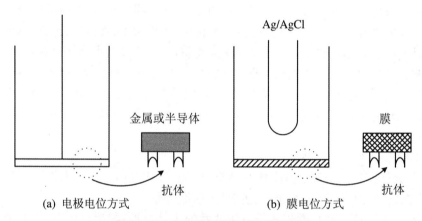

图 14.10　非标志免疫电极结构示意图

2. 标志免疫传感器

　　这是一种具有化学放大作用的传感器,通常以酶作为标志物质,因而又称酶免疫传感器。图14.11是酶免疫电极结构示意图,其识别元件是抗体膜,氧电极作为基础电极。工作原理是:测量前在待测溶液中添加一定量的酶标志抗原,即抗原与过氧化氢酶(或GOD)结合而形成复合体。当酶免疫电极与待测溶液接触时,非标志抗原(待测对象)与标志抗原竞相与电极上的抗体结合。一定时间后,将电极取出,洗去未形成复合体的游离抗原,接着浸入含有标志酶的底物 H_2O_2(或葡萄糖)溶液中,此时在少量生物催化剂(标志酶)作用下能引起大量 H_2O_2 分解,由氧电极可检测氧的生成速率,进而求出抗体膜上标志酶的含量。若标志抗原的添加量恒定,则待测溶液中非标志抗原含量越高,竞争结合在抗体膜上的标志抗原的量越少,因而检测到的氧生成速率越小。利用上述关系,可求出非标志抗原的含量。酶标志免疫传感器既利用了免疫反应的特异性又吸收了酶催化反应的灵敏性,是一种很有前途的分析方法。

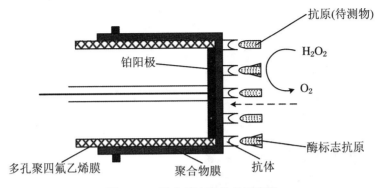

图 14.11 酶免疫电极结构示意图

3. 基于脂质膜溶菌作用的免疫传感器

这是另一种有化学放大作用的传感器,工作原理如图 14.12 所示。抗原固定在脂质膜表面,季胺离子作为内部标志物。在补体蛋白质存在下,抗体与抗原反应形成的复合体引起脂质膜的溶菌作用,于是标志物穿过脂质膜,并由离子选择电极检测。

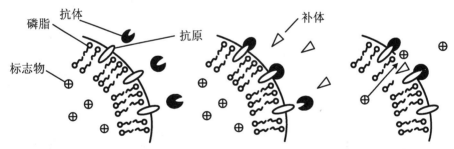

图 14.12 基于溶菌作用的免疫电极工作原理图

14.3.5 DNA 传感器

DNA 是由磷酸、脱氧核糖和碱基组成的高分子核酸,特别是碱基的排列是最重要的遗传信息。有四种碱基(腺嘌呤 = A,胸腺嘧啶 = T,鸟嘌呤 = G,胞嘧啶 = C),为了理解方便,可以想成是带着四种模样的砖头。它们以一一对应的关系结合,腺嘌呤和胸腺嘧啶配对,鸟嘌呤和胞嘧啶配对。其主要特点如下:① DNA 分子由两条平行的脱氧核苷酸长链盘旋而成;② DNA 分子中的脱氧核糖和磷酸交替连接;③ 两条链上的碱基通过氢键连接,形成碱基对。

DNA 传感器主要由两部分组成,即分子识别器和换能器。每一种生物体内都含有独特的核酸碱基序列,因此设计检测核酸的生物传感器的关键是设计一段寡

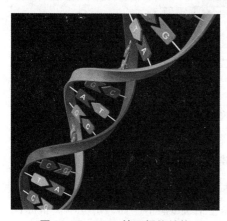

图 14.13　DNA 的双螺旋结构
(htttp://image.baidu.com)

核苷酸序列探针。探针一般由若干个碱基的核苷酸组成,是一段单链核苷酸分子,它与被测物质作用,能够专一识别目标分子。换能器的功能是将 DNA 探针与被测定目标物的分子识别信息转换为可测量信号,根据作用前后测量信号的改变,实现对被测目标物的定性定量检测。

根据传感器 DNA 识别模型的不同,DNA 传感器分为:

① 单链 DNA(ssDNA)传感器,是利用固定化单链 DNA 探针,在碱基配对原则基础上进行分子识别的检测系统,通过 DNA 分子杂交反应、直接或间接产生的信号变化检测目的基因。

② 双链 DNA(dsDNA)传感器,即固定化双链 DNA,利用 DNA 与其他分子或离子间的相互作用产生的信号进行测定。

根据是否选用指示标记物,可分为:

① 标记型,用荧光试剂或电活性试剂标记探针或靶基因,利用荧光或氧化还原信号的改变进行检测。

② 无标记型,指利用 DNA 杂交前后引起的质量及折射率等物理或化学信息的变化进行检测。

根据 DNA 转换器件转换信号的不同,可分为电化学传感器、光纤传感器、光波导传感器、表面等离子体传感器、石英晶体传感器等。

DNA 传感器与其他生物传感器所用的酶和抗体不同,DNA 分子识别层十分稳定,并且易于合成或再生,能重复使用。这一特性使得 DNA 生物传

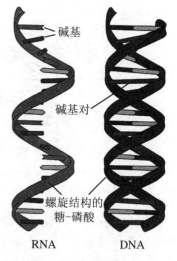

碱基

碱基对

螺旋结构的糖-磷酸

RNA　　　DNA

图 14.14　RNA 与 DNA
(http://images. search. yahoo.com)

感器在基因分析领域发挥着重要作用。除了 DNA 检测外,还可应用于环境监控、药物研究、法医鉴定及食品分析等领域,具有广阔的发展前景。

14.3.6　SPR 生物传感器

SPR 型生物传感信号转换器主要包括光波导器件、金属薄膜、生物分子膜三个组成部分。SPR 生物传感器通常将一种具有特异识别属性的分子即配体固定于金属膜表面,监控溶液中的被分析物与该配体的结合过程。在复合物形成或解离过程中,金属膜表面溶液的折射率发生变化,随即被检测出来。激励 SPR 的主要方式有棱镜耦合 ATR 结构、光栅耦合结构和波导耦合结构等,如图 14.15 所示。

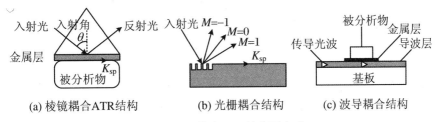

（a）棱镜耦合ATR结构　　　（b）光栅耦合结构　　　（c）波导耦合结构

图 14.15　激励 SPR 的主要方式

光波能量耦合激励 SPR 时,在反射光接收端产生的共振峰可用共振位置(角度或波长)、半高宽和共振深度三个特征参数描述。这三个特征参数取决于共振激发方式、结构参数、金属薄膜材料及厚度的选择等。从检测方式来看,SPR 传感器的调制可分为强度调制、角度调制、波长调制和相位调制。

① 强度调制。固定入射光的波长及入射角度(共振角附近),检测反射光强随外界折射率的变化。

② 角度调制。固定入射光的波长,通过扫描入射角度,追踪共振角(反射强度的最小值)随外界折射率的变化。目前,商用的 SPR 仪器大多采用相干性较差的近红外 LED 作为光源,不需要复杂的转动装置,还可避免激光产生的干涉效应对测量结果的影响,接收端用线阵 CCD 采集不同入射角度的反射光强。

③ 波长调制。固定入射角度,以宽带光源入射,探测反射或者透射光谱的变化,获得共振波长随折射率变化的关系。

④ 相位调制。固定入射光的波长和角度,探测 TM 波在棱镜底面反射前后相位的变化。理论和实验研究表明,与其他调制方式相比,相位调制可以使 SPR 传感器灵敏度提高 1~2 个量级。

上述四种 SPR 生物传感器中,前两种的应用最普遍;第三种受扰动产生的误差较大,不太实用;最后一种的灵敏度最高,但系统需要一系列的高频电路。此外,根据支撑表面等离子体的金属膜不同,有金膜型和银膜型。对光纤 SPR 传感器,还有单模光纤和多模光纤之分。

SPR 生物传感器具有如下显著特点:① 实时检测,能动态地检测生物分子相互作用的全过程;② 无须标记样品,保持了分子活性;③ 样品需要量极少;④ 检测过程方便快捷,灵敏度高;⑤ 应用范围非常广泛;⑥ 可高通量、高质量地分析数据;⑦ 大多数情况下,不需对样品进行预处理;⑧ 能检测混浊的甚至不透明的样品。

SPR 传感系统适用面非常广。在微生物检测、药物筛选、血液分析、DNA 分析、抗原-抗体分析、有毒气体检测等方面都有不俗的表现,对于环境污染的控制、医学诊断、食品及药物检测、工业遥感等方面都将是有力的工具。

14.3.7　生物芯片

生物芯片(biochip)是将大量的生物大分子,如核苷酸片段、多肽分子、组织切片和细胞等生物样品制成探针,以预先设计的方式有序地、高密度地排列在玻璃片或纤维膜等载体上,构成二维分子阵列,然后与已标记的待测生物样品靶分子杂交,通过检测杂交信号实现对样品的检测。因此该技术一次能检测大量的目标分子,从而实现了快速、高效、大规模、高通量、高度并行性的技术要求;并且芯片技术的研究成果具有高度的特异性、敏感性和可重复性。因常用玻片/硅片等材料作为固相支持物,且在制备过程中模拟计算机芯片的制备技术,所以称之为生物芯片技术。

目前常见的生物芯片分为三类:第一类为微阵列芯片,包括基因芯片(gene-chip)、蛋白质芯片(protein-chip)、细胞芯片(cell-chip)和组织芯片(tissue-chip);第二类为微流控芯片(属于主动式芯片),包括各类样品制备芯片、聚合酶链反应(PCR)芯片、毛细管电泳芯片和色谱芯片等;第三类为以生物芯片为基础的集成化分析系统,也叫"芯片实验室"(lab-on-chip),是生物芯片技术的最高境界。

1. 基因芯片

基因芯片又称为 DNA 芯片(DNA-chip),是基于核酸探针互补杂交技术原理研制的。它是将大量的寡核苷酸片段按预先设计的排列方式固化在载体表面如硅片或玻片上,并以此为探针,在一定的条件下与样品中待测的靶基因片段杂交,通过检测杂交信号的强度及分布来实现对靶基因信息的快速检测和分析。

2. 蛋白质芯片

蛋白质芯片与基因芯片的原理类似,它是将大量预先设计的蛋白质分子(如抗原或抗体等)或检测探针固定在芯片上组成密集的阵列,利用抗原与抗体、受体与配体、蛋白与其他分子的相互作用进行检测。

3. 组织芯片

组织芯片则是一种不同于基因芯片和蛋白芯片的新型生物芯片,它是将许多不同个体小组织整齐地排布在一张载玻片上而制成的微缩组织切片,从而进行同一指标(基因、蛋白)的原位组织学的研究。

4. 芯片实验室

所谓实验室就是一种功能的集成。在普通实验室中,检侧、分析等是分成不同步骤进行的,芯片实验室就是把所有的步骤聚在一起,也是有形的,只是把这些功能微缩到一个小的平台上。生物检测分三大步骤:样品的处理、生物反应、反应的检测,在以前,由不同的机器去做,最后才得出结果。芯片实验室则是把这三大步骤浓缩到一个平台上做,对用户来说无须知道中间步骤,是一个微型的自动化过程。

生物芯片制作的方法有很多,大体分为两类:原位合成和合成点样。原位合成主要指光引导合成技术,可用于寡核苷酸和寡肽的合成,所使用的片基多为无机片基,现在也有用聚丙烯膜的。该方法合成的寡核苷酸的长度一般少于 30 nt(nt 是 nucleotide 的缩写,一个 nt 就是一个核苷酸),缩合率可达 95%,特异性不是太好。原位合成的另外一种方法是压电打印法或称作喷印合成法。该方法合成寡核苷酸的长度一般为 40~50 nt,缩合率达 99%,特异性较好。合成点样最常用的方法是机械打点法。点样的可以是寡核苷酸和寡肽,也可以是 DNA 片段或蛋白质。所使用的片基多为尼龙膜等有机合成物片基。该方法的特点是操作迅速、成本低、用途广,但定量准确性和重现性不好,加样枪头与支持物接触易污染。另外一种方法是合成点样的改进型,采用类似喷墨打印机的方法点样。该方法定量准确性和重现性好,无接触,喷嘴的寿命比机械打点法枪头的寿命长。

参 考 文 献

[1]　吴礼光,刘茉娥,朱长乐.生物传感器研究进展[J].化学进展,1995,7(4):287-301.

[2]　朱建中,周衍.电化学生物传感器的进展[J].传感器世界,1997(4):1-8.

[3]　钱军民,李旭详.固定化技术在生物传感器中的应用[J].传感器技术,2001,20(7):6-10.

[4]　汪江华,府伟灵.压电生物传感器[J].生物工程进展,2001,21(3):63-65.

[5]　许改霞,吴一聪,李蓉,等.细胞传感器的研究进展[J].科学通报,2002,47(15):1126-1132.

［6］ 韩梅梅,董国君,孙哲,等.生物传感器在环境监测中的应用[J].环境污染治理技术与设备,2004,5(8):83-87.

［7］ 王广庆,郑淑平,费学宁,等.微生物传感器技术及其在水质分析中的应用[J].天津城市建设学院学报,2004,10(4):266-269.

［8］ 刘春菊,刘春泉,李大婧.生物传感器及其在食品检测中的应用进展[J].江苏农业科学,2009(4):353-355.

［9］ 王颖.生物芯片技术及其应用研究[J].科学教育,2010,16(1):91-93.

［10］ 刘星,黄庆,府伟灵.表面等离子共振生物传感器的研究进展及发展趋势[J].国际检验医学杂志,2011,32(3):341-343.

［11］ 韩莉,陶菡,张义明,等.酶传感器的应用[J].传感器世界,2012(4):9-12.